职业教育课程改革实验教材

基于 Wi-Fi 模块的云端物联网实训

主　编◎白炽贵　曹永林　金世洋
副主编◎廖朝翠　邹开利　欧林娜　罗　永
主　审◎王孝强　朱昌涛

電子工業出版社
Publishing House of Electronics Industry
北京•BEIJING

内 容 简 介

本书深入浅出地介绍基于 Wi-Fi 模块的云端物联网开发过程。全书共 6 个单元，20 个任务。单元 1 为搭建编程平台，单元 2 为单片机项目开发，单元 3 为手机 App 项目开发，单元 4 为用手机 App 操控 6 路继电器，单元 5 为用手机 App 给单片机设定报警温度极值，单元 6 为实现基于 Doit 云平台的云端物联网功能。本书的每个任务都配有二维码，扫描二维码即可观看实操视频，读者可结合视频内容进行任务的学习。另外，本书还把最终完成的手机 App 项目和单片机项目的完整源程序放在了华信教育资源网上，有需要的读者可自行下载。

本书既可作为物联网技术应用专业的实训教材，也可作为物联网培训教材，还可供物联网工程技术人员学习参考。

图书在版编目（CIP）数据

基于 Wi-Fi 模块的云端物联网实训 / 白炽贵，曹永林，金世洋主编. —北京：电子工业出版社，2022.11

ISBN 978-7-121-44619-1

Ⅰ. ①基… Ⅱ. ①白… ②曹… ③金… Ⅲ. ①云计算－中等专业学校－教材②物联网－中等专业学校－教材 Ⅳ. ①TP393.027②TP393.4③TP18

中国版本图书馆 CIP 数据核字（2022）第 229114 号

责任编辑：关雅莉　　特约编辑：田学清
印　　刷：涿州市京南印刷厂
装　　订：涿州市京南印刷厂
出版发行：电子工业出版社
　　　　　北京市海淀区万寿路 173 信箱　　邮编：100036
开　　本：880×1230　1/16　印张：11.75　字数：263.2 千字
版　　次：2022 年 11 月第 1 版
印　　次：2023 年 7 月第 2 次印刷
定　　价：29.50 元

凡所购买电子工业出版社图书有缺损问题，请向购买书店调换。若书店售缺，请与本社发行部联系，联系及邮购电话：（010）88254888，88258888。

质量投诉请发邮件至 zlts@phei.com.cn，盗版侵权举报请发邮件至 dbqq@phei.com.cn。

本书咨询联系方式：（010）88254576，zhangzhp@phei.com.cn。

前言

党的二十大报告中提出："加快发展物联网，建设高效顺畅的流通体系，降低物流成本。"随着社会向数字化、智能化转型升级，物联网正在各种生产生活领域中展现出显著的行业赋能作用。物联网是以感知技术和网络通信技术为主要手段，实现人、机、物泛在连接，提供信息感知、信息传输、信息处理等服务的基础设施。物联网产业发展势头强劲，应用部署蓬勃发展。在产业数字化方向，物联网助推智慧工厂、智慧物流等领域转型升级；在生活智慧化方面，物联网为更多百姓带来了线上问诊、智慧出行等便捷服务。

一、编写理念

本书以教育部发布的《职业教育专业简介（2022 年修订）》为依据，全面落实立德树人的根本任务，突出对学生的技能训练和动手能力培养，符合物联网技术应用专业的培养目标定位和专业能力要求。本书根据中职学生的学习特点，充分体现项目引领、任务驱动的教学理念，以"理实一体"为原则，按照"单元—任务"的结构，实现"做中教""做中学"，达到"即学即用"的效果。

二、编写特点

本书以远程家电控制系统的开发为背景，通过一系列任务，在手机 App 编程平台、单片机编程平台中进行开发，可实现在手机 App 上随时观察家居温度，任意操控 6 路家电的开或关，还能根据所需的温度值，在手机 App 上设定环境中的 1 路高温报警运作和 1 路低温报警运作。本书为学生获得物联网智能家居系统集成和应用职业技能等级证书提供了必要的知识。

三、编写内容

本书按照任务驱动的体例进行编写，全书共 6 个单元，20 个任务。单元 1 为搭建编程平台，包含搭建手机 App 编程平台、搭建单片机编程平台等任务。单元 2 为单片机项目开发，包含在单片机电路板上点亮四位数码管、在单片机电路板上按位显示 1234、在单片机电路板上显示所有四位数、在单片机电路板上显示实时温度、在单片机 C 源程序中添加串口通信代码等任务。

单元 3 为手机 App 项目开发，包含新建 WiFiApp 项目并设置温度查询 UI 界面、在 WiFiApp 项目中定义网络通信类、在主活动类中添加温度查询功能、使用 Wi-Fi 模块实现温度查询功能等任务。单元 4 为用手机 App 操控 6 路继电器，包含在手机 App 中添加 2 路继电器控制功能、在单片机中添加 2 路继电器受控代码、在单片机中添加 4 路继电器受控代码、在手机 App 中添加 4 路继电器控制功能等任务。单元 5 为用手机 App 给单片机设定报警温度极值，包含在单片机中添加温度处理代码、在手机 App 中添加高低温设控功能等任务。单元 6 为实现基于 Doit 云平台的云端物联网功能，包含建立 Doit 云平台、新建 WiFiAppL 项目、基于 Doit 云平台的云端物联网等任务。

本书有 5 个附录，主要提供相关理论知识的参考和对书中程序的补充。附录 A 为单片机项目程序设计入门概要，附录 B 为手机 App 项目开发入门概要，附录 C 为单片机实验板的制作，附录 D 为本书单片机项目 C 源程序，附录 E 为本书手机 App 项目工程文件。

四、配备资源

为方便本书的教和学，本书中的每个任务都配有对应的实操视频（扫描书中的二维码即可观看），能再现代码输入过程、程序调试过程和运行结果。另外，本书还把最终完成的手机 App 项目和单片机项目的完整源程序放在了华信教育资源网上，有需要的读者可自行下载。

五、编写队伍

本书由白炽贵、曹永林、金世洋担任主编，廖朝翠、邹开利、欧林娜、罗永担任副主编，王孝强、朱昌涛担任主审。

由于编者水平有限，书中难免存在不足之处，敬请读者批评指正。

编　者

目录

单元 1　搭建编程平台

任务 1　搭建手机 App 编程平台

1.1　安装 JDK15

双击下载所得的 JDK15 应用程序，进入 JDK15 的安装过程，如图 1-1 所示，在“安装程序”对话框中，单击“下一步”按钮。在后续对话框中，都进行单击“下一步”按钮的操作。

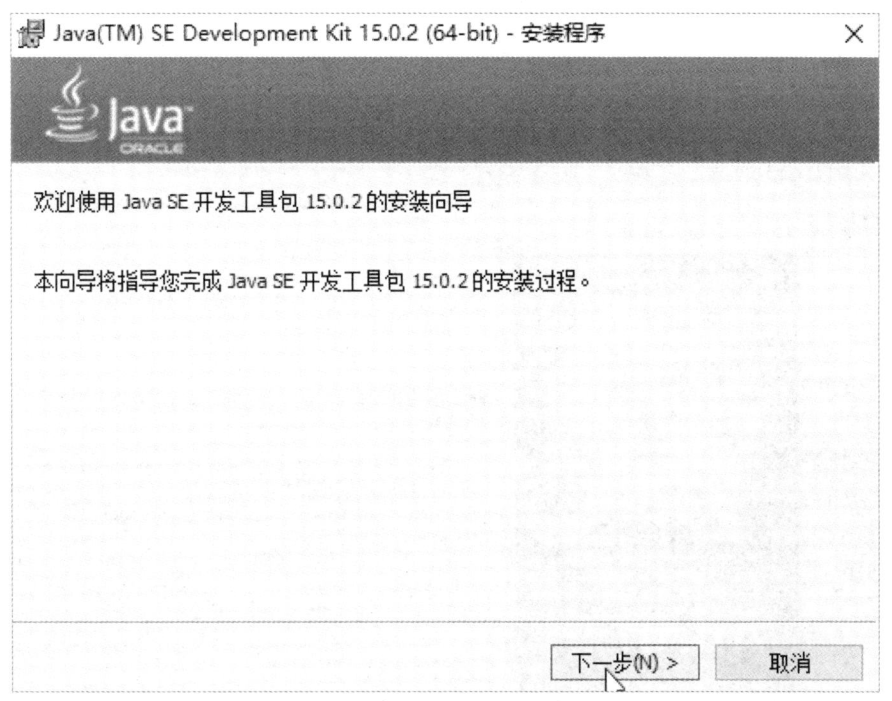

图 1-1　安装 64 位的 JDK15

直到出现图 1-2 所示的对话框，单击“关闭”按钮，完成 JDK15 的安装。

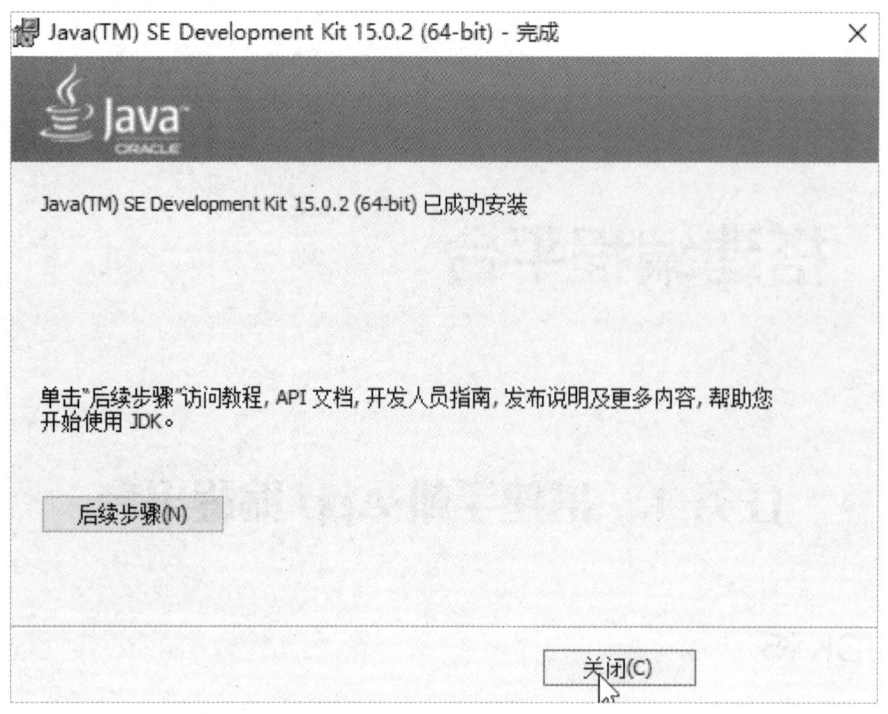

图 1-2　完成 JDK15 的安装

1.2　安装 AS2.2.3

双击下载所得的 AS2.2.3 应用程序，进入 AS2.2.3 的安装过程，一定时间后，弹出“Android Studio Setup”窗口，如图 1-3 所示，单击“Next”按钮。

图 1-3　单击“Next”按钮

接下来，在后续的各安装界面中，都默认系统相关设定，即直接单击“Next”按钮，或“I Agree”按钮，或“Install”按钮，或“Finish”按钮来进行安装。若干次操作后，出现图 1-4 所示的对话框，保持选中第 2 个单选项，单击“OK”按钮。

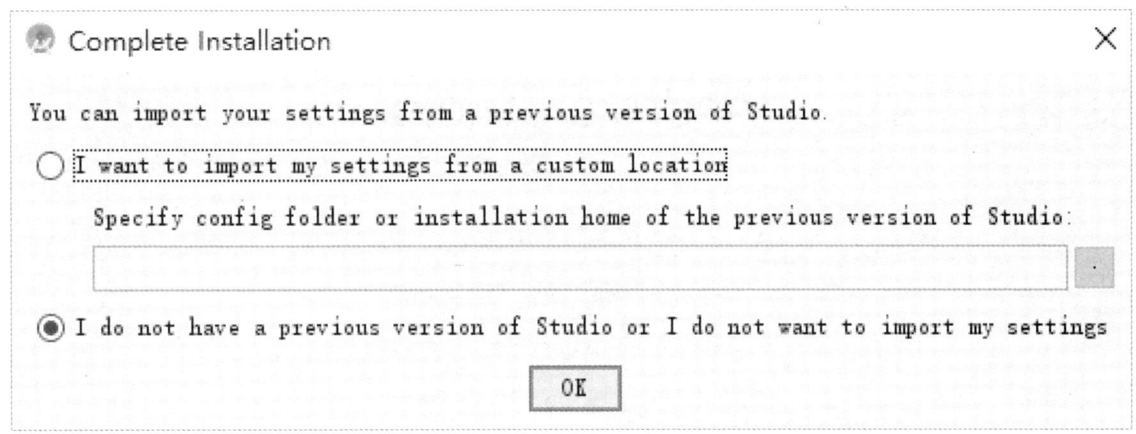

图 1-4　保持选中第 2 个单选项

继续进行安装过程，直到出现图 1-5 所示的对话框，单击“Cancel”按钮。

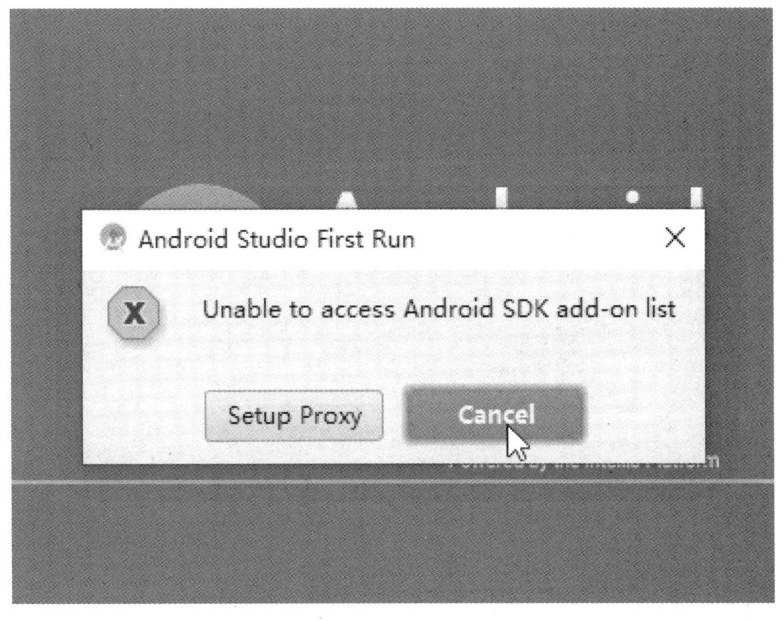

图 1-5　单击“Cancel”按钮

最后还要继续单击“Next”按钮和“Finish”按钮，才能完成 AS2.2.3 的安装。

AS2.2.3 安装完成后，在图 1-6 所示的“Welcome to Android Studio”窗口中，单击“Start a new Android Studio project”选项，创建 AS 项目。

在创建 AS 项目的后续过程中，也都默认系统相关设定，即直接单击“Next”按钮。若干次操作后，系统进入 AS 编程环境主窗口，会弹出“Did you know…？”提示框，如图 1-7 所示。单击“Close”按钮，关闭该提示框（在后续所有的编程操作中，都要关闭该提示框）。

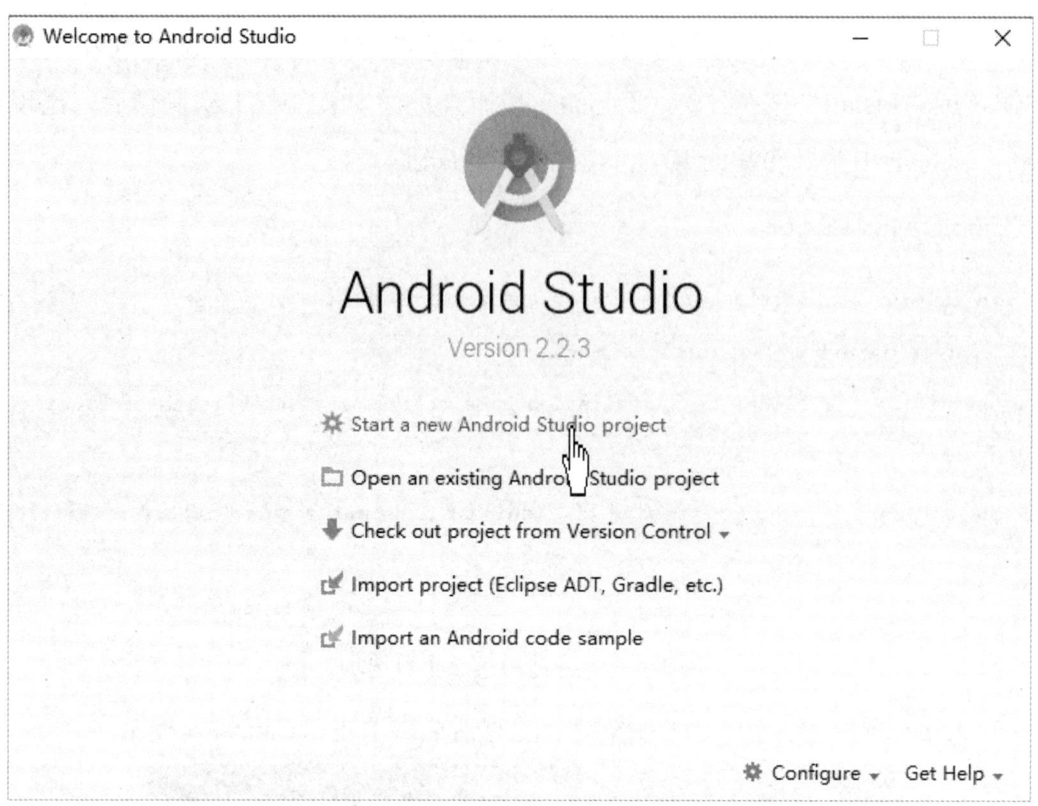

图 1-6　创建 AS 项目

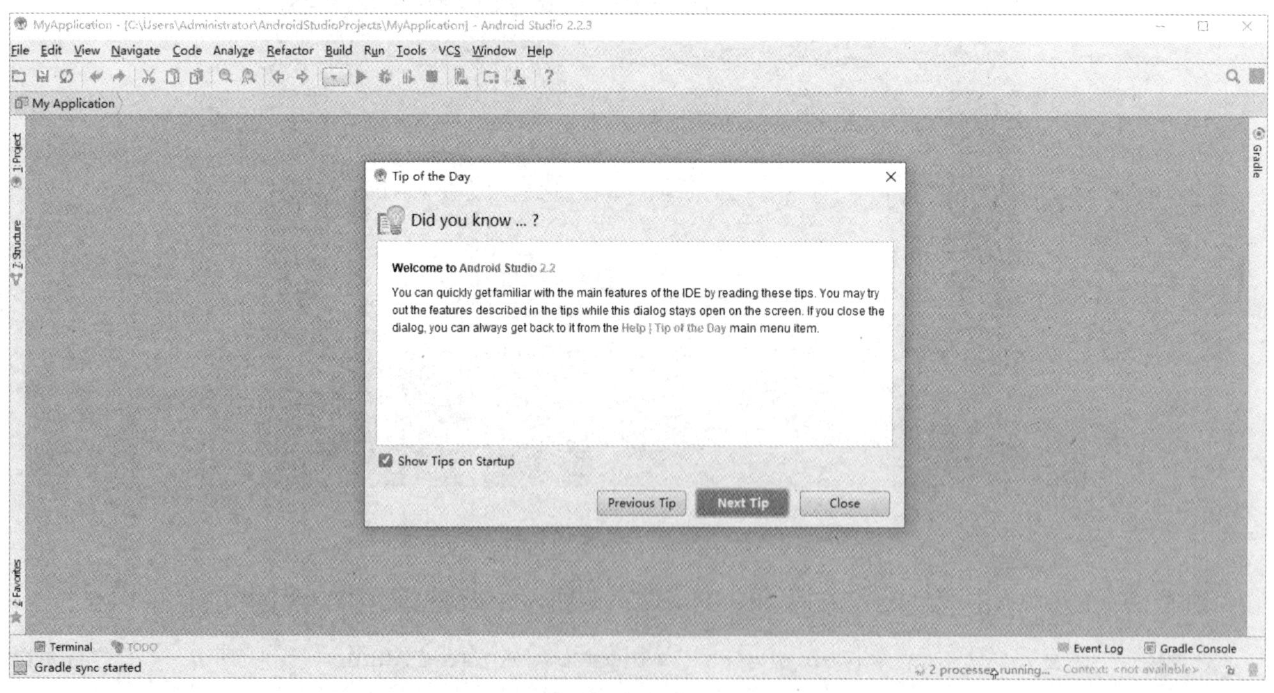

图 1-7　"Did you know…？"提示框

另外，对于每次启动 AS 系统时都要弹出的图 1-8 所示的两个更新提示，由于更新后 AS 系统将采用 Kotlin 语言编程，因此都要将其直接关闭，一定不要更新系统。

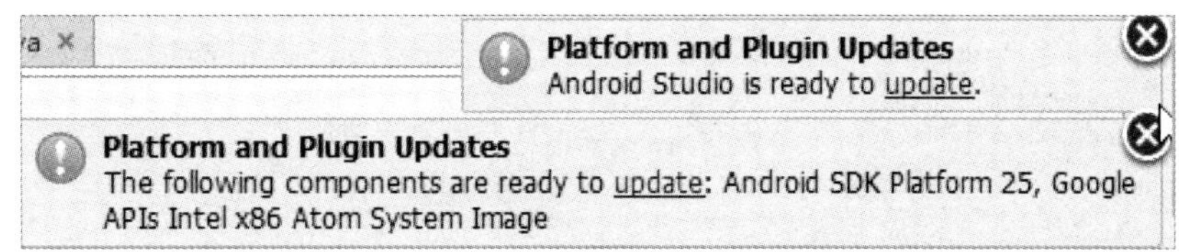

图 1-8 必须关闭的两个更新提示

AS 项目创建完成后，AS 编程环境主窗口如图 1-9 所示，第 1 栏为标题栏，第 2 栏为菜单栏，第 3 栏为工具栏，第 4 栏为当前文件的实际物理路径，第 4 栏下面分为左右两部分，左侧为项目面板，由相关文件夹和文件组成，右侧为代码编辑区，代码编辑区最上面的部分为已打开的文件标签栏，代码编辑区中间所显示的内容为标签加亮文件的代码。

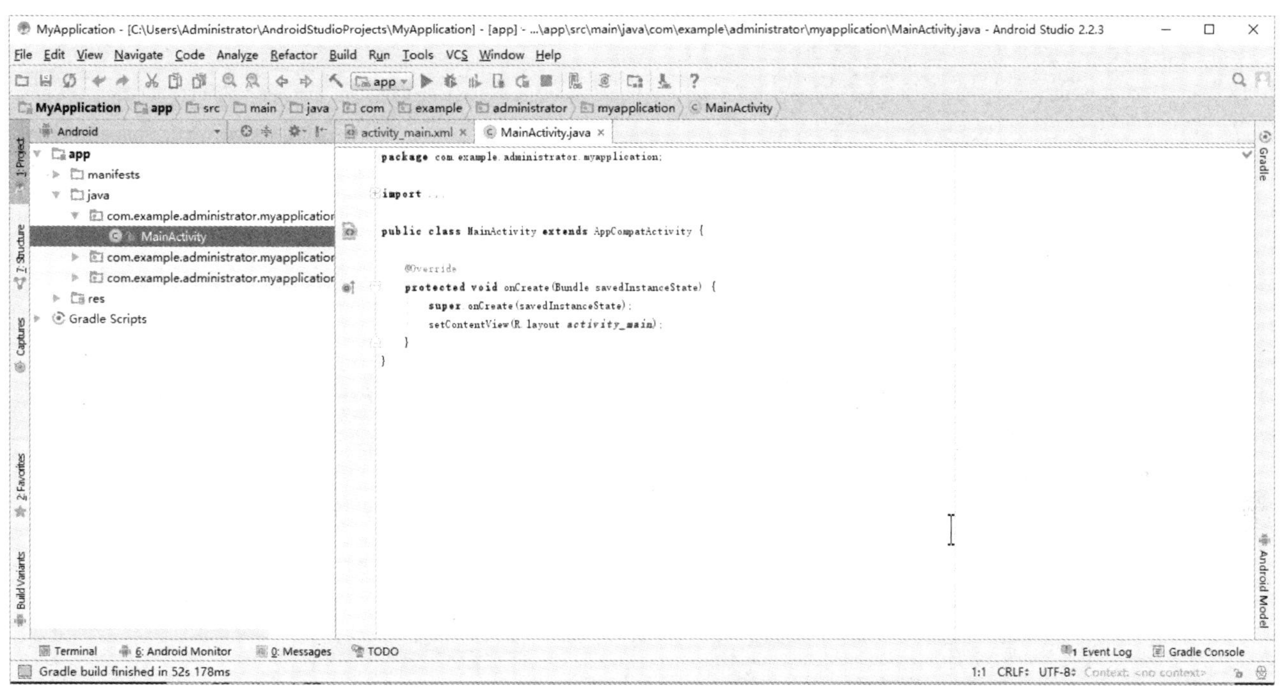

图 1-9 AS 编程环境主窗口

在图 1-9 中，项目面板选用 Android 视图，该视图并不是项目实际目录结构，但比 Project 视图（Project 视图为项目实际目录结构）简洁，操作更方便。因此，本书项目面板选用 Android 视图。

需要说明的是，在图 1-9 所示 AS 编程环境主窗口的代码编辑区中，必须没有任何错误提示（红色），才表明 AS 系统安装无误。

1.3 安装模拟器

接下来需要安装模拟器（AVD，安卓虚拟设备，本书中简称为模拟器），以在计算机上模拟程序在手机 App 中的运行结果。如图 1-10 所示，选择“Tools”→“Android”→“AVD Manager”菜单命令。

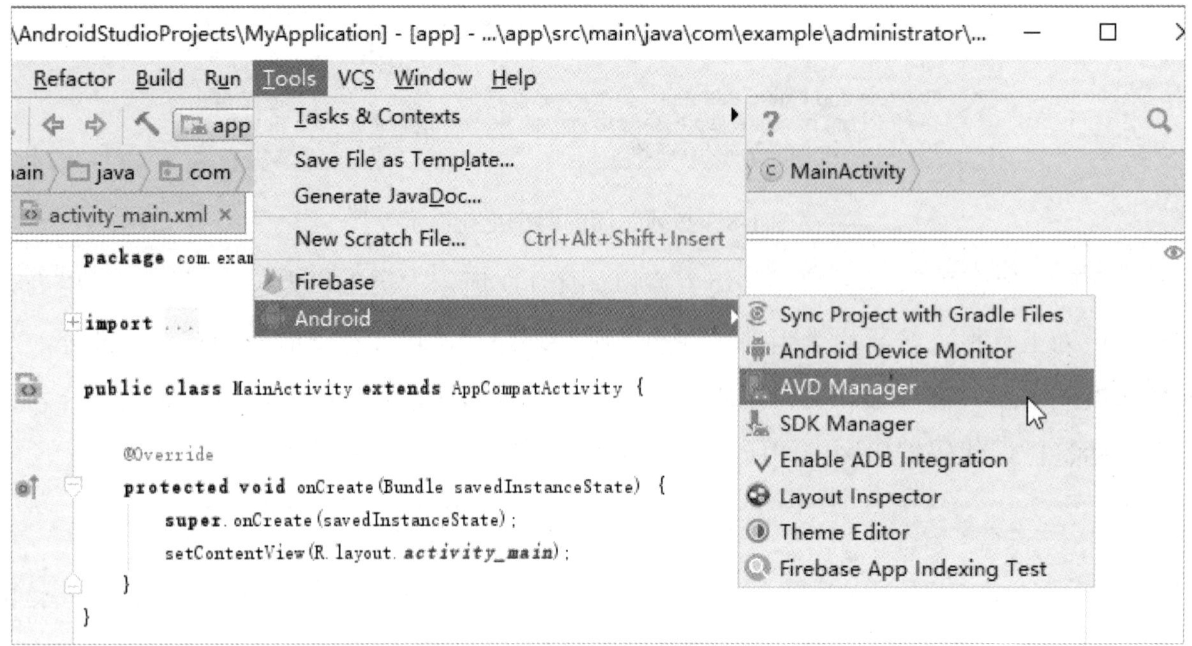

图 1-10　安装模拟器

菜单命令执行后，弹出“Your Virtual Devices”窗口，如图 1-11 所示。

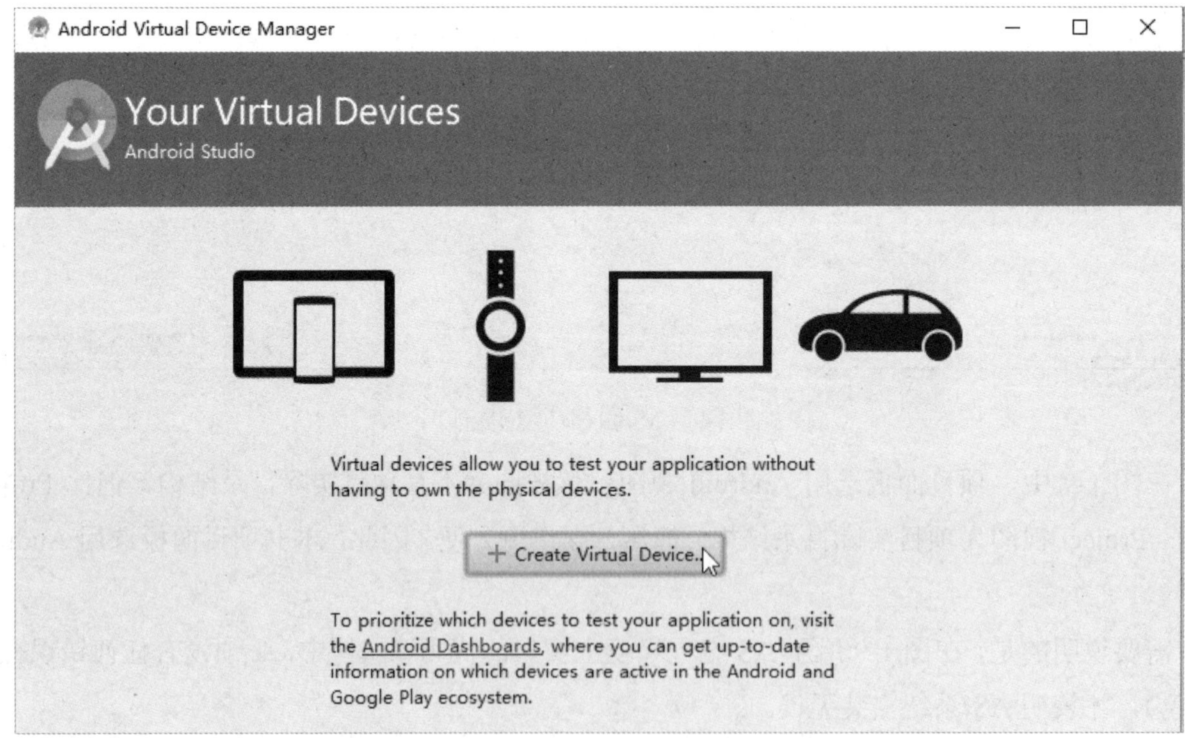

图 1-11　单击“+ Create Virtual Device…”按钮

在图 1-11 中，单击“+ Create Virtual Device…”按钮，弹出“Select Hardware”对话框，如图 1-12 所示。

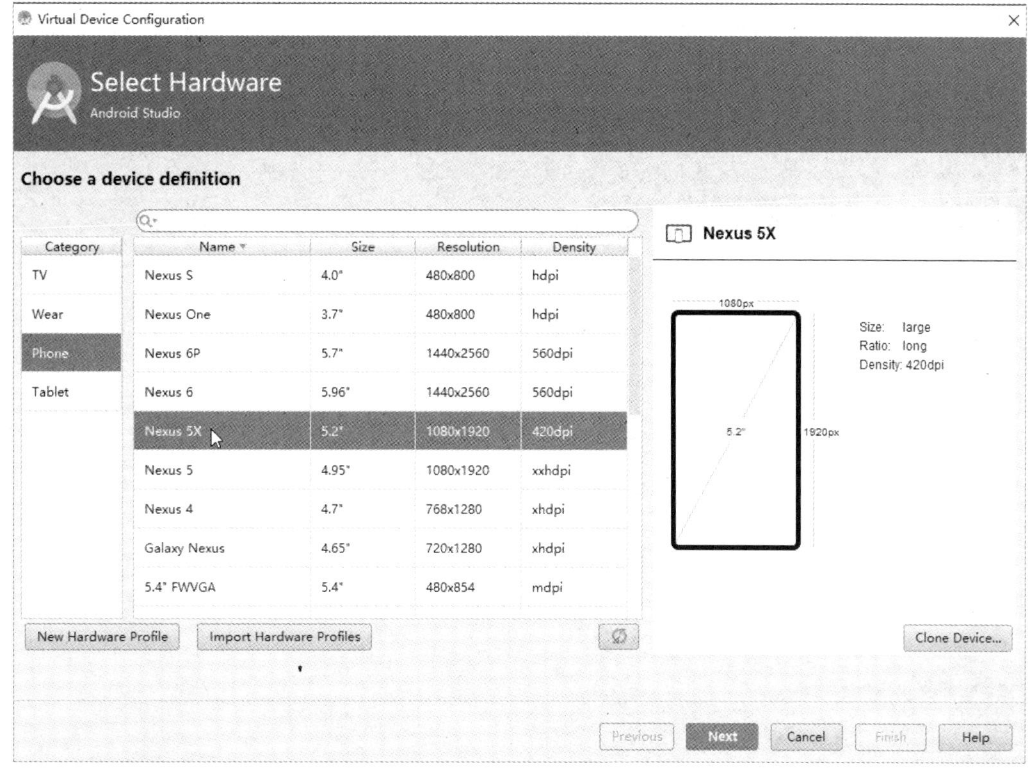

图 1-12　选择模拟器名称

在图 1-12 中，选择“Nexus 5X”选项后单击“Next”按钮，弹出“System Image”对话框，如图 1-13 所示。

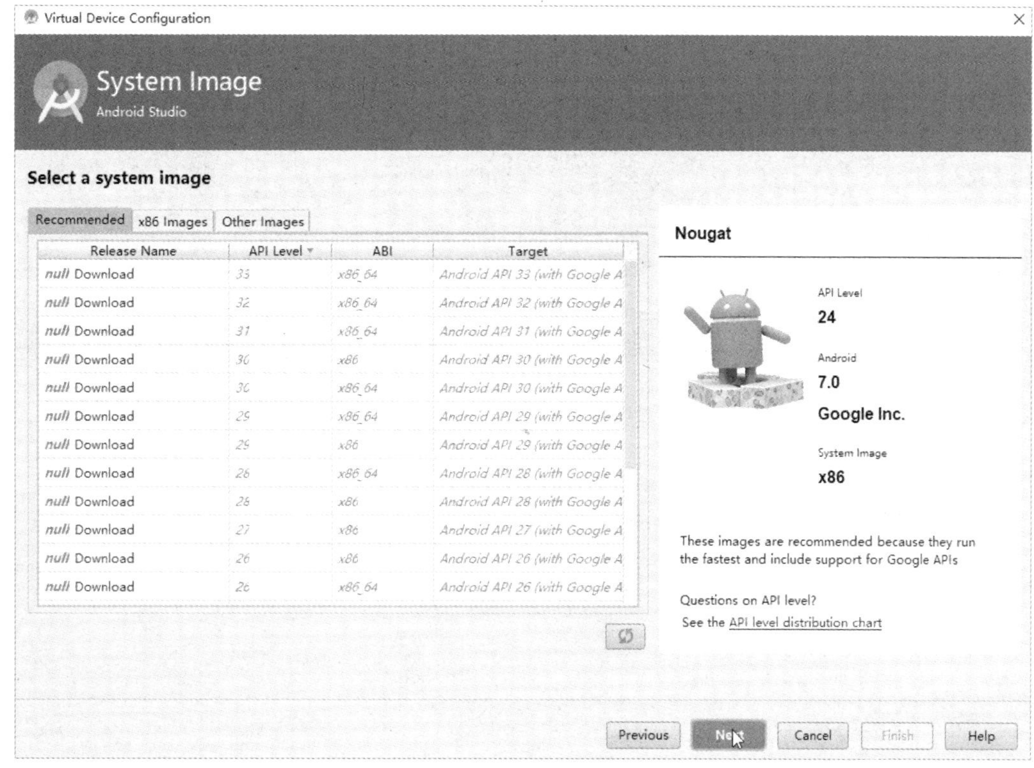

图 1-13　默认系统图标

在图 1-13 中，单击“Next”按钮后，弹出 AVD 相关参数对话框，如图 1-14 所示。

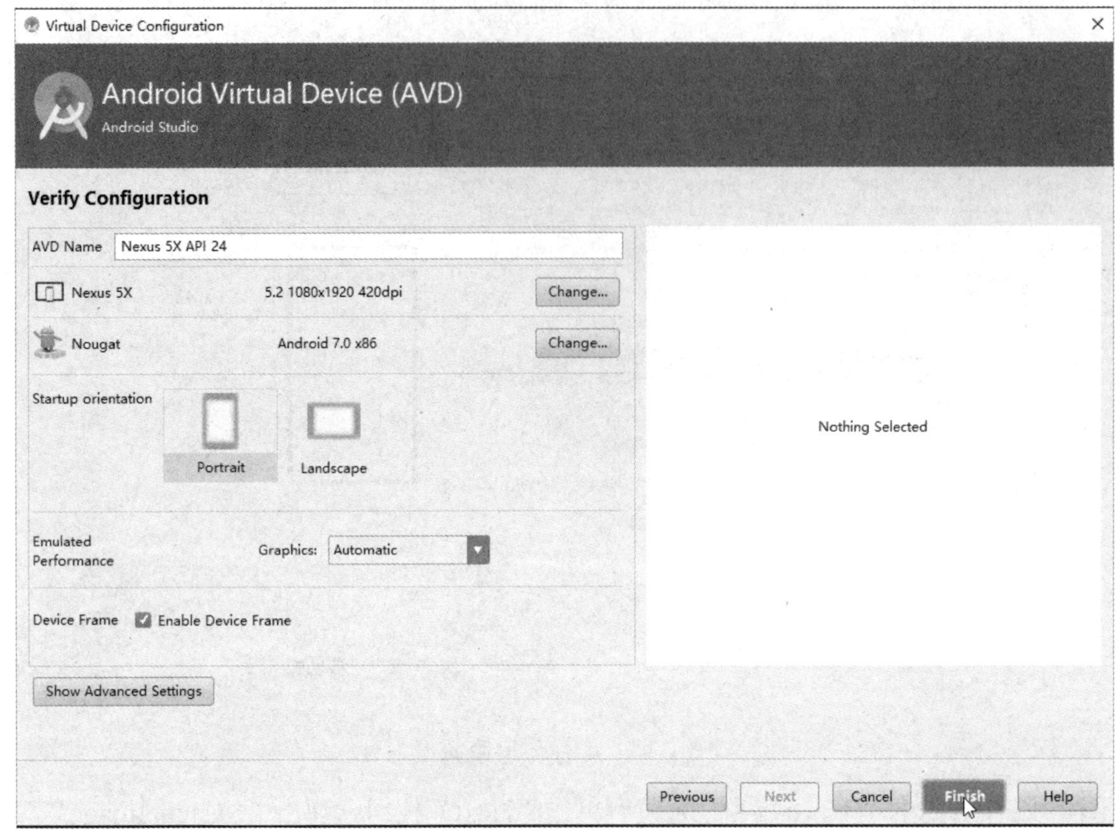

图 1-14　AVD 相关参数

在图 1-14 中，单击“Finish”按钮，弹出“Your Virtual Devices”窗口，如图 1-15 所示。

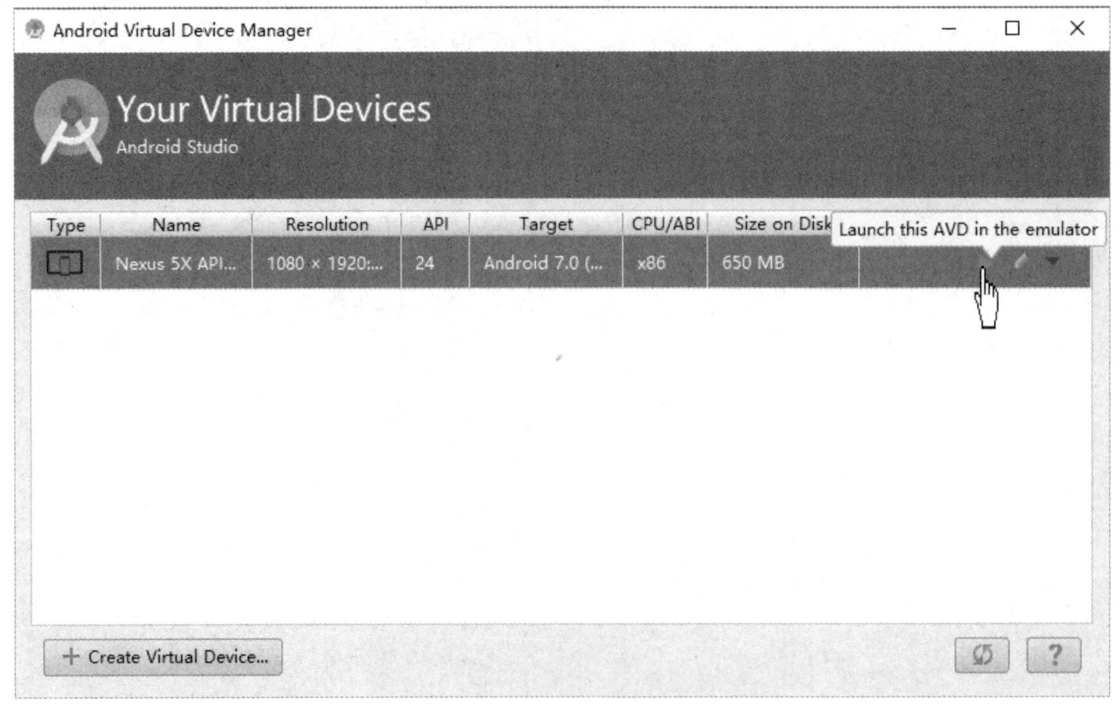

图 1-15　选择并运行该模拟器

在图 1-15 中，选中所创建的模拟器，并单击“Launch this AVD in the emulator”按钮（三角形）。一定时间后，弹出模拟器及“Detected ADB”对话框，如图 1-16 所示。

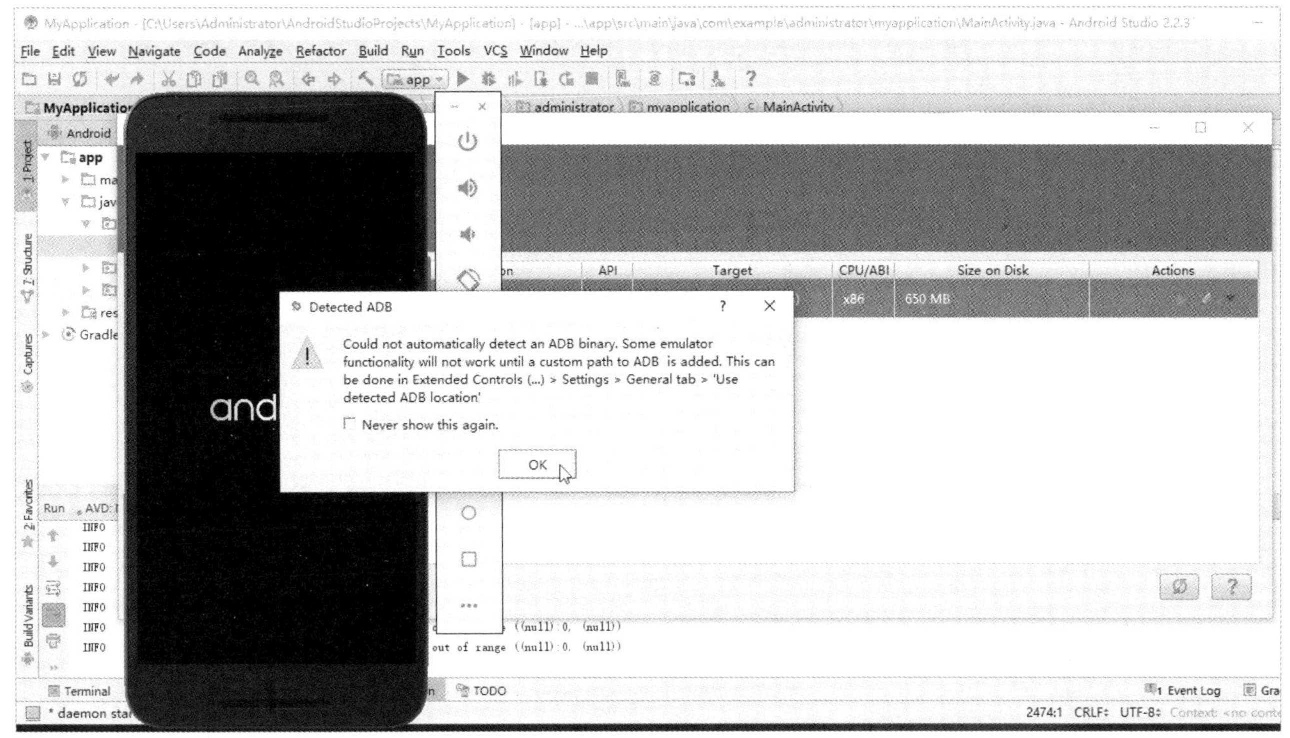

图 1-16　确认所创建的模拟器

在图 1-16 所示的“Detected ADB”对话框中，单击“OK”按钮。到此，模拟器的安装全部完成。

接下来，用菜单命令运行 App，如图 1-17 所示。

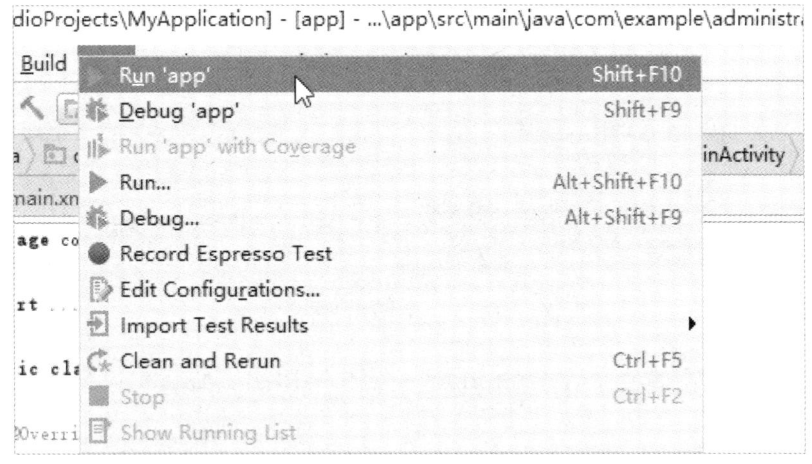

图 1-17　运行 App

在图 1-17 中，选择“Run”→“Run ‘app’”菜单命令，弹出“Select Deployment Target”对话框，如图 1-18 所示。

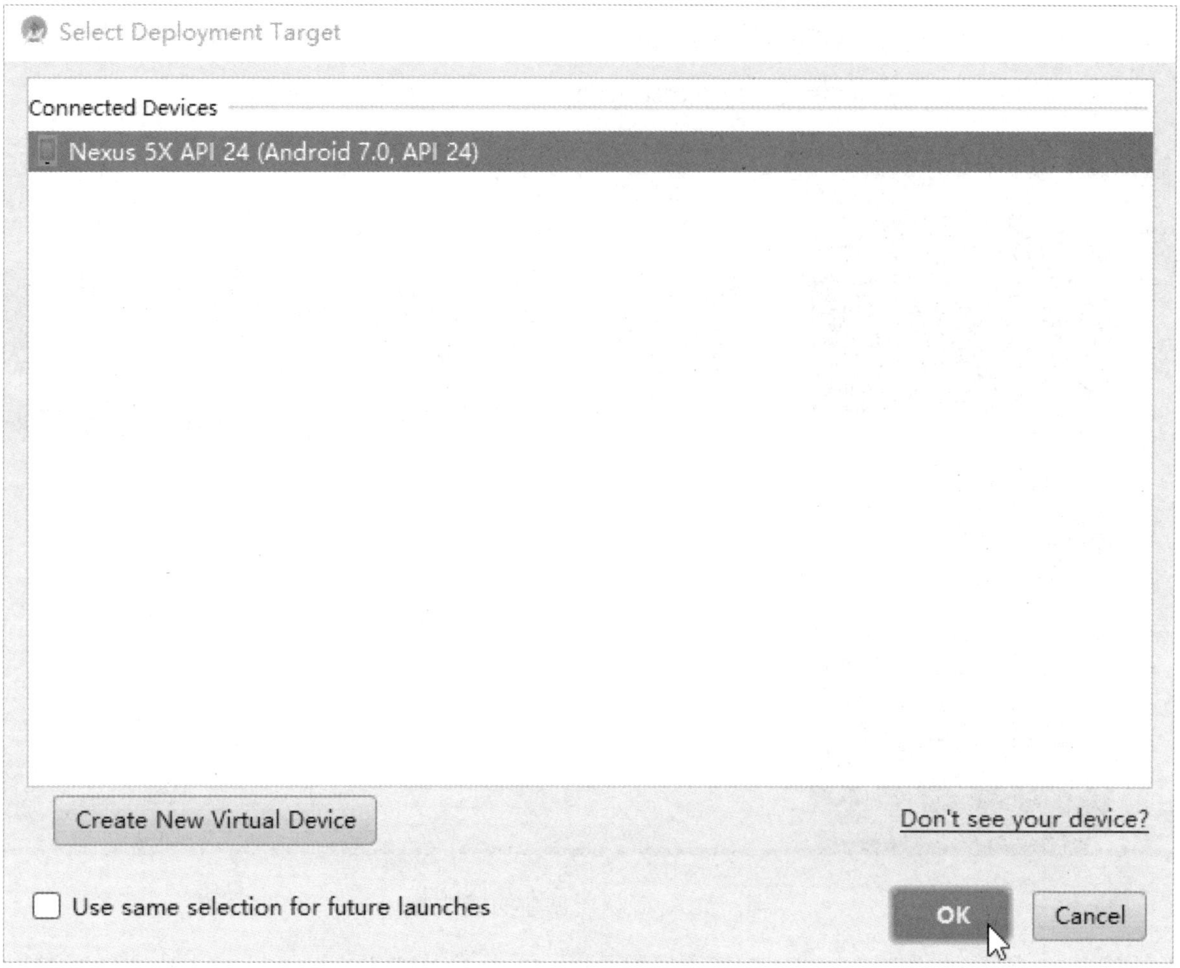

Select Deployment Target
Connected Devices
Nexus 5X API 24 (Android 7.0, API 24)
Create New Virtual Device
Don't see your device?
Use same selection for future launches
OK
Cancel

图 1-18　确认模拟器选择

在图 1-18 中，仅有的一个模拟器被选中，单击“OK”按钮，弹出“Instant Run”对话框，如图 1-19 所示。

Instant Run
Instant Run requires that the platform corresponding to your target device (Android 7.0 (Nougat)) is installed.
Install and Continue
Proceed without Instant Run

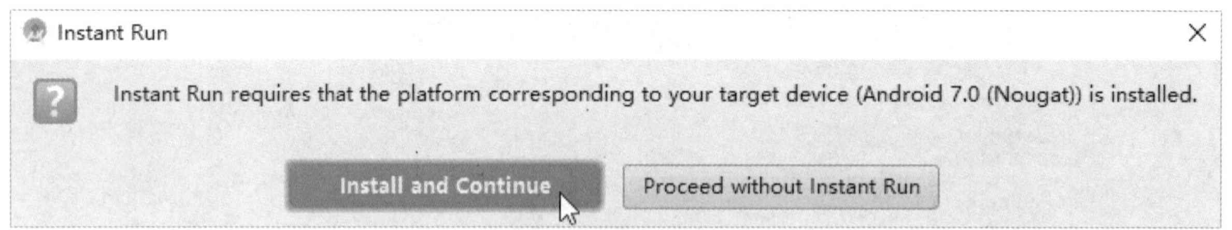

图 1-19　安装模拟器驱动

在图 1-19 中，单击“Install and Continue”按钮，弹出“License Agreement”对话框，如图 1-20 所示。

在图 1-20 中，单击“Accept”单选按钮后单击“Next”按钮。一定时间后，模拟器中就显示出程序的标题和文字，如图 1-21 所示。

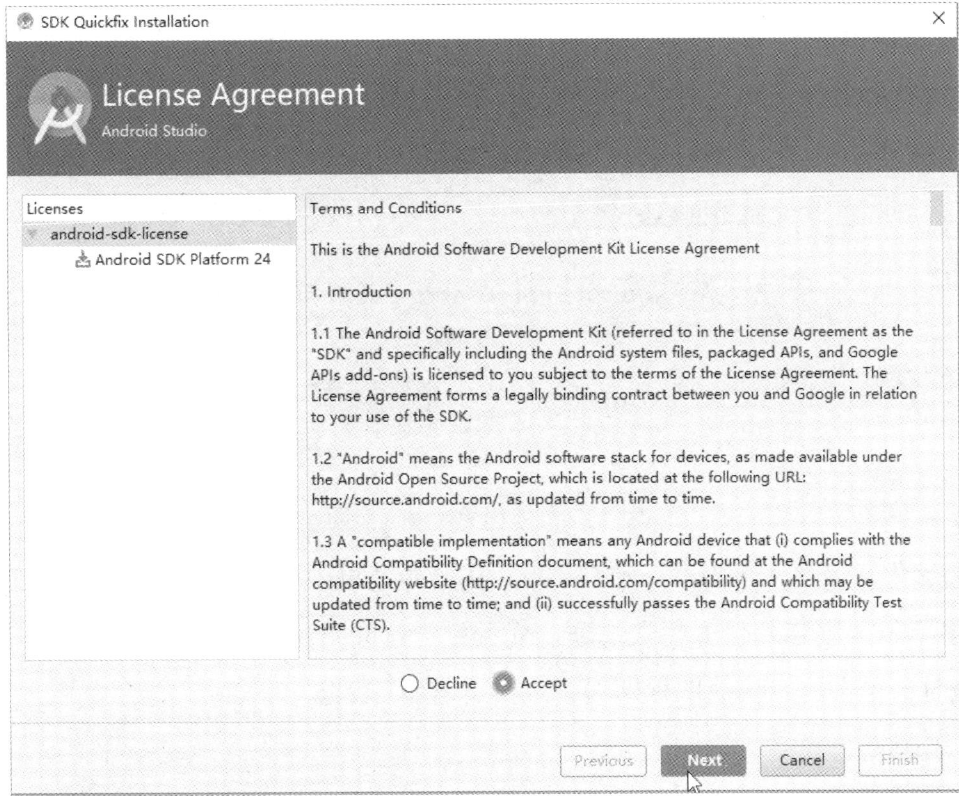

图 1-20　接受条件后继续

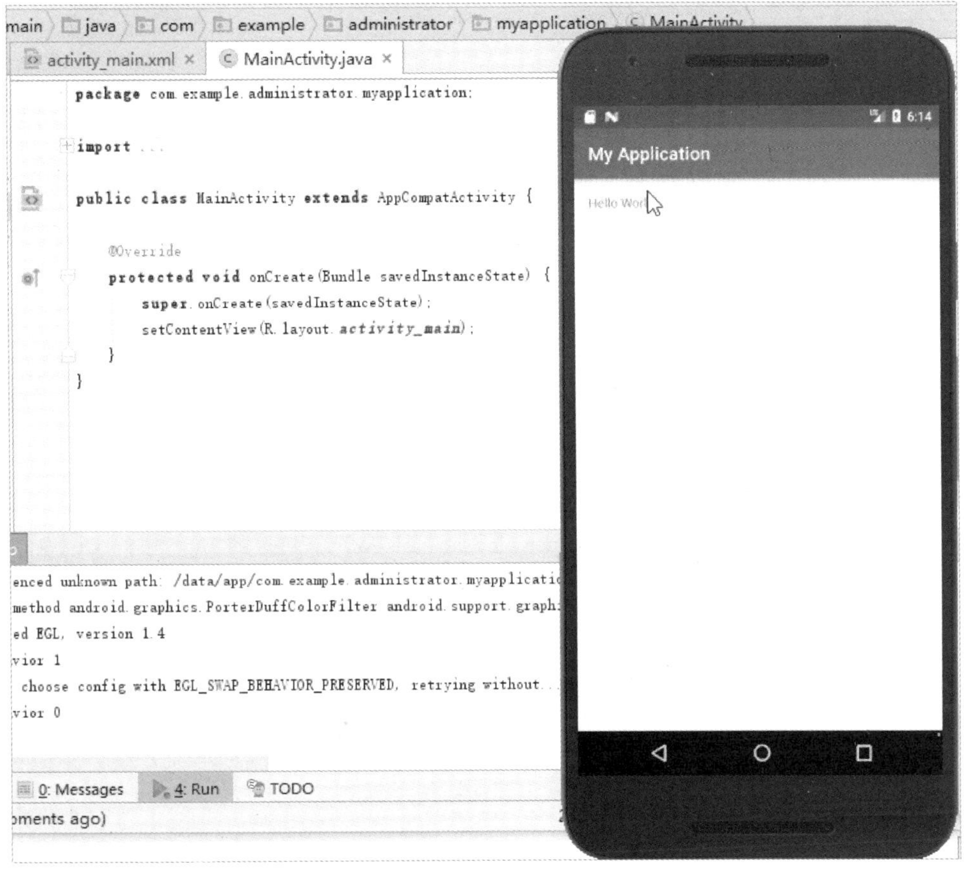

图 1-21　程序运行结果在模拟器中的显示

到此，带有模拟器的 AS 系统安装正式完成，单击 AS 编程环境主窗口右上角的“×”按钮，在弹出的“Confirm Exit”对话框中单击“Exit”按钮，即可退出 AS 编程环境，如图 1-22 所示。

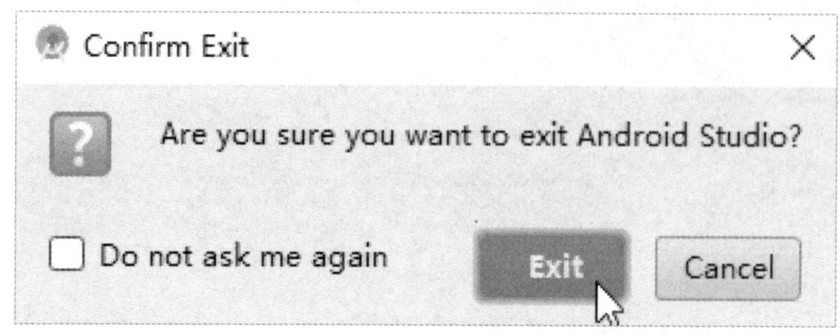

图 1-22　退出 AS 编程界面

退出 AS 编程环境后，单击“开始”菜单，在开始菜单中右击 AS 程序图标，在其右键菜单中选择“更多”→“固定到任务栏”选项，任务栏中就会出现 AS 程序快捷图标。当需要启动 AS 编程环境时，单击这个快捷图标即可。

任务 2　搭建单片机编程平台

扫码观看视频

2.1　安装 Keil C51

双击解压后的 Keil C51 安装程序，进入安装过程，如图 1-23 所示。

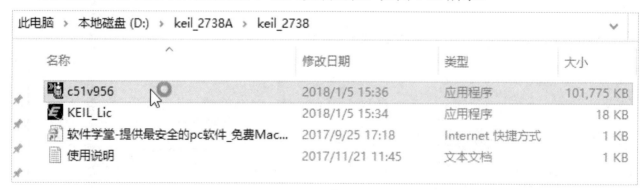

此电脑 › 本地磁盘 (D:) › keil_2738A › keil_2738

名称	修改日期	类型	大小
c51v956	2018/1/5 15:36	应用程序	101,775 KB
KEIL_Lic	2018/1/5 15:34	应用程序	18 KB
软件学堂-提供最安全的pc软件_免费Mac...	2017/9/25 17:18	Internet 快捷方式	1 KB
使用说明	2017/11/21 11:45	文本文档	1 KB

图 1-23　双击 Keil C51 安装程序

在安装过程中只需要单击“Next”按钮、接受软件协议、填写相关名字和电子邮箱等，就能完成安装。安装完成后，可将桌面上的 Keil C51 启动图标固定到任务栏中，以便于 Keil C51 的快捷启动。

双击 Keil C51 启动图标，如果看到图 1-24 所示的 Keil C51 编程主窗口，就说明 Keil C51 安装成功。Keil C51 编程主窗口第一栏是标题栏，第二栏是菜单栏，第三栏和第四栏是工具栏。

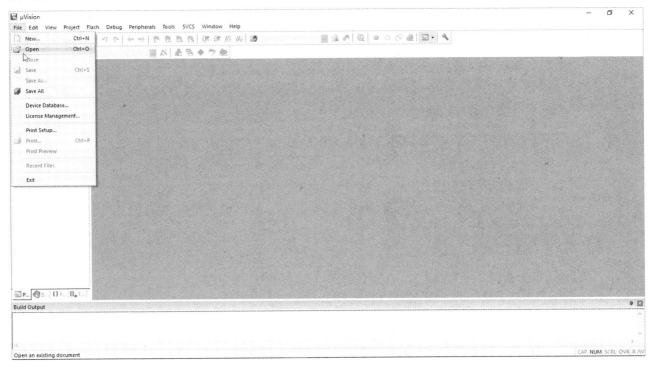

图 1-24　Keil C51 编程主窗口

到此，单片机编程所需软件 Keil C51 的安装就完成了。

2.2　安装 USB 串口驱动

首先，将 stc-isp 压缩包解压，打开 USB 串口驱动文件夹，如图 1-25 所示。

快速访问	名称	修改日期	类型	大小
桌面	STC-USB Driver	2014/8/29 18:17	文件夹	
Downloads	USB to UART Driver	2014/10/9 11:54	文件夹	
Documents	readme	2020/6/9 14:43	文本文档	1 KB
Pictures	stc-isp-15xx-v6.88	2021/1/6 14:53	应用程序	1,630 KB
	STC-USB驱动安装说明	2020/6/9 14:27	2345Explorer pd...	3,585 KB

图 1-25　打开 USB 串口驱动文件夹

其次，打开“CH340_CH341”文件夹，如图 1-26 所示。

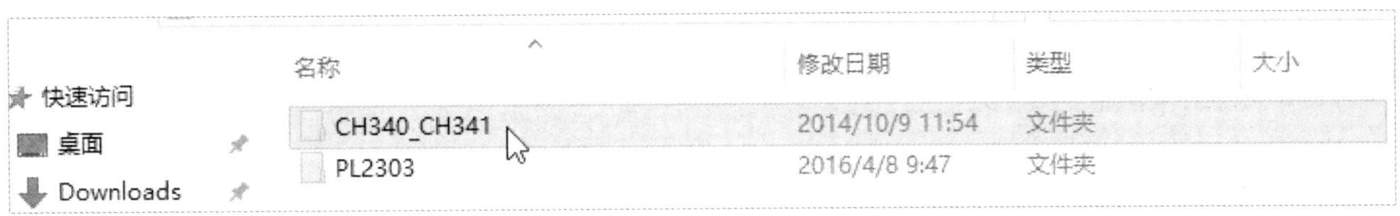

图 1-26　打开“CH340_CH341”文件夹

最后，运行“ch341ser”安装程序，完成 USB 串口驱动安装，如图 1-27 所示。

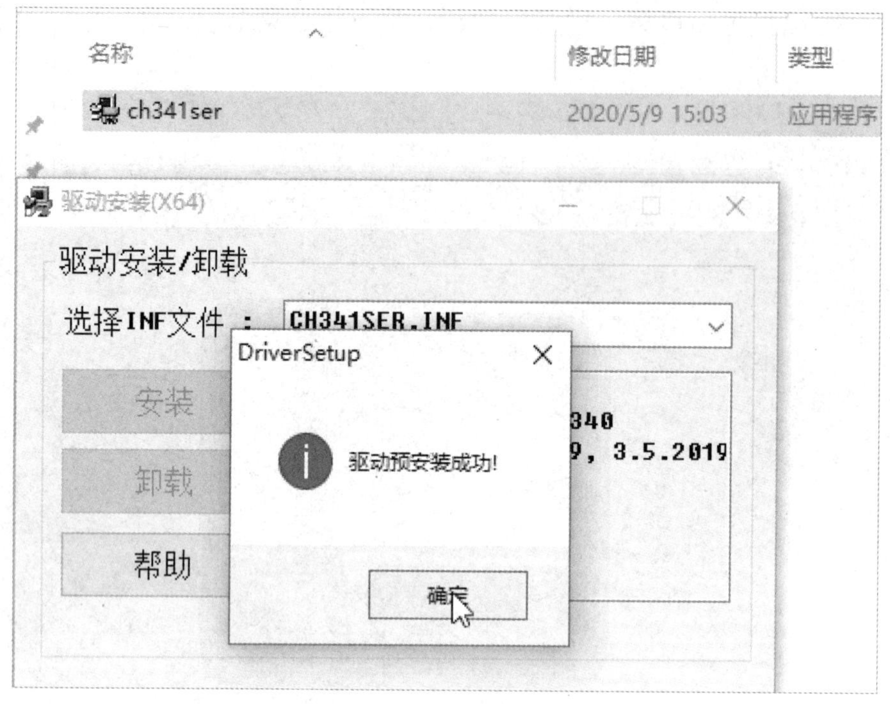

图 1-27　完成 USB 串口驱动安装

USB 串口驱动安装完成后，右击图 1-25 中的“stc-isp-15xx-v6.88”烧录程序，在其右键菜单中选择“固定到任务栏”命令，以方便后续烧录操作。

单元小结

1．搭建手机 App 编程平台的步骤如下。

（1）安装 JDK15。

（2）安装 AS2.2.3。

（3）安装模拟器。

2．搭建单片机编程平台的步骤如下。

（1）安装 Keil C51。

（2）安装 USB 串口驱动。

习　题

一、问答

1．手机 App 编程平台使用的是什么编程语言？

2．单片机编程平台使用的是什么编程语言？

3．为什么要安装 USB 串口驱动？

4．怎样获取单片机烧录程序，需要进行安装吗？

5．模拟器的作用是什么？

单元 2　单片机项目开发

任务 3　在单片机电路板上点亮四位数码管

扫码观看视频

3.1　创建单片机物联网项目

进入 Keil C51 编程环境，如图 2-1 所示，选择“Project”→“New µVision Project”菜单命令。

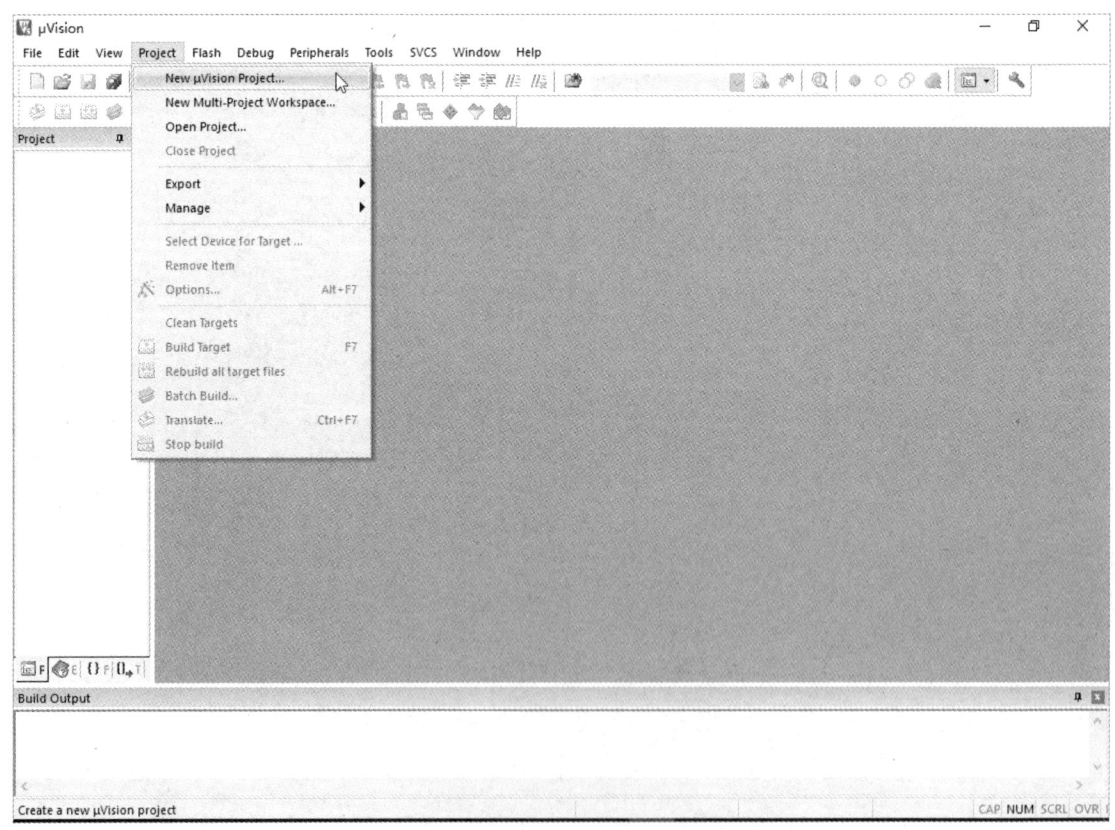

图 2-1　创建新项目的菜单操作

弹出“Create New Project”对话框，如图 2-2 所示，先在组织视图中单击“软件(D:)”，再单击“新建文件夹”按钮，并将新建的文件夹取名为“51 单片机物联网技术实训”，然后单击“打开”按钮，用该文件夹来保存项目的所有文件。

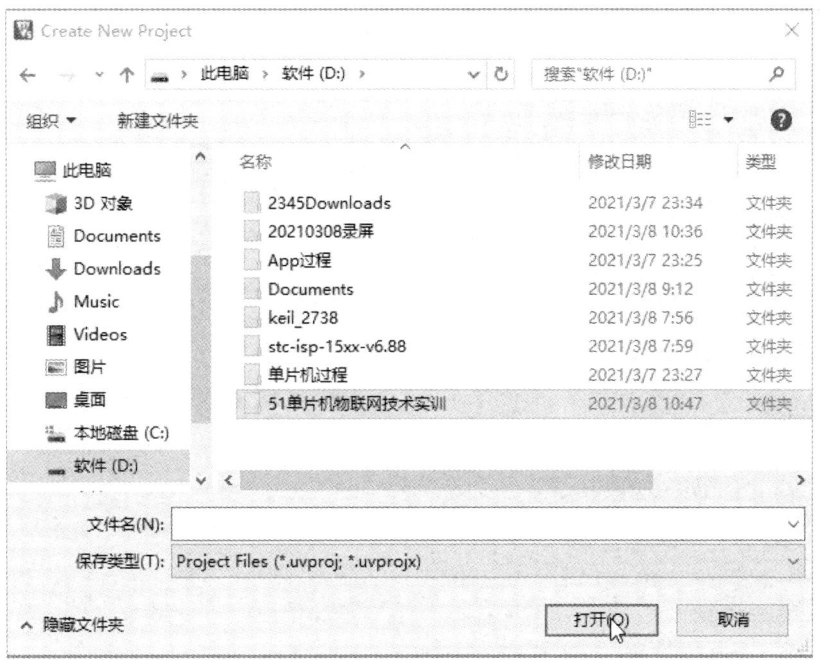

图 2-2　在 D 盘中创建并打开项目文件夹

Keil C51 的每个项目都需要一个项目文件来管理，如图 2-3 所示，先在项目文件夹中建立一个项目文件，该项目文件可取名为“基于 WiFi 的单片机物联网设计”，然后单击“保存”按钮。

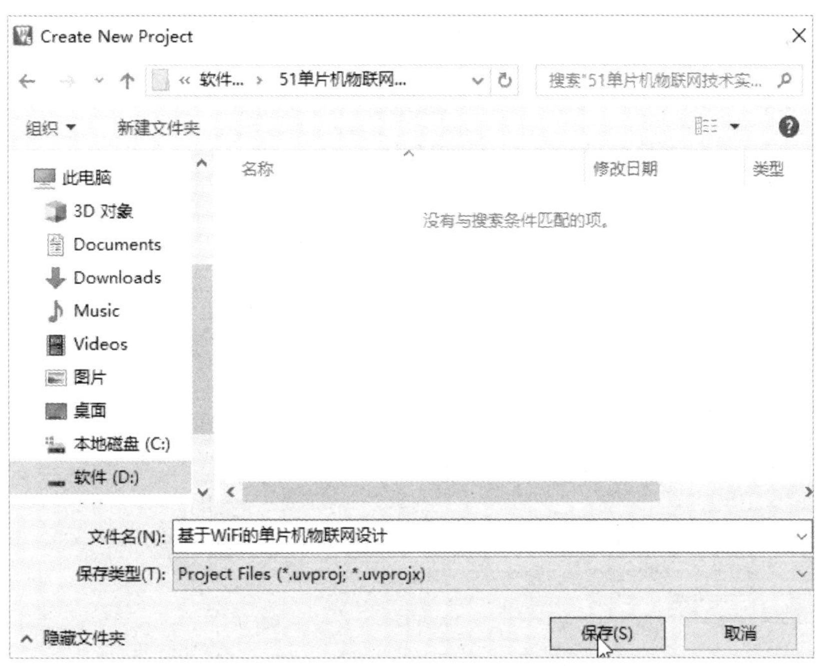

图 2-3　命名项目文件并保存

项目文件命名并保存后，弹出“Select Device for Target 'Target 1'…”对话框，如图 2-4 所示，选择厂商“Atmel”选项并将其展开，以选择所需的单片机型号。

从按顺序排列的单片机型号中选择“AT89C52”选项后单击“OK”按钮，如图 2-5 所示。

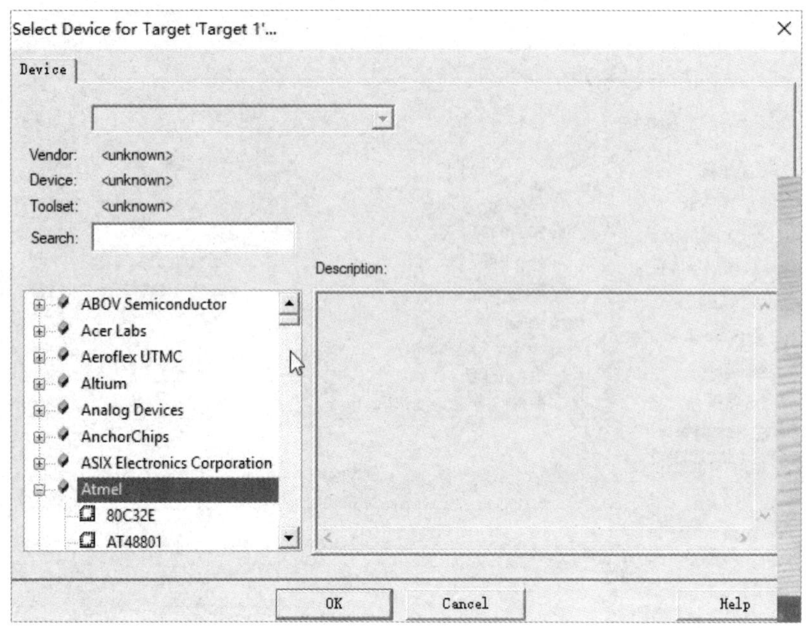

图 2-4　选择单片机厂商及型号

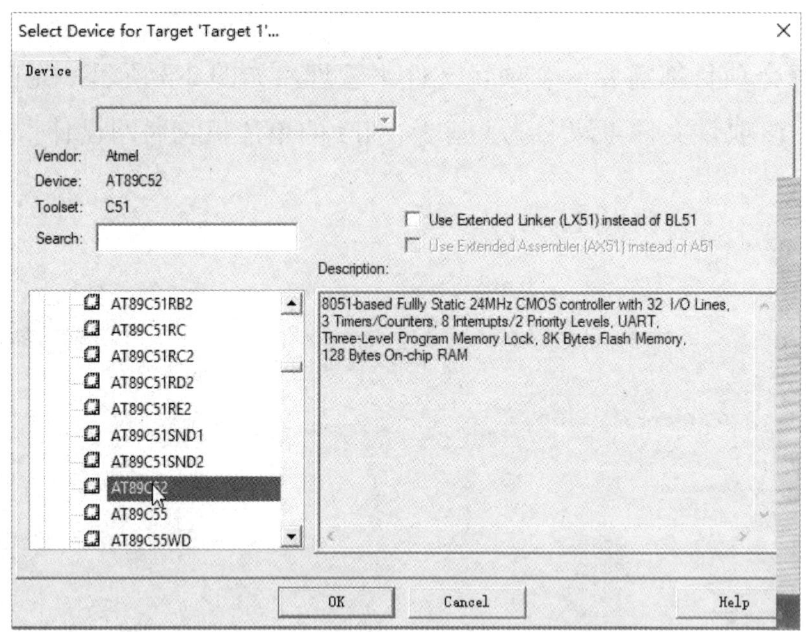

图 2-5　选择“AT89C52”选项

在随后弹出的“µVision”对话框中单击“否”按钮，如图 2-6 所示。

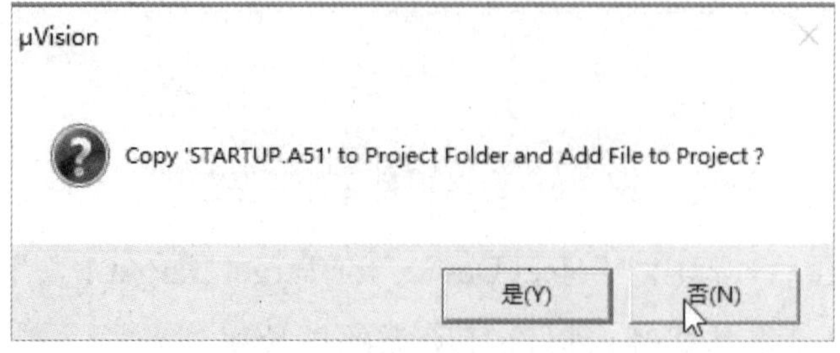

图 2-6　单击“否”按钮

3.2　编写单片机项目 C 源程序代码

选择“File”→“New…”菜单命令，新建文件，如图 2-7 所示。

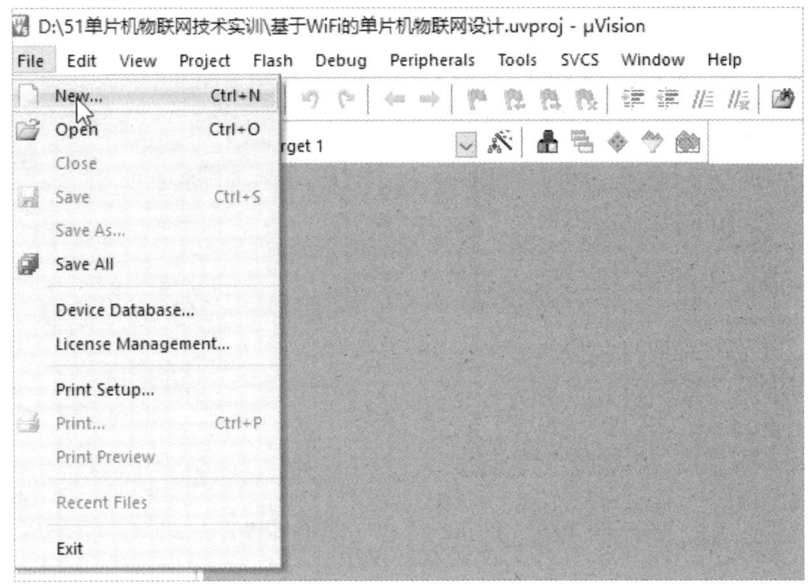

图 2-7　新建文件

菜单命令执行后，代码编辑区立即显示文本编辑状态，文本文件默认为“Text1*”，如图 2-8 所示，输入 15 行代码，即点亮四位数码管的单片机 C 源程序。

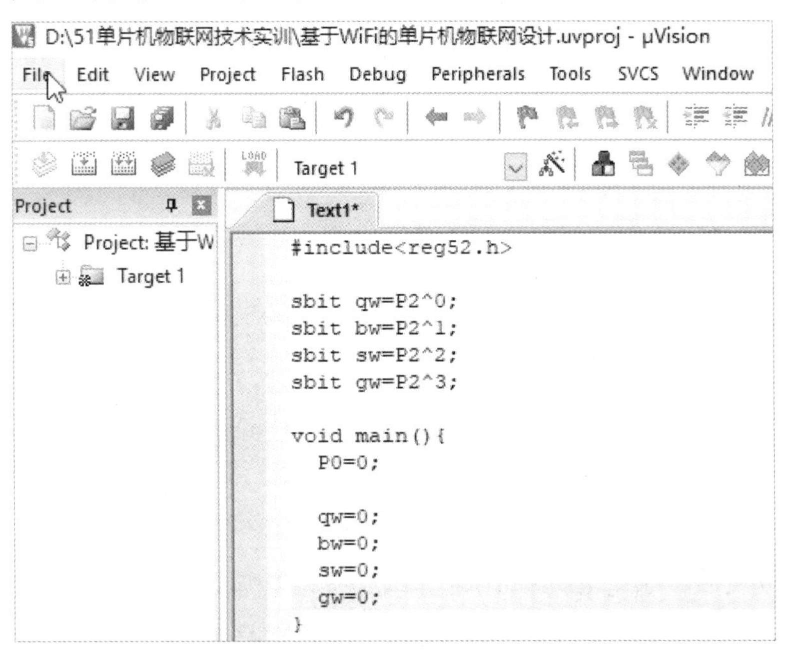

图 2-8　点亮四位数码管的单片机 C 源程序

C 源程序输入完毕后，选择“File”→“Save”菜单命令，如图 2-9 所示。

菜单命令执行后，弹出“Save As”对话框，如图 2-10 所示，在其“文件名”文本框中输入“受控于手机 App 的单片机 C 源程序.c”。注意，扩展名必须为“.c”。

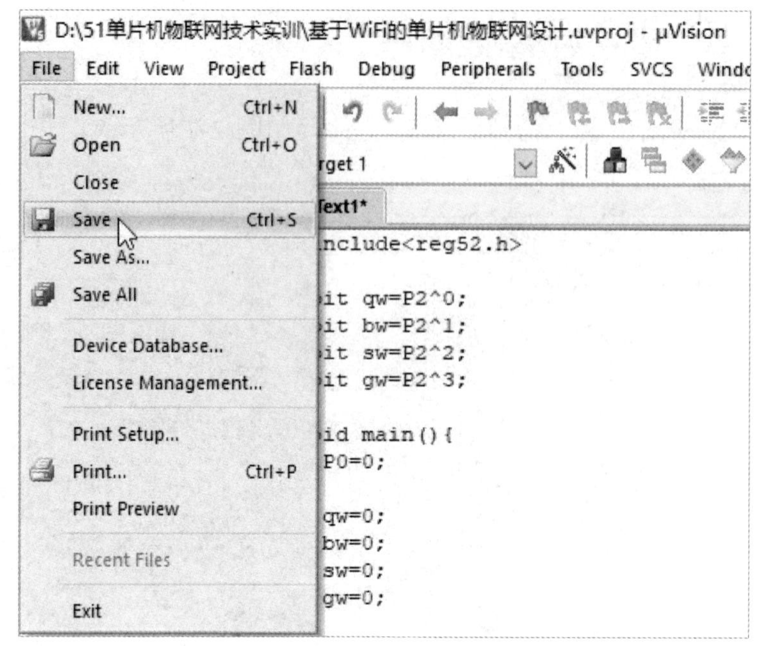

图 2-9　保存 C 源程序的菜单操作

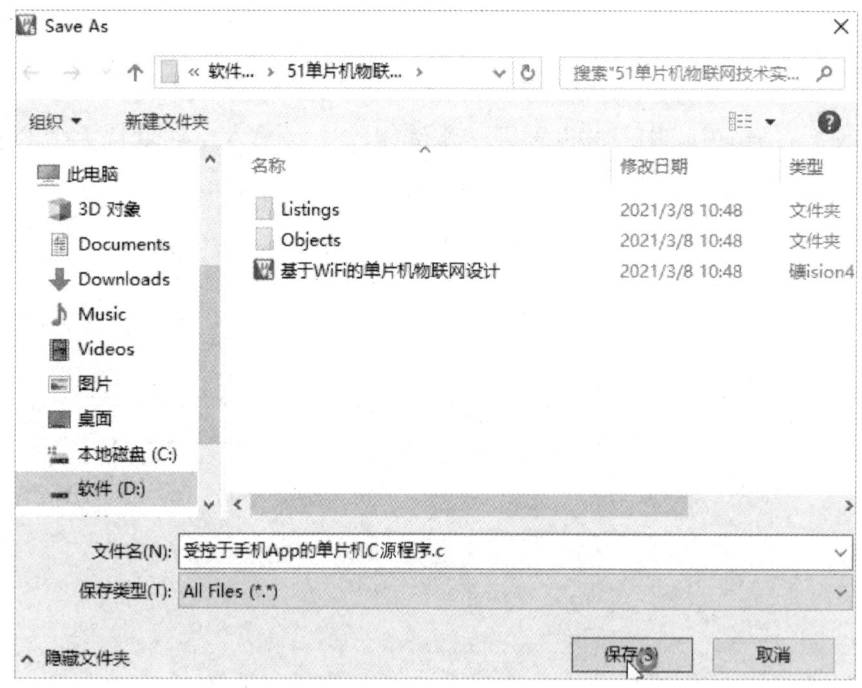

图 2-10　C 源程序的扩展名必须为“.c”

单击“保存”按钮后，系统立即在代码编辑区中为其每行代码给予行号显示。代码编辑区中代码的行号显示对程序的阅读和分析大有帮助，这些行号并不属于代码本身。

3.3　将 C 源程序添加到单片机项目

C 源程序保存后，在项目面板中单击“Target 1”选项前面的“+”按钮，右击“Source”，在弹出的快捷菜单中选择“Add Existing Files to Group 'Source Group 1'…”选项，如图 2-11 所示。

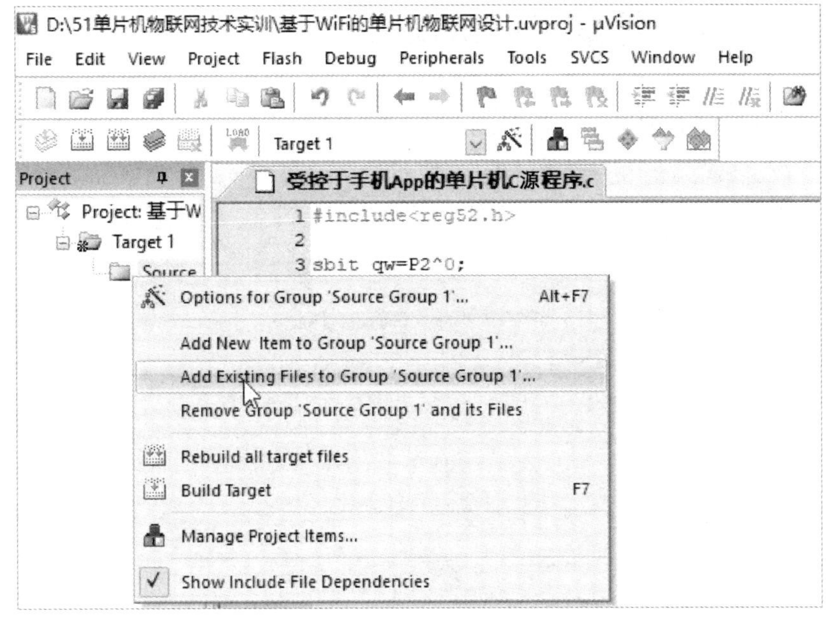

图 2-11　添加现有的文件到源组

上述命令执行后，弹出“Add Files to Group 'Source Group 1'”对话框，在该对话框中，先单击前面所保存的 C 源程序文件“受控于手机 App 的单片机 C 源程序.c”，然后单击“Add”按钮，如图 2-12 所示。

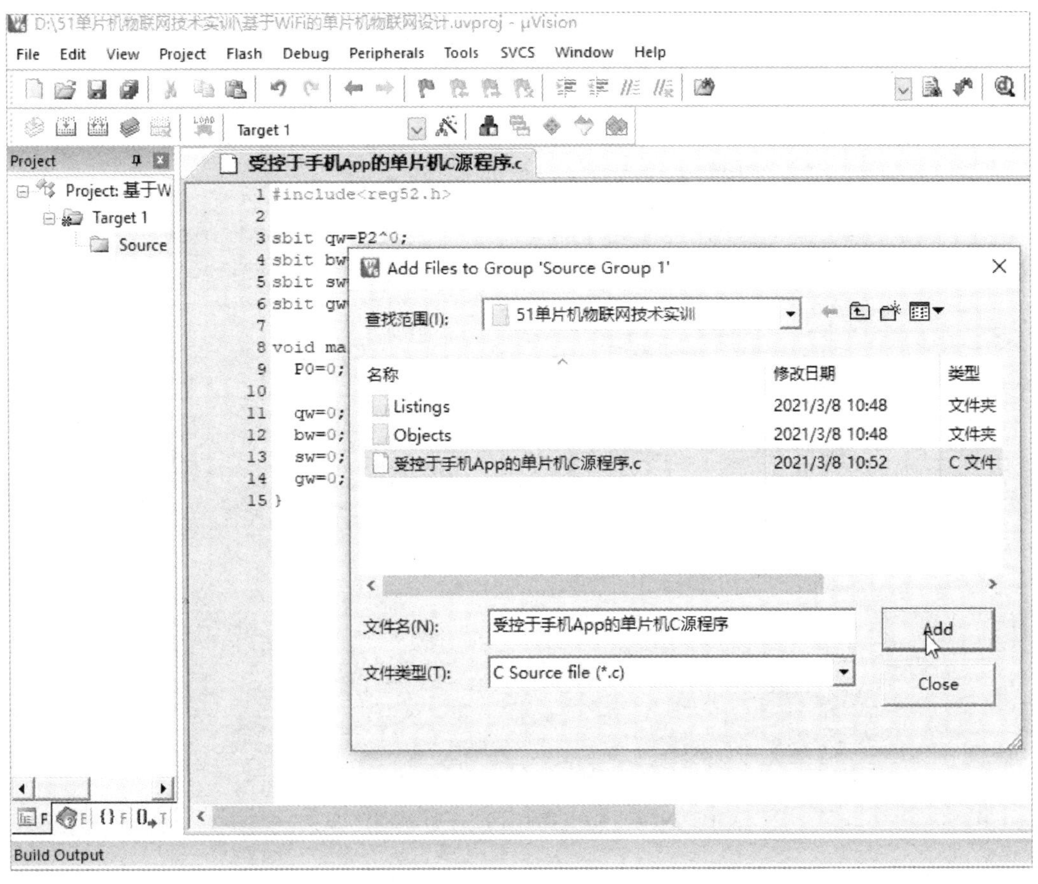

图 2-12　将 C 源程序文件添加到单片机项目

3.4 设置 HEX 文件的生成及存放路径

单击工具栏中的目标选项图标，如图 2-13 所示。

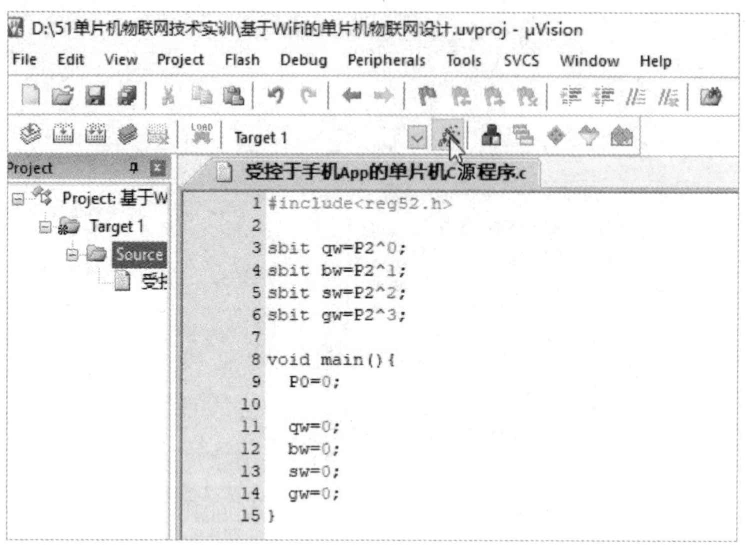

图 2-13 单击目标选项图标

进入目标选项对话框后，单击“Output”选项卡，在此选项卡中，单击“Select Folder for Objects…”按钮，以选择输出文件存放路径，如图 2-14 所示。

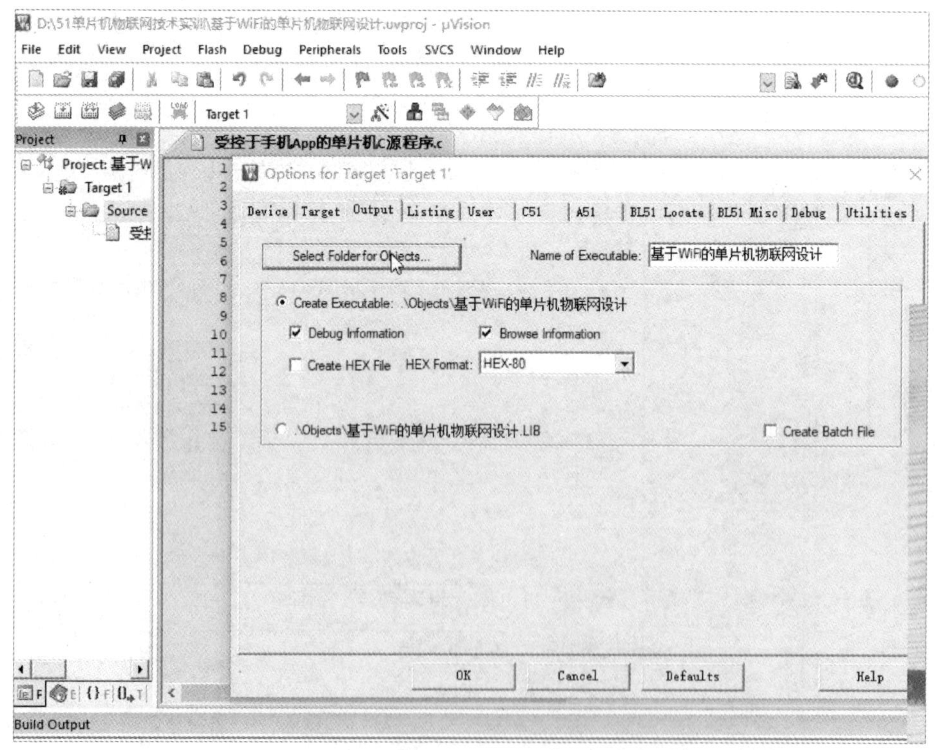

图 2-14 选择输出文件存放路径

在弹出的“Browse for Folder”对话框中，先单击“向上一级”按钮，再单击“OK”按钮，如图 2-15 所示。

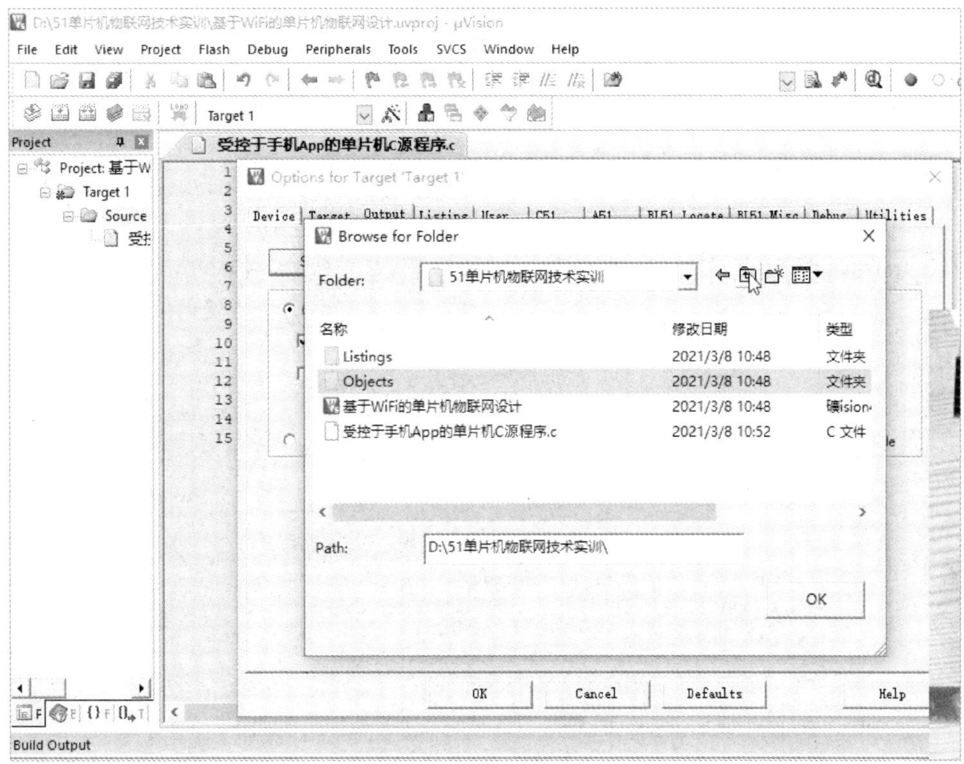

图 2-15　修改路径

单击“OK”按钮后“Browse for Folder”对话框关闭，先勾选“Create HEX File”复选框，表示项目编译链接后生成一个 HEX 文件，再单击“OK”按钮，如图 2-16 所示。

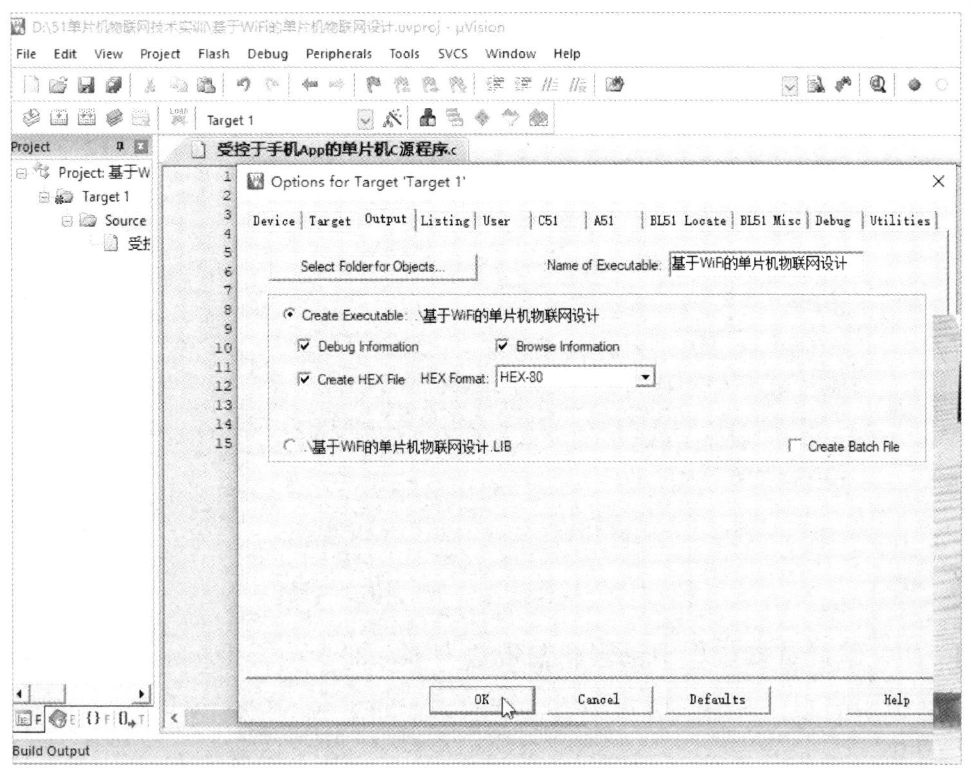

图 2-16　设置 HEX 文件

单击“OK”按钮后，“Options for Target 'Target 1'”对话框关闭。选择“File”→“Save All”菜单命令，保存全部操作结果。

3.5 生成 HEX 文件

单击工具栏中的 HEX 文件编译链接图标，系统就编译链接并生成项目的 HEX 文件，如图 2-17 所示。

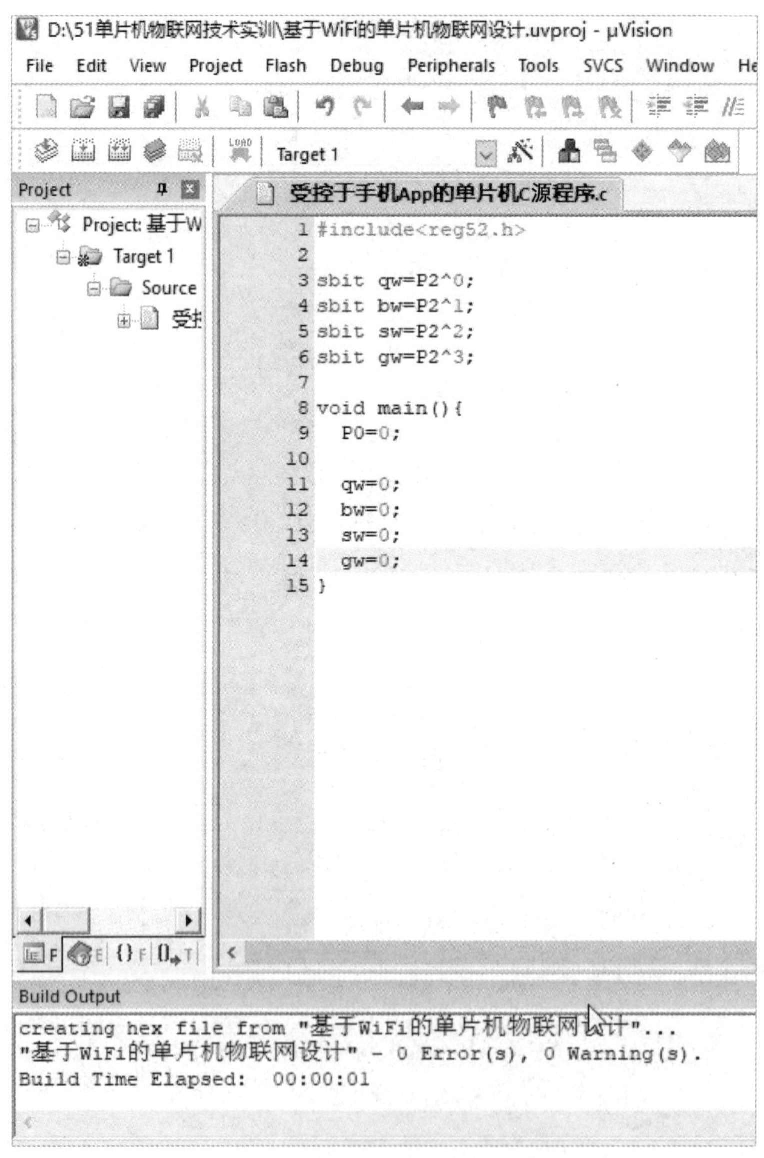

图 2-17 编译链接生成的相关信息

在图 2-17 中，编译链接过程中错误和警告数为零，即受控于手机 App 的单片机 C 源程序完全正确。需要说明的是，当提示信息中有错误时，不能生成 HEX 文件，应对 C 源程序进行查错修改，并重新编译链接，直到提示信息中没有错误。当提示信息中有一个或多个警告时，可以生成 HEX 文件。

3.6　检测任务效果

在任务栏中双击 STC-ISP 烧录程序图标，进入 STC-ISP 烧录程序界面，可看到图 2-18 所示的烧录程序初始操作界面。

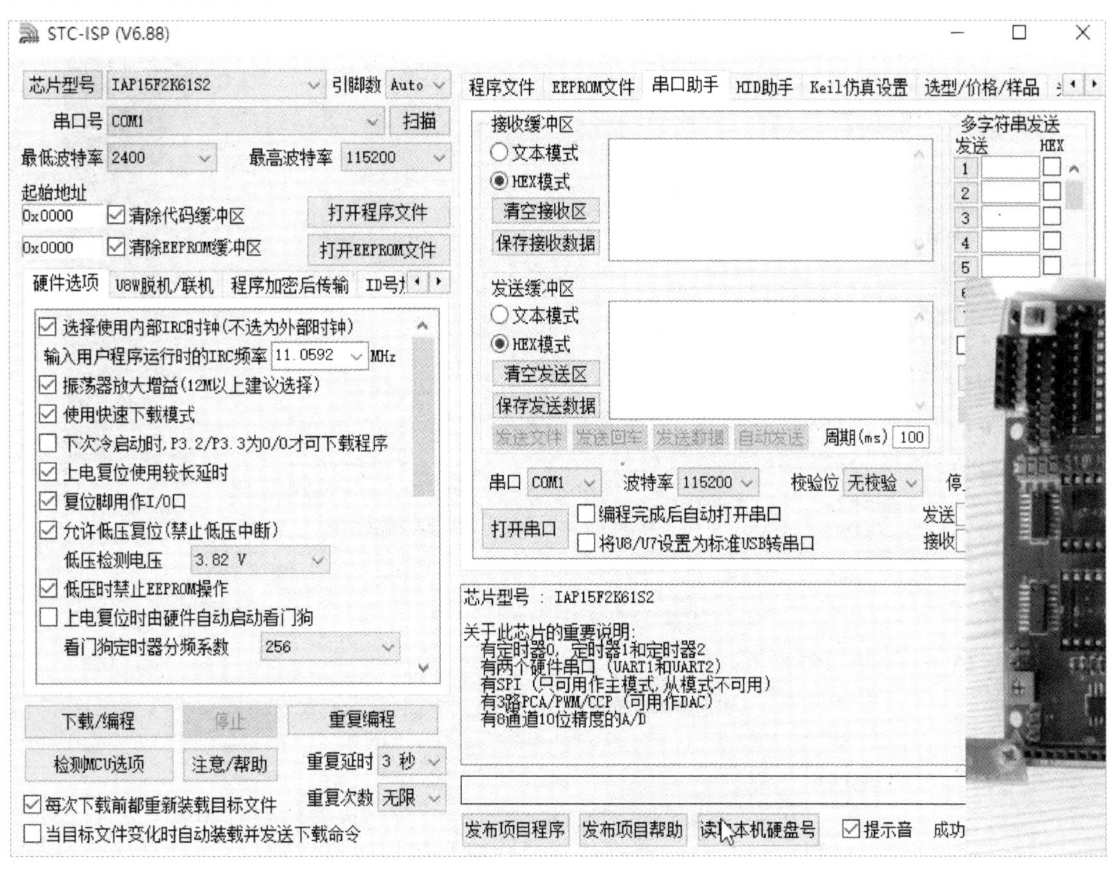

图 2-18　STC-ISP 烧录程序初始操作界面

注意，因为此时单片机电路板还未接入计算机的 USB 接口，所以 STC-ISP 烧录程序初始操作界面中的串口号显示为一般的 COM1，即还不是 USB 串口号。另外，此时芯片型号也不是本书使用的 STC8952RC。

把单片机电路板用 USB 数据线接入计算机 USB 接口，无论其是否接通，STC-ISP 烧录程序初始操作界面中的串口号会立即显示为 USB 串口号，这是因为电路板上的 USB 串口芯片不受电源开关的控制（也不受开关控制）。在 STC-ISP 烧录程序初始操作界面的“芯片型号”下拉列表中，选择“STC89C52RC/LE52RC”选项，如图 2-19 所示。

在 STC-ISP 烧录程序初始操作界面中单击“打开程序文件”按钮，在弹出的“打开程序代码文件”对话框中，打开项目文件夹“51 单片机物联网技术实训”，先在项目文件夹中选择 HEX 文件“基于 WiFi 的单片机物联网设计.hex”，然后单击“打开”按钮，如图 2-20 所示。

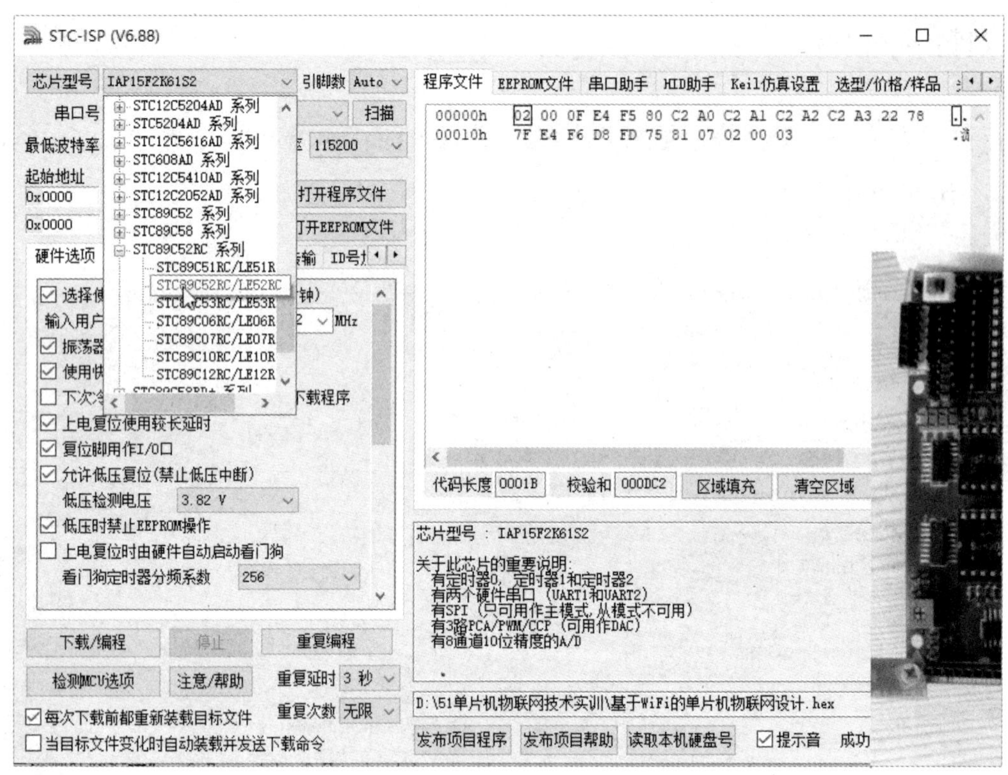

图 2-19　更改芯片型号

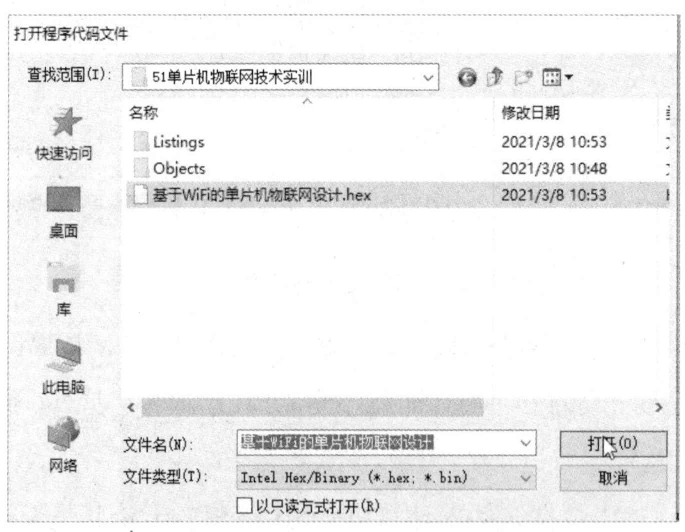

图 2-20　打开用来烧录单片机芯片的 HEX 文件

操作完成后，“打开程序代码文件”对话框关闭。在 STC-ISP 烧录程序初始操作界面中单击“下载/编程”按钮，系统就进入 STC-ISP 程序下载（烧录）状态，显示“正在检测目标单片机...”，如图 2-21 所示。需要说明的两点：①如果单片机电路板在单击“下载/编程”按钮前处于通电状态，显示“正在检测目标单片机...”后，烧录程序就处于等待状态，需要断电后重新通电，烧录程序才能把单片机程序烧录进单片机电路板；②如果单片机电路板在单击“下载/编程”按钮前已处于断电状态，显示“正在检测目标单片机...”后，烧录程序也处于等待状态，只要重新通电，烧录程序就把单片机程序烧录进单片机电路板。

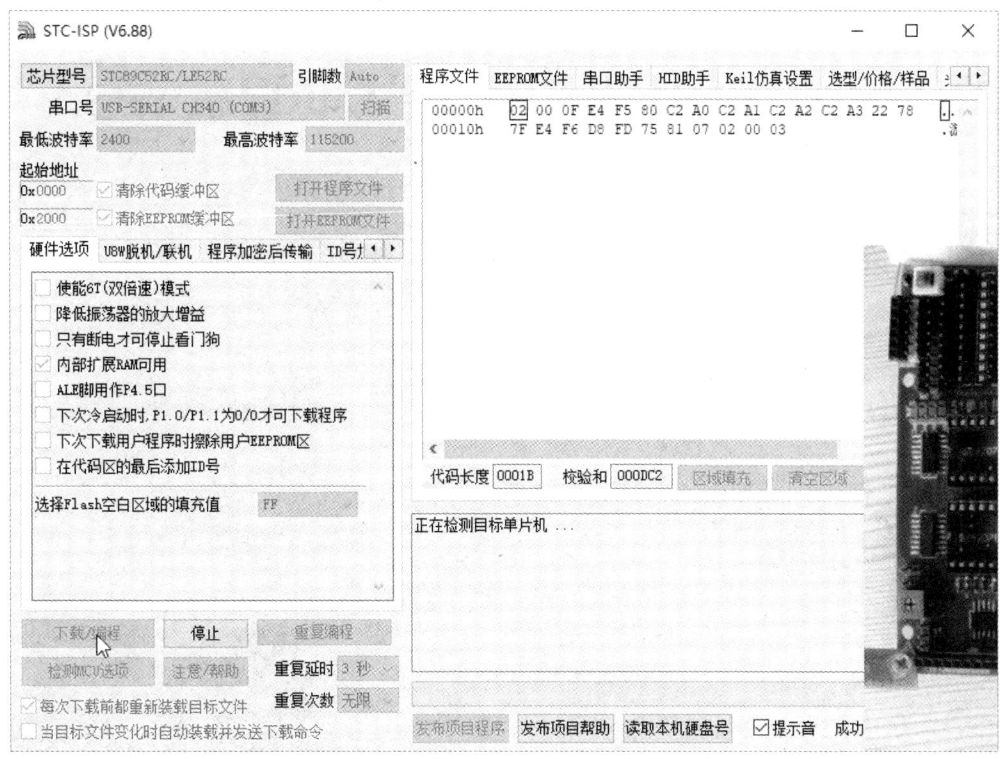

图 2-21　STC-ISP 正在检测目标单片机

将单片机电路板开关关闭后再接通，程序就开始下载并迅速完成，然后当即运行，如图 2-22 所示，界面中显示“操作成功！”的字样。到此，在单片机上点亮四位数码管的编程完成。

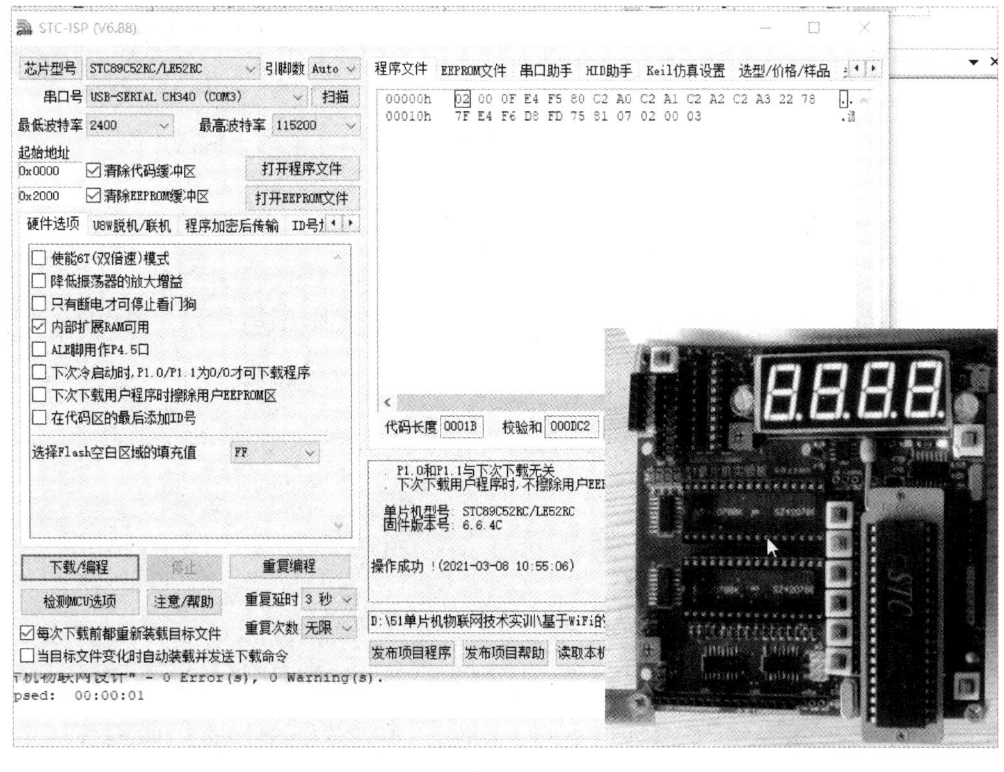

图 2-22　下载成功及程序运行效果图

任务 4　在单片机电路板上按位显示 1234

单击任务栏上的 Keil C51 启动图标，进入 Keil C51 编程环境，主界面显示为上一次退出 Keil C51 时的编程主窗口界面，如图 2-23 所示。

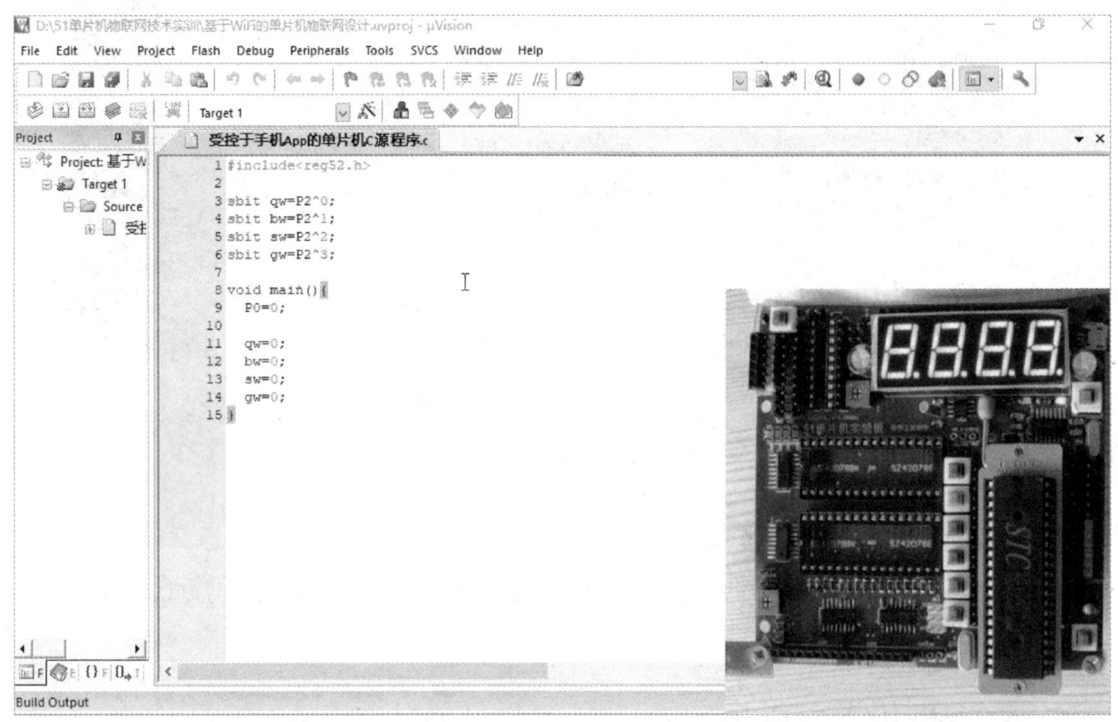

图 2-23　主界面显示为上一次退出 Keil C51 时的编程主窗口界面

4.1　添加四行预处理命令

在编程主窗口的代码编辑区中，将光标定位于第 1 行代码末尾后敲回车键，在产生的空行（行号为 2）上，输入图 2-24 所示的 5 行（注意有 1 行空行）代码。

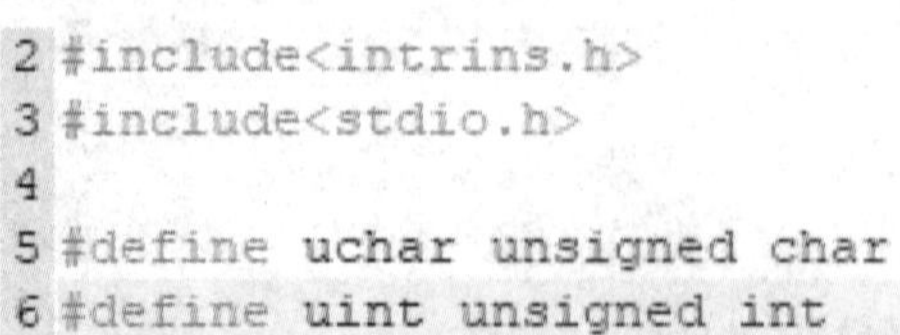

```
2 #include<intrins.h>
3 #include<stdio.h>
4
5 #define uchar unsigned char
6 #define uint unsigned int
```

图 2-24　添加第 2～6 行的代码

图 2-24 中行号为 2、3 的两行代码，是文件包含预处理命令，功能类似于行号为 1 的代码。行号为 5、6 的两行代码，是宏定义预处理命令，其作用是把在程序代码中应写为“unsigned char”（无符号字符型）的代码，简单地用“uchar”来代替，以方便编程时的代码输入。程序在编译时，会把所有的“uchar”还原为“unsigned char”来进行编译。

4.2　添加延时函数定义

将光标定位于代码编辑区行号为 11 的代码末尾后敲两次回车键，在产生的空行（行号为 13）上，输入图 2-25 所示的 6 行代码。

```
13 void delay(uchar z){
14   int x,y;
15   for(x=z;x>0;x--)
16     for(y=0;y<250;y++)
17          ;
18 }
```

图 2-25　延时函数 delay()的定义

4.3　修改主函数代码

由于数码管的显示任务添加了要求，因此要对承担数码管显示的主函数进行代码的添加和修改。如图 2-26 所示，完成主函数 main()函数体中行号为 21～26 的共 6 行代码修改（注意有两个空行）。

接下来，选中图 2-26 中行号为 22～25 的 4 行代码并进行复制，粘贴在后面行号为 27～30 的 4 行代码上，接着隔 1 行再粘贴 1 次，又隔 1 行再粘贴 1 次。然后，在 3 次粘贴而得的代码中，把对 P0 赋值的十六进制数和两个位变量进行相应修改，修改完成后的主函数 main()完整定义如图 2-27 所示。

```
20 void main(){
21
22   P0=0xf9;
23   qw=0;
24   delay(200);
25   qw=1;
26
27   qw=0;
28   bw=0;
```

图 2-26　主函数 main()函数体前 6 行代码的修改

```
20 void main(){
21
22   P0=0xf9;
23   qw=0;
24   delay(200);
25   qw=1;
26
27   P0=0xa4;
28   bw=0;
29   delay(200);
30   bw=1;
31
32   P0=0xb0;
33   sw=0;
34   delay(200);
35   sw=1;
36
37   P0=0x99;
38   gw=0;
39   delay(200);
40   gw=1;
41 }
```

图 2-27　修改完成后的主函数 main()完整定义

4.4 检测任务效果

经过上述操作后，在单片机电路板上按位显示 1234 的 C 程序就编辑完成。选择“File”→“Save”菜单命令，单击编译链接图标，以生成修改后的 HEX 程序。然后，在任务栏单击 STC-ISP 烧录程序图标，按照前面任务的操作方法，把修改后的 HEX 程序烧录进单片芯片，单片机运行结果如图 2-28 所示。

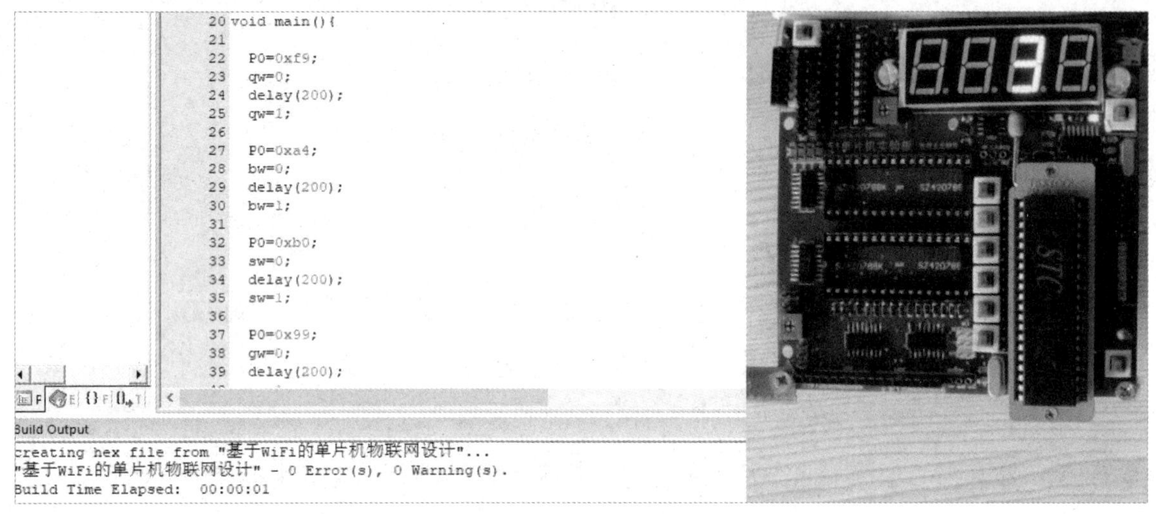

图 2-28 单片机运行结果

任务 5 在单片机电路板上显示所有四位数

扫码观看视频

打开项目保存文件夹，双击项目文件来启动 Keil C51，如图 2-29 所示。

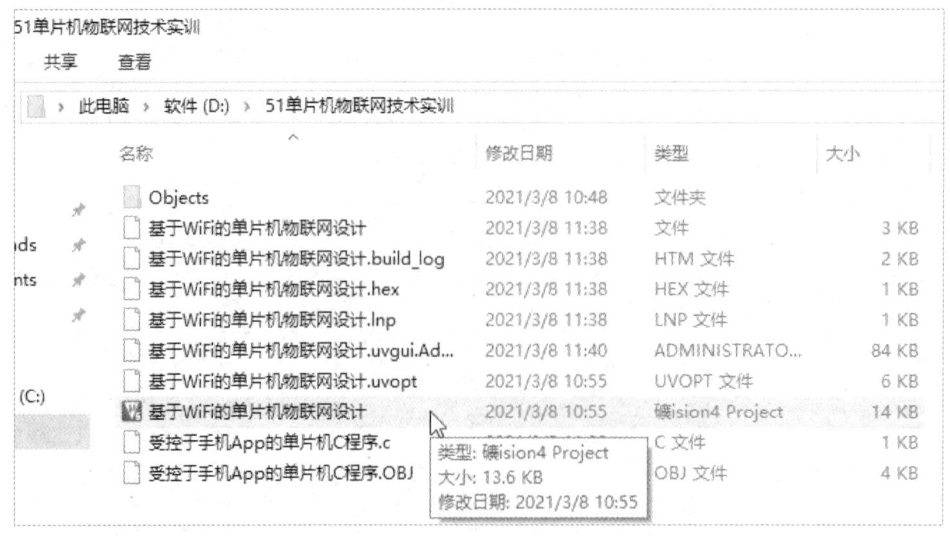

图 2-29 双击项目文件来启动 Keil C51

启动 Keil C51 后，进入 Keil C51 编程主窗口，如图 2-30 所示。

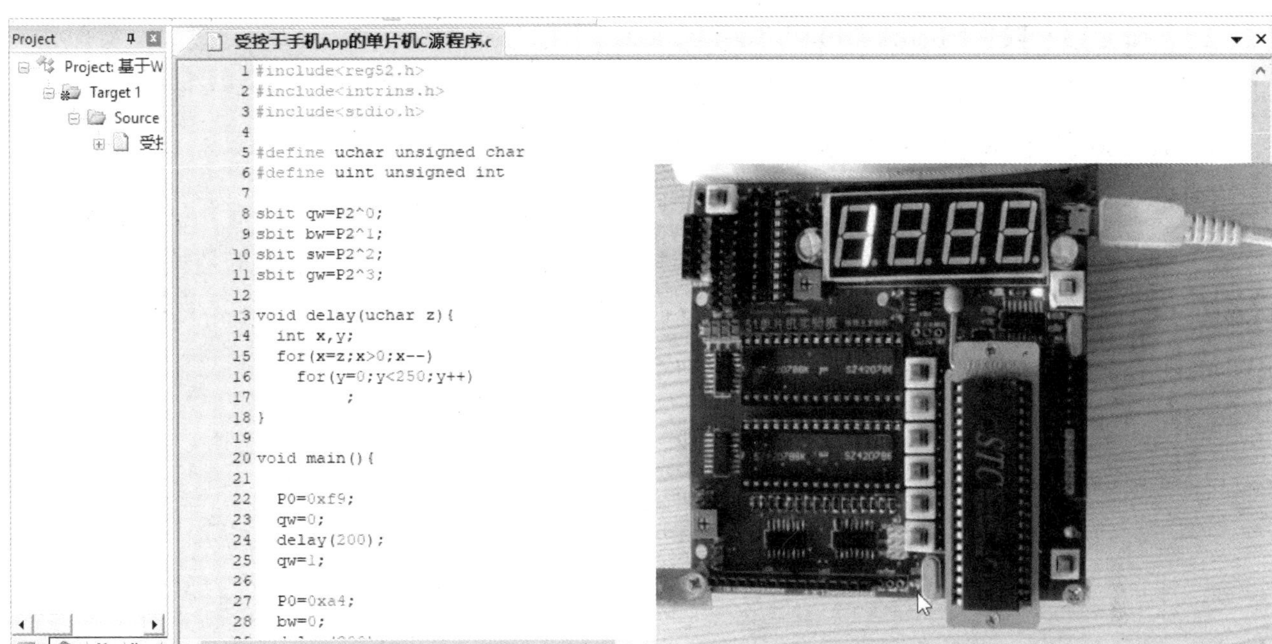

图 2-30　启动 Keil C51 后的编程主窗口

5.1　定义通用的数码管显示函数

为了能让单片机显示任意的四位数，需要定义通用的数码管显示函数。为减少代码的输入，通用的数码管显示函数可由主函数 main()代码修改而成。先把主函数 main()代码第 20 行上的主函数头修改成通用的数码管显示函数 disp_LEDS()函数头，如图 2-31 所示。

```
20 void disp_LEDS(int m){
21   int n;
22   uchar code num[10]={0xc0,0xf9,0xa4,0xb0,0x99,0x92,0x82,0xf8,0x80,0x90};
23 
24   n=m/1000;
25   P0=num[n];
26   qw=0;
27   delay(1);
28   qw=1;
29 
```

图 2-31　用主函数修改而成的数码管显示函数 disp_LEDS()前 10 行代码

数码管显示函数 disp_LEDS()前 10 行代码的修改操作简述如下。

（1）在第 20 行上，将主函数名 main 修改为 disp_LEDS，并在其小括号中，定义形参“int m”，m 代表所要显示的一个四位数。

（2）在第 21 行用“int n;”定义整型变量，并于第 22 行定义一无符号字符型数组 num[10]，即“uchar code num[10]={0xc0,0xf9,0xa4,0xb0,0x99,0x92,0x82,0xf8,0x80,0x90};”，这个数组中的

10 个元素值分别代表 0～9 这 10 个数码的笔段码。

（3）在原第一段代码前添加语句“n=m/1000;”，使“n”为四位数千位上的数码，将原语句“P0=0xc0;”改为“P0=num[n];”，使第一段代码中的 P0 获得四位数千位上数码的笔段码，再将原“delay(200);”小括号中的“200”改为“1”。

到此，就完成了数码管显示函数 disp_LEDS()前 10 行代码的修改。

在原第二段代码前添加语句“n=m/100%10;”，使“n”为四位数百位上的数码，将原语句“P0=0xf9;”改为“P0=num[n];”，使第二段代码中的 P0 获得四位数百位上数码的笔段码，再将原“delay(200);”小括号中的“200”改为“1”。

到此，就完成了第二段代码的修改，如图 2-32 所示。

```
n=m/100%10;
P0=num[n];
bw=0;
delay(1);
bw=1;

```

图 2-32　第二段代码的修改结果

在原第三段代码前添加语句“n=m10%10;”，使“n”为四位数十位上的数码，将原语句“P0=0xb0;”改为“P0=num[n];”，使第三段代码中的 P0 获得四位数十位上数码的笔段码，再将原“delay(200);”小括号中的“200”改为“1”。

到此，就完成了第三段代码的修改，如图 2-33 所示。

```
n=m/10%10;
P0=num[n];
sw=0;
delay(1);
sw=1;

```

图 2-33　第三段代码的修改结果

在原第四段代码前添加语句“n=m%10;”，使“n”为四位数个位上的数码，将原语句“P0=0xb0;”改为“P0=num[n];”，使第四段代码中的 P0 获得四位数个位上数码的笔段码，再将原“delay(200);”小括号中的“200”改为“1”。

到此，就完成了第四段代码的修改，如图 2-34 所示。

```
n=m%10;
P0=num[n];
gw=0;
delay(1);
gw=1;
}
```

图 2-34　第四段代码的修改结果

5.2　重新定义主函数 main()

将主函数 main()修改成通用的数码管显示函数 disp_LEDS()后，程序中就没有了主函数 main()，这时必须另外定义主函数 main()，重新定义的主函数 main()如图 2-35 所示。

```
49 void main(){
50   int x,y;
51   for(x=9999;x>=0;x--)
52     for(y=1;y<10;y++)
53        disp_LEDS(x);
54 }
```

图 2-35　重新定义的主函数 main()

在这个主函数定义中，行号为 50 的代码定义了整型变量 x 和 y，将其用作循环控制变量。外层是关于 x 的 for 循环，x 要从 9999 循环到 0，用来产生所有的四位数；内层是关于 y 的 for 循环，其用来重复三次调用数码管显示函数 disp_LEDS()，以形成一个四位数显示时所需的可视时长。

5.3　检测任务效果

按前面的步骤保存、编译链接、运行增强后的单片机程序，运行结果如图 2-36 所示。

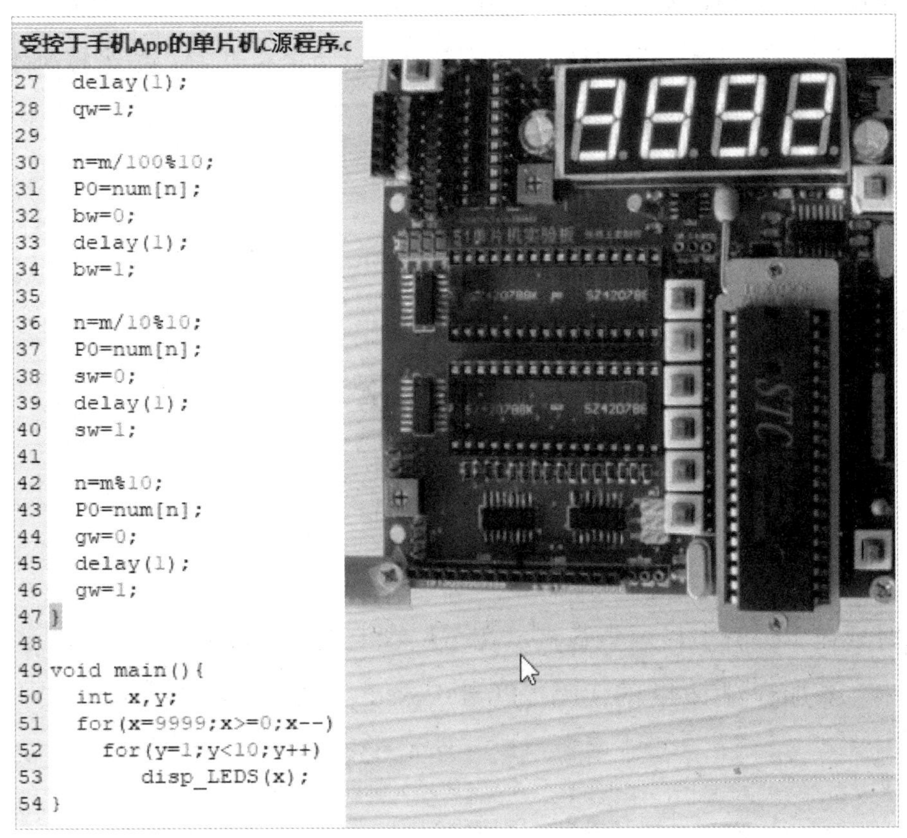

图 2-36　运行结果

任务 6　在单片机电路板上显示实时温度

扫码观看视频

进入 Keil C51 编程环境后，在单片机 C 源程序中按下面步骤完成代码添加。

6.1　添加相关变量定义语句

在行号为 11 的代码后敲回车键，输入行号为 12～15 的 4 行代码（含 1 行空行），如图 2-37 所示。

```
11 sbit gw=P2^3;
12 sbit ds=P1^0;
13
14 uchar xsd=255,cla=0,clb=255;
15 uint temp;
16
17 void delay(uchar z){
```

图 2-37　添加 4 行代码

在图 2-37 中，第 12 行代码“sbit ds=P1^0;”定义位变量 ds 来编程温度元件的数据读取；第 14 行代码“uchar xsd=255,cla=0,clb=255;”定义 3 个无符号字符变量，用来控制十位管上的小数点、千位管上的 C 显示；第 15 行代码“uint temp;”定义无符号整型变量，用来存取温度数值。

6.2　添加温度显示控制语句

在行号为 29 的代码后敲回车键，输入行号为 30、31 的 2 行代码，如图 2-38 所示。这 2 行代码的作用是让千位管上的显示总为大写的“C”。

```
29    P0=num[n];
30    P0=P0|cla;
31    P0=P0&clb;
32    qw=0;
```

图 2-38　增加 2 行代码

温度显示时要在十位管上显示小数点，在个位管上显示温度的一位小数，因此，要在十位管显示代码段中，添加行号为 44 的代码“P0=P0&xsd;”，如图 2-39 所示。

```
43    P0=num[n];
44    P0=P0&xsd;
45    sw=0;
```

图 2-39　在十位管上显示小数点

6.3　添加操控 DS18B20 的相关函数

在为程序添加一个或多个函数时，不管程序中有多少个函数，都总是在主函数 main()的前面且与之相邻处添加。在添加函数时，各函数之间用 1 行空行隔开。

6.3.1　添加 b20reset()函数

在程序中的数码管显示函数 disp_LEDS()后面，添加 b20reset()函数，如图 2-40 中行号为 56～62 的代码所示。这个 b20reset()函数的功能是复位 DS18B20（温度传感器）。

```
55
56 void b20reset(){
57   uchar i;
58   ds=0;
59   for(i=0;i<220;i++);
60   ds=1;
61   for(i=0;i<220;i++);
62 }
63
```

图 2-40　复位 DS18B20 的 b20reset()函数定义

6.3.2　添加 b20Rbit()函数

程序可从 DS18B20 中获取 16 位二进制数据，程序对 DS18B20 的各种命令字都是 8 位二进制数据格式，但由于 DS18B20 是单总线器件，因此必须从读取器件中读取 1bit 数据的功能起步，才能逐步合成所需的 8 位二进制命令字功能。因此，在定义 b20reset()函数后，需要定义返回值为 bit 型的 b20Rbit()函数，如图 2-41 中行号为 64～74 的代码所示。

```
63
64 bit b20Rbit(){
65   bit dat;
66   ds=0;
67   _nop_();
68   _nop_();
69   ds=1;
70   _nop_();
71   _nop_();
72   dat=ds;
73   return dat;
74 }
75
```

图 2-41　从 DS18B20 中读取 1bit 数据的 b20Rbit()函数定义

6.3.3　添加 b20Rbyte()函数

在定义 b20Rbit()函数后，定义返回值为 byte 型的 b20Rbyte()函数，如图 2-42 中行号为 76～84 的代码所示。

```
75
76 uchar b20Rbyte(){
77   uchar i,j,dat;
78   dat=0;
79   for(i=1;i<9;i++){
80     j=b20Rbit();
81     dat=(j<<7)|(dat>>1);
82   }
83   return dat;
84 }
85
```

图 2-42 返回值为 byte 型的 b20Rbyte()函数定义

在图 2-42 中，行号为 79～82 的代码为共循环 8 次的 for 循环。每次循环都是执行两条语句，第一条语句是调用 b20Rbit()函数并将返回值类型转换后赋给字节型变量 j，第二条语句是分别将 j 左移 7 位及 dat 右移 1 位后，再进行 j 和 dat 的位对位或运算。这样循环 8 次，就把第一条语句读到的 8 个 1bit 数据，通过第二条语句中的位运算，在 dat 中拼成了一排（1byte 数据），第 1 次读的数据排在最右，第 8 次读的数据排在最左。循环完成后，就用第 83 行上的语句把 dat 的值返回给调用者。

6.3.4 添加 b20Wbyte()函数

在 b20Rbyte()函数后面，添加 b20Wbyte()函数的定义，如图 2-43 中行号为 86～110 的代码所示。这个函数的功能是把 1byte（8bit）数据写入 DS18B20。

```
85
86 void b20Wbyte(uchar dat){
87   uint i;
88   uchar j;
89   bit testb;
90   for(j=1;j<9;j++){
91     testb=dat&0x01;
92     dat=dat>>1;
93     if(testb){
94       ds=0;
95       _nop_();
96       _nop_();
97       ds=1;
98       _nop_();
99       _nop_();
100      for(i=1;i<9;i++);
101    }
102    else{
103      ds=0;
104      for(i=1;i<9;i++);
105      ds=1;
106      _nop_();
107      _nop_();
108    }
109  }
110 }
111
```

图 2-43 把 1byte（8bit）数据写入 DS18B20 的 b20Wbyte()函数

在图 2-43 中，行号为 90～109 的代码为共循环 8 次的 for 循环。每次循环先用语句“testb=dat&0x01;”来取形参 dat 的最低位赋值给 testb，用语句“dat=dat>>1;”来把 dat 的次低位右移到最低位，再用 if-else 语句把 testb 的值写入 DS18B20，即用 if 分支向 DS18B20 写入 1 值，用 else 分支向 DS18B20 写入 0 值。两个分支中 ds 值都是“先 0 后 1”，但 if 分支中 ds 值是“先 0 短后 1 长”，elsc 分支中 ds 值是“先 0 长后 1 短”，这就是“写 0”与“写 1”的区别。

6.3.5　添加 b20Set()函数

在 b20Wbyte()函数后面，添加 b20Set()函数的定义，如图 2-44 中行号为 112～117 行的代码所示。这个函数的功能是把启动温度转换的两个命令字写入 DS18B20。

```
111
112 void b20Set(){
113   b20reset();
114   delay(4);
115   b20Wbyte(0xcc);
116   b20Wbyte(0x44);
117 }
118
```

图 2-44　把两个命令字写入 DS18B20 的 b20Set()函数定义

6.3.6　添加 b20Get()函数

在 b20Set()函数后面，添加返回值为 uint 型的 b20Get()函数定义，如图 2-45 中行号为 119～140 的代码所示。该函数的功能是从 DS18B20 读取当前的温度值（用 16 位二进制数表示）。

```
118
119 uint b20Get(){
120   uchar TH,TL;
121   b20reset();
122   delay(4);
123   b20Wbyte(0xcc);
124   b20Wbyte(0xbe);
125   TL=b20Rbyte();
126   TH=b20Rbyte();
127   temp=TH;
128   temp<<=8;
129   temp|=TL;
130   if(TH>0x07){
131     clb=0xbf;
132     temp=~temp+1;
133   }
134   else
135     clb=0xc6;
136   temp=temp*6.25;
137   temp=temp+5;
138   temp=temp/10;
139   return temp;
140 }
141
```

图 2-45　从 DS18B20 读取当前温度值的 b20Get()函数定义

6.4 修改主函数 main()

添加了操控温度传感器 DS18B20 的相关函数后，需要在主函数 main()中通过调用来获得温度传感器 DS18B20 所测出的温度值，并用数码管显示函数来显示实时温度值。因此，要对主函数 main()进行相应的修改，修改后的主函数 main()代码如图 2-46 所示。

```
void main(){
  int x,y;
  while(1){
    b20Set();
    for(y=0;y<80;y++){
      x=b20Get();
      xsd=127;
      cla=255;
      disp_LEDS(x);
    }
  }
}
```

图 2-46 修改后的主函数 main()代码

6.5 检测任务效果

按照前面介绍的步骤进行操作，单片机程序的运行结果如图 2-47 所示，该结果表明对温度传感器 DS18B20 的编程完成，实时温度显示成功。

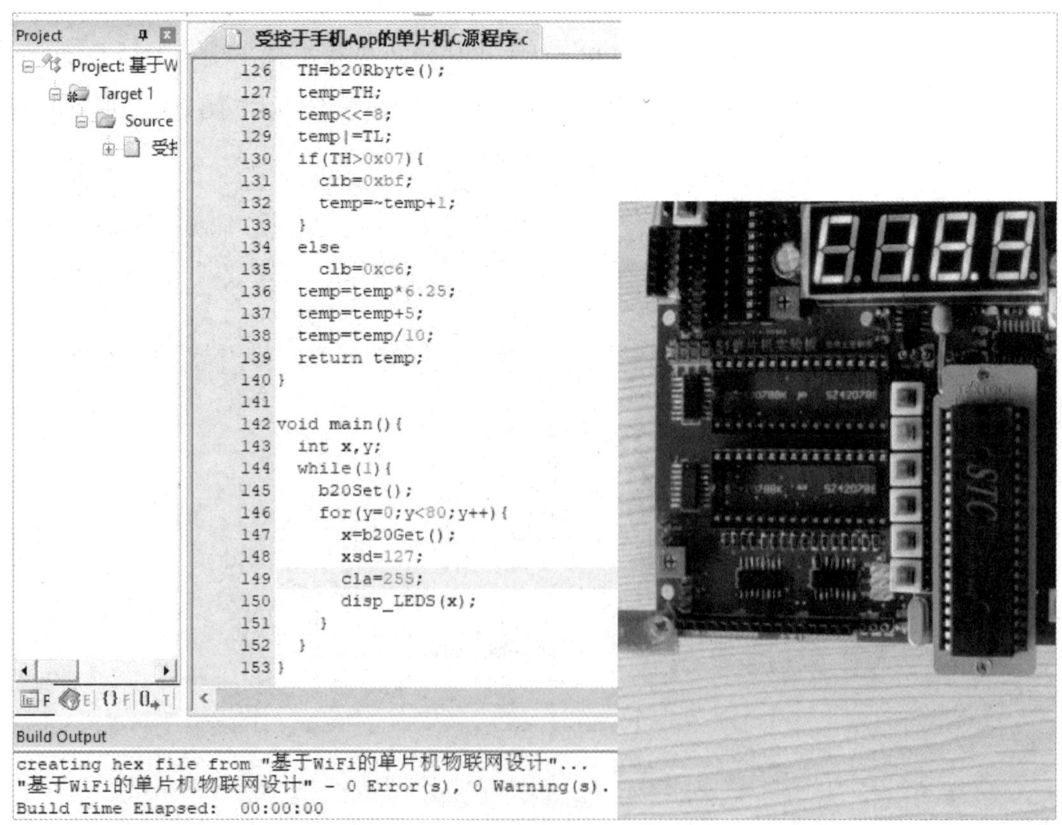

图 2-47 单片机程序的运行结果

任务 7　在单片机 C 源程序中添加串口通信代码

目前单片机 C 源程序只能显示出实时温度数值，还不具备向局域网发送温度数据的功能，因此，需要在单片机 C 源程序中添加关于串口通信的相关函数代码，另外还要修改主函数 main() 代码，以组织单片机与手机 App 进行协同运作的机制。

7.1　添加有关变量和数组的定义

如图 2-48 所示，在关于变量定义的代码末行（行号为 15）下面，添加 16～20 行共 5 个无符号字符型数据定义语句，其中行号为 17 的代码定义了有 10 个元素的数组。

```
15 uint temp;
16 uchar dataH,dataL;
17 uchar Buf[10];
18 uchar ReceiveCounter;
19 uchar Index=0;
20 uchar Flag=0,Sign=0;
21
```

图 2-48　添加变量和数组的定义

7.2　添加串口初始化函数

在 b20Get()函数后面，定义单片机串口初始化函数 UART_init()，如图 2-49 中行号为 147～160 行的代码所示。这个函数的功能是为单片机串口通信进行相关设置。

```
146
147 void UART_init(){
148   EA=0;
149   ES=0;
150   TR1=0;
151   TMOD|=0x20;
152   TH1=0xff;
153   TL1=0xff;
154   PCON=0x80;
155   TR1=1;
156   SCON=0x50;
157   IP=0x10;
158   ES=1;
159   EA=1;
160 }
161
```

图 2-49　串口初始化函数 UART_init()的定义

7.3 添加串口数据发送函数

在串口初始化函数 UART_init()后面，定义串口数据发送函数 UART_Send()，如图 2-50 中行号为 162～166 的代码所示。这个函数的功能，就是将单片机中的字节数据用串口通信方式发送出去。

```
161
162 void UART_Send(uchar data_buf){
163   SBUF=data_buf;
164   while(!TI);
165   TI=0;
166 }
167
```

图 2-50 串口数据发送函数 UART_Send()的定义

7.4 添加串口中断服务函数

在串口数据发送函数 UART_Send()后面，定义串口中断服务函数 UART_Receive() interrupt 4，如图 2-51 中行号为 168～180 的代码所示。这个函数的功能是有串口中断产生时，接收该串口通信数据，并对串口中断次数进行计数和判定等相应处理。

```
167
168 void UART_Receive() interrupt 4{
169   if(RI==1){
170     RI=0;
171     if(Buf[ReceiveCounter]!='0'){
172       Buf[ReceiveCounter]=SBUF;
173       ReceiveCounter++;
174       if(ReceiveCounter==4){
175         Flag=1;
176         ReceiveCounter=0;
177       }
178     }
179   }
180 }
181
```

图 2-51 串口中断服务函数 UART_Receive() interrupt 4 的定义

7.5 加强主函数 main()的功能

要和手机 App 进行具体的串口通信数据收发，就需要在主函数中进行组织和实施，因此要在主函数中添加相关代码，加强主函数 main()的功能。首先，添加串口初始化函数调用和延时函数调用两条语句，如图 2-52 中行号为 184～185 的代码所示。

```
183  int x,y;
184  UART_init();
185  delay(8);
186  while(1){
```

图 2-52　添加串口初始化函数调用和延时函数调用两条语句

在 for 循环体中添加获取温度值整数和小数的赋值语句，如图 2-53 中行号为 193～194 的代码所示。

在 for 循环后添加以标记 Sign 为条件的 if 语句，如图 2-54 中行号为 196～201 的代码所示。这条 if 语句的作用是若标记 Sign 的值非零，就调用 4 次串口数据发送函数 UART_Send()来发送信息口令（0x02）、温度整数（dataH）、温度小数（dataL）、温度正负标记（clb）。

```
188    for(y=0;y<80;y++){
189      x=b20Get();
190      xsd=127;
191      cla=255;
192      disp_LEDS(x);
193      dataH=x/10;
194      dataL=x%10;
195    }
```

图 2-53　添加获取温度值整数和小数的赋值语句

```
196    if(Sign){
197      UART_Send(0x02);
198      UART_Send(dataH);
199      UART_Send(dataL);
200      UART_Send(clb);
201    }
```

图 2-54　以标记 Sign 为条件的 if 语句

添加以标记 Flag 值取 1 为条件的 if 语句，如图 2-55 中行号为 202～215 的代码所示。这条 if 语句的作用是若标记 Flag 值为 1，就关闭中断并将标记 Flag 值置为 0，再用嵌套的 if 语句视条件检查串口接收数据及做 Sign 标记的相应处理，然后将串口接收计次器清零，再用 for 循环将串口接收数组的 10 个元素清零，最后打开中断。

```
202    if(Flag==1){
203      EA=0;
204      Flag=0;
205      if(Buf[0]==0x02){
206        switch(Buf[1]){
207          case 0xff:Sign=1;
208                    break;
209        }
210      }
211      ReceiveCounter=0;
212      for(Index=0;Index<10;Index++)
213        Buf[Index]=0;
214      EA=1;
215    }
```

图 2-55　以标记 Flag 值取 1 为条件的 if 语句

到此，就完成了加强主函数 main()的功能的代码添加。

7.6 检测任务效果

由于在手机 App 和单片机电路板串口通信时，单片机是从动方，因此，这里在完成程序的编译链接、烧录、运行后，在没有用手机 App 对单片机进行操控时，单片机的程序运行显示与前面任务 6 完成的程序运行显示完全相同。只有在手机 App 相应编程完成且 Wi-Fi 模块接入单片机后，单片机电路板才能与手机 App 进行串口通信。

单元小结

1．对 51 单片机编程的第一步是掌握 51 单片机的引脚定义，其引脚定义如图 2-56 所示。

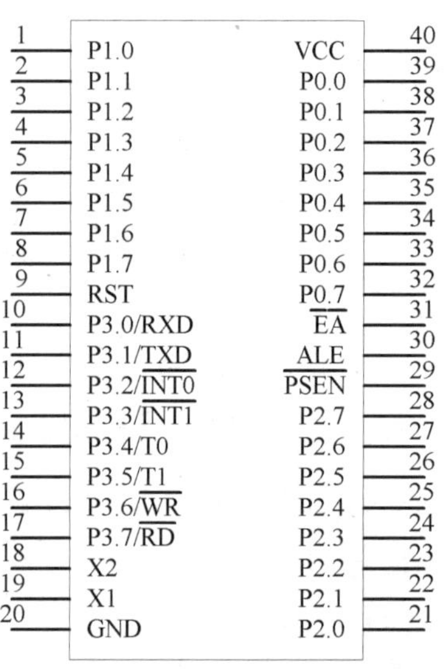

图 2-56　51 单片机引脚定义

各引脚的说明如下。

（1）电源引脚为 VCC（40），地引脚为 GND（20）。

（2）时钟电路引脚为 XTAL1（19）、XTAL2（18）。

（3）控制信号引脚包含以下几种。

复位信号引脚 RST（9）：其作用是在单片机启动时，使系统从一个确定的初始状态开始运行。

锁存信号引脚 ALE（30）：当访问外部程序存储器时，其输出用于锁存地址的低位字节。

选通信号引脚 PSEN（29）：外部程序存储器读选通信号。

选择信号引脚 EA：当 EA 为高电平时，执行内部程序存储器，当 EA 为低电平时，执行外部程序存储器。

（4）I/O 引脚。I/O 引脚共有 32 个，分为四个口，依次为 P0、P1、P2、P3。每个口均为 8 位双向 I/O 端口。一般用“P0.0”表示 P0 口的第 0 位引脚，用“P0.1”表示 P0 口的第 1 位引脚，用“P3.3”表示 P3 口的第 3 位引脚，注意，“口”和“位”都从 0 开始编号。

2．所有对单片机编程的最终目的，就是让某些口的某些位按需要输出高电平或低电平，以驱动被控电路或形成时序脉冲。这 32 个 I/O 引脚既可作为输出引脚，也可作为输入引脚，程序可检测某引脚为高电平还是低电平，据此来判定程序流程该如何进行。

3．要牢固掌握对数码管的编程，其是本书的重点之一，要求掌握本书所用单片机的最小系统原理图（见图 2-57）和数码管模块的原理图（见图 2-58），以及数码管模块的电气连线图（见图 2-59）。

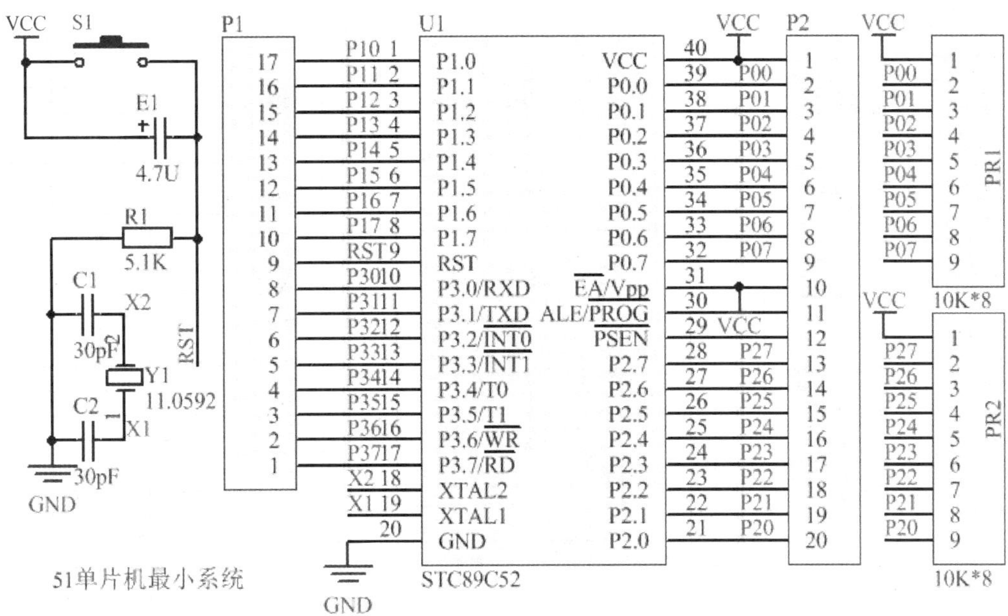

图 2-57　本书所用单片机的最小系统原理图

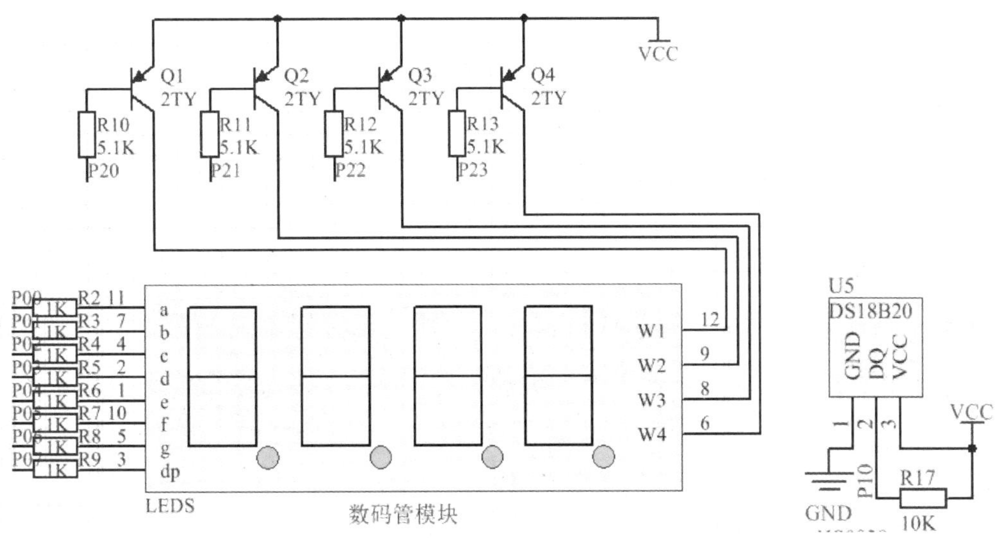

图 2-58　数码管模块的原理图

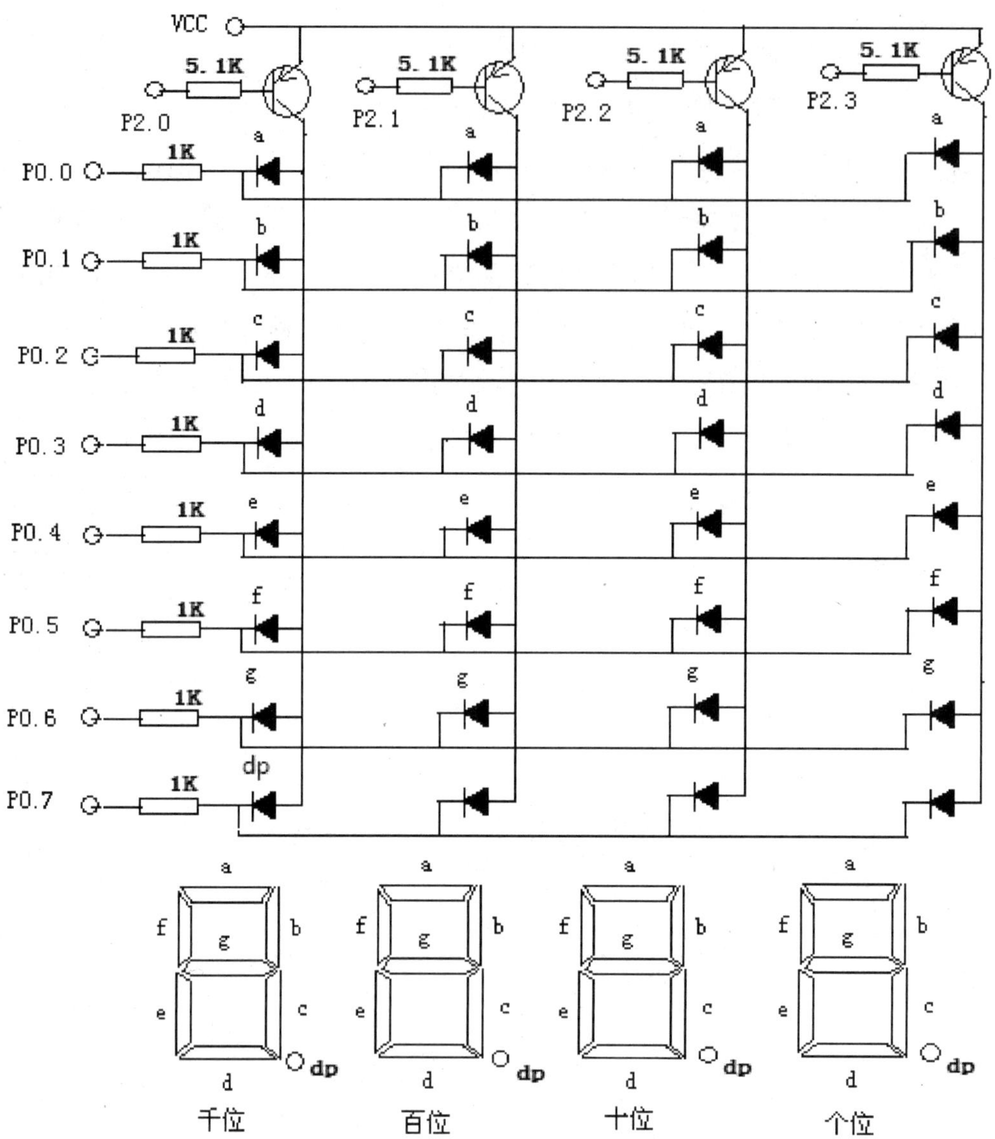

图 2-59　数码管模块的电气连线图

4．让单片机的 I/O 引脚为高电平或低电平的基本操作是用赋值语句。例如，若用“P2=15;”赋值语句，则使单片机的第 21～28 引脚全为高电平（用 1 表示），若用“P0=0;”赋值语句，则使单片机的第 32～39 引脚全为低电平（用 0 表示），注意，P0～P3 已被系统专门用来代表单片机的 4 个 I/O 口。还可单独操控单片机某个引脚的高低电平，若定义位寻址变量“sbit gw=P2^3;”（P2^3 表示单片机的 P2.3），则使第 24 脚为高电平（gw=1;）或低电平（gw=0;）。

5．要掌握本书任务 7 所完成的单片机程序，必须先掌握好本书的第一个单片机程序。下面为第一个单片机程序加上单行注释，以方便分析。符号“//”称为单行注释符，它的作用是向编译系统表示它所在行后面的字符不参与编译，只供阅读。添加注释可提高程序可读性。

```
#include<reg52.h>      //1 包含所需的头文件

sbit qw=P2^0;          //3 定义 P2.0 引脚的位寻址变量
```

```
sbit bw=P2^1;          //4 定义 P2.1 引脚的位寻址变量
sbit sw=P2^2;          //5 定义 P2.2 引脚的位寻址变量
sbit gw=P2^3;          //6 定义 P2.3 引脚的位寻址变量

void main(){           //8 定义的主函数
   P0=0;               //9P0 口赋 0 值，使 P0.0～P0.7 引脚均为低电平

   qw=0;               //11 位寻址变量 qw 赋 0 值，使 P2.0 引脚为低电平
   bw=0;               //12 位寻址变量 bw 赋 0 值，使 P2.1 引脚为低电平
   sw=0;               //13 位寻址变量 sw 赋 0 值，使 P2.2 引脚为低电平
   gw=0;               //14 位寻址变量 gw 赋 0 值，使 P2.3 引脚为低电平
                       //15
}                      //16 函数体结束符
```

上面这个源程序共有 16 行代码，其中的空行用来提高源程序的可读性。

源程序的第 1 行用“#”开头，表示该行是预处理命令，“include”是包含文件的预处理命令，尖括号对中标示了要包含的文件。源程序在被编译时，这一行文字就会被其包含文件的全部字符替代。用记事本工具打开“reg52.h”（在 Keil C51 安装路径中的 INC 文件夹中）文件，可看到代码共有 114 行，它定义了程序中可能要使用的众多变量，如“sfr P0=0x80; ”，“sbit TR1=TCON^6;”等。这就省去了在每个源程序中都自行去书写使用率很高的众多代码，大大提高了程序的开发效率。

源程序的第 2 行是空行用来分隔代码中的不同部分以提高可读性，也可以去掉。

源程序中的第 3～6 行用来定义位寻址变量。变量必须先定义，后使用。

源程序中的第 8～16 行是主函数 main()的定义。每个 C 语言程序，都必须且只能有一个主函数 main()。第 8 行是主函数的函数头，“void”表示这个函数没有返回值，“main”是函数名，函数名后的小括号对是函数的标记。函数标记后的左大括号“{”是函数体的开始标记，第 16 行中的右大括号“}”是函数体的结束标记。在各种编程语言中，大括号、中括号和小括号都必须成对使用。

源程序的第 9 行用来给 P0 赋值，P0 变量是隐含在“reg52.h”文件中被定义了的，赋 0 值是使 P2.0～P2.7 各引脚为低电平，使数码管各发光二极管负极为低电平，为点亮数码管提供条件。

源程序的第 11 行用来给位寻址变量 qw 赋 0 值，使 PNP 三极管 Q1 导通，千位上的数码管阳极为高电平，各发光二极管导通，点亮千位上的数码管。

源程序的第 12 行用来点亮百位上的数码管。

源程序的第 13 行用来点亮十位上的数码管。

源程序的第 14 行用来点亮个位上的数码管。

由于源程序中 P0 的 8 位二进制数分别控制数码管的 8 个笔段（其中有一个为小数点），所以把 P0 的值称为数码管的段码，而 qw、bw、sw、gw 分别控制千位、百位、十位、个位上开关三极管的导通状态，所以把 qw、bw、sw、gw 的 0 或 1 组合值称为数码管的位码，只有当数码管的位码和段码中的对应值都为 0 时，才能让对应位上的对应笔段发光。

6．按位显示 1、2、3、4 程序分析。

```
#include<reg52.h>                //1 包含头文件的预处理命令
#include<intrins.h>              //2 包含头文件的预处理命令
#include<stdio.h>                //3 包含头文件的预处理命令

#define uchar unsigned char      //5 宏定义预处理命令
#define uint unsigned int        //6 宏定义预处理命令

sbit qw=P2^0;                    //8
sbit bw=P2^1;                    //9
sbit sw=P2^2;                    //10
sbit gw=P2^3;                    //11

void delay(uchar z){             //13 延时函数 delay()的函数头
  int x,y;                       //14 定义 int 型变量
   for(x=z;x>0;x--)              //15 外层循环头
     for(y=0;y<250;y++)          //16 内层循环体
          ;                      //17 内层循环体
}                                //18 函数体结束标记

void main(){                     //20 主函数 main()

    P0=0xf9;                     //22 给 P0 赋数字 1 的段码
   qw=0;                         //23 开通千位上的数码管显示
delay(200);                      //24 调用延时函数 delay()进行延时
   qw=1;                         //25 关闭千位上的数码管显示

    P0=0xa4;                     //27 给 P0 赋数字 2 的段码
   bw=0;                         //28 开通百位上的数码管显示
   delay(200);                   //29 调用延时函数 delay()进行延时
   bw=1;                         //30 关闭百位上的数码管显示

   P0=0xb0;                      //32 给 P0 赋数字 3 的段码
   sw=0;                         //33 开通十位上的数码管显示
   delay(200);                   //34 调用延时函数 delay()进行延时
   sw=1;                         //35 关闭十位上的数码管显示
```

```
    P0=0x99;                    //37 给 P0 赋数字 4 的段码
    gw=0;                       //38 开通个位上的数码管显示
    delay(200);                 //39 调用延时函数 delay()进行延时
    gw=1;                       //40 关闭个位上的数码管显示
}                               //41 主函数 main()的结束标记
```

这个程序共 41 行。第 1～3 行为包含头文件的预处理命令，其中第 2～3 行的预处理命令对现在的程序还不起作用，其作用是为今后要添加的代码做准备。

程序的第 5～6 行是宏定义预处理命令。这两个宏定义的作用就是在后续代码中，可用“uchar”来表示“unsigned char”（无符号字符型）、用“uint”来表示“unsigned int”（无符号整型），能提高编写代码的效率。

程序的第 13～18 行是延时函数 delay()的定义，其函数标记中定义了一个形参，用来设置在函数体中外循环的次数，从而调节该延时函数延时量的大小，以满足各种不同需要的延时。

程序的第 20～41 行是主函数 main()的定义。主函数由 4 段代码组成，第 22～25 行为第一段，第 22 行是给 P0 赋数字 1 的段码，第 23 行是开通千位上的数码管显示，第 24 行中的“delay(200)”是用 200 作实参调用延时函数，以让千位管上显示的“1”可持续一定时间，第 25 行是关闭千位上的数码管显示。后面三段代码的作用类似。总之，主函数的作用就是按位显示出 1、2、3、4。

7．显示所有四位数程序设计要点。

（1）把按位显示 1、2、3、4 程序中的主函数 main()修改为专门显示任意四位数的数码管显示函数 disp_LEDS()。要使这个函数能显示任意的四位数，就要定义一个形参，来接收具体四位数的值。而四位数中每位数码都是随机变化的，需要按变化考虑笔段码，考虑的办法就是使用数组，即定义一个关于笔段码的数组，该数组的 0 号元素存放数码 0 的笔段码、1 号元素存放数码 1 的笔段码……9 号元素存放数码 9 的笔段码。在显示一个四位数时，函数的操作流程是：首先显示该四位数千位上的数字，具体操作就是用算术运算求出该四位数千位上的数字，用这个数字作下标从数组中取得笔段码来对 P0 赋值；其次显示该四位数百位上的数字，同样用算术运算求得该四位数百位上的数字，同样用这个数字作下标从数组中取得笔段码来对 P0 赋值；再次显示该四位数十位上的数字，用同样方法进行处理；最后显示该四位数个位上的数字，也用同样方法进行处理。

（2）另外定义主函数 main()。由于原主函数 main()被改名为数码管显示函数，就必须另外定义主函数 main()，在重新定义的主函数 main()中，函数体为双重循环结构，用关于 x 的外循环来产生所有的四位数，用关于 y 的内循环来重复三次以 x 为实参调用数码管显示函数。

8．函数的调用和返回。

C 语言程序从主函数 main()开始运行，但不能把所有语句都放到主函数中，应把程序功能划分为函数结构，这样才能大大提高编程的质量和效率。程序运行由主函数牵头，用主函数去直接或间接调用其他函数，来完成整个程序的运行。若程序中的 A 函数调用了程序中的 B 函数，则程序执行流程就从 A 函数的调用点转到了 B 函数，而当 B 函数的全部语句执行完毕后，程序执行流程又返回 A 函数调用点继续往下执行程序。有函数的调用，就自然有函数的返回。

9．DS18B20 温度实时显示程序的设计要点。

DS18B20 是单总线温度传感器，其加上电源两极共三个引脚，采用 TO-92 封装，外形与塑封小三极管相同。在 DS18B20 的一根数据线 DQ 上既完成了数据的写，又完成了数据的读，所以其工作时序有非常严格的要求。使用时数据线可和单片机的任一 I/O 引脚连接。在下面的函数功能陈述中，只需要了解函数在怎样做，不需要了解函数为什么要这样做。

（1）操作 DS18B20 的 6 个函数定义。

复位函数 b20reset()的作用：使 DS18B20 复位，令其从一个确定状态开始工作。使 DS18B20 复位的要点是将其单总线引脚电平拉低为 0 电平，保持一定时间后拉高为 1 电平，再保持一定时间即完成复位操作。

读 1bit 数据函数 b20Rbit()的作用：操作 DS18B20 的单总线引脚读取 1bit 数据。操作的要点是将 DS18B20 单总线引脚电平拉低为 0 电平，通过两次调用系统专用微延时函数_nop_()保持很短时间后，再拉高为 1 电平，同样通过两次调用系统专用微延时函数_nop_()保持很短时间后，再将从单总线引脚取得的电平（0 或 1）值返回给调用者。

读 1byte 数据函数 b20Rbyte()的作用：循环 8 次调用读 1bit 数据函数 b20Rbit()，在循环中采用移位运算逐次合成读取结果，退出循环后将合成结果返回给调用者。

写 1byte 数据函数 b20Wbyte()的作用：把 1byte 形参数据循环 8 次，将每次取得形参的 1bit 数据用 if-else 语句加在单总线引脚上，不论是写入 1 还是写入 0，操作时序都是“先 0 后 1”。对 DS18B20 写入 1 时，时序特征是“先 0 短后 1 长”，写入 0 时，时序特征是“先 0 长后 1 短”。

设置转换方式函数 b20Set()的作用：首先复位 DS18B20 器件，然后写入跳过其 ROM 的命令字（0xcc），最后写入启动温度转换命令字（0x44）。

获取温度数据函数 b20Get()的作用：从 DS18B20 获得温度转换值。获得温度转换值的流程如下。首先调用 b20reset()函数复位 DS18B20，调用 delay()函数进行延时，调用 b20Wbyte()函数向 DS18B20 写入命令字（0xcc），调用 b20Wbyte()函数向 DS18B20 写入命令字（0xbe，读暂存器），再两次调用 b20Rbyte()函数获得低 8 位和高 8 位温度值，然后，将高低两字节数据整合，并用 if-else 语句处理温度的正负值显示，最后将带 1 位小数的温度数值整理成三位整数的形式返回给调用者，供其用显示四位整数的 disp_LEDS()函数来显示温度值。

（2）数码管显示函数 disp_LEDS()的变通处理。

数码管显示函数 disp_LEDS()的变通处理有两点：一是在千位上的数码管上固定显示大写字母 C，以表示当前为温度显示；二是在十位上的数码管上固定显示小数点，以表示其后为小数位。

（3）温度实时显示程序中函数间的调用路线图如图 2-60 所示（不考虑_nop_()函数调用）。

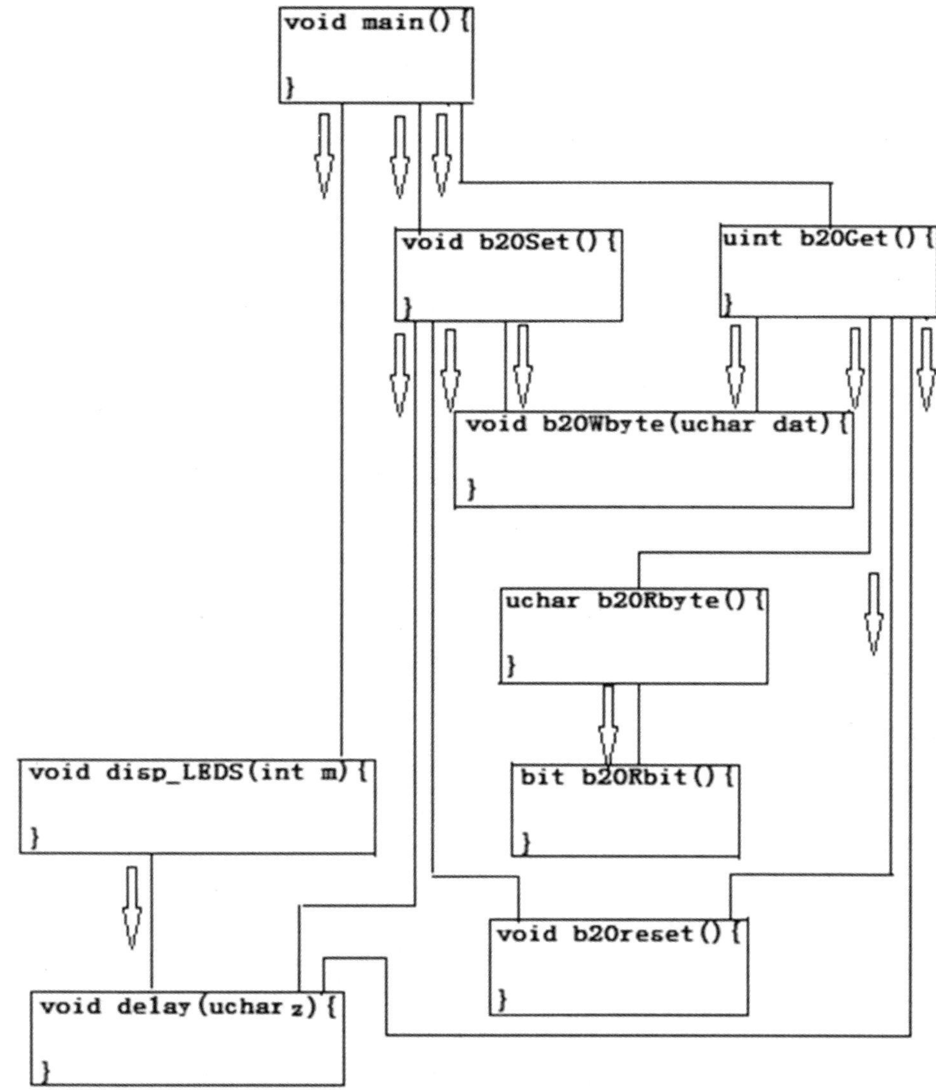

图 2-60　温度实时显示程序中函数间的调用路线图

10．具有串口通信功能的程序设计要点。

（1）添加串口初始化函数、串口发送数据函数、串口中断服务函数时，要特别注意在主函数中添加的 if(Sign){…}和 if(Flag==1){…}两条语句。

（2）具有串口通信功能程序中函数间的调用关系路线图如图 2-61 所示。

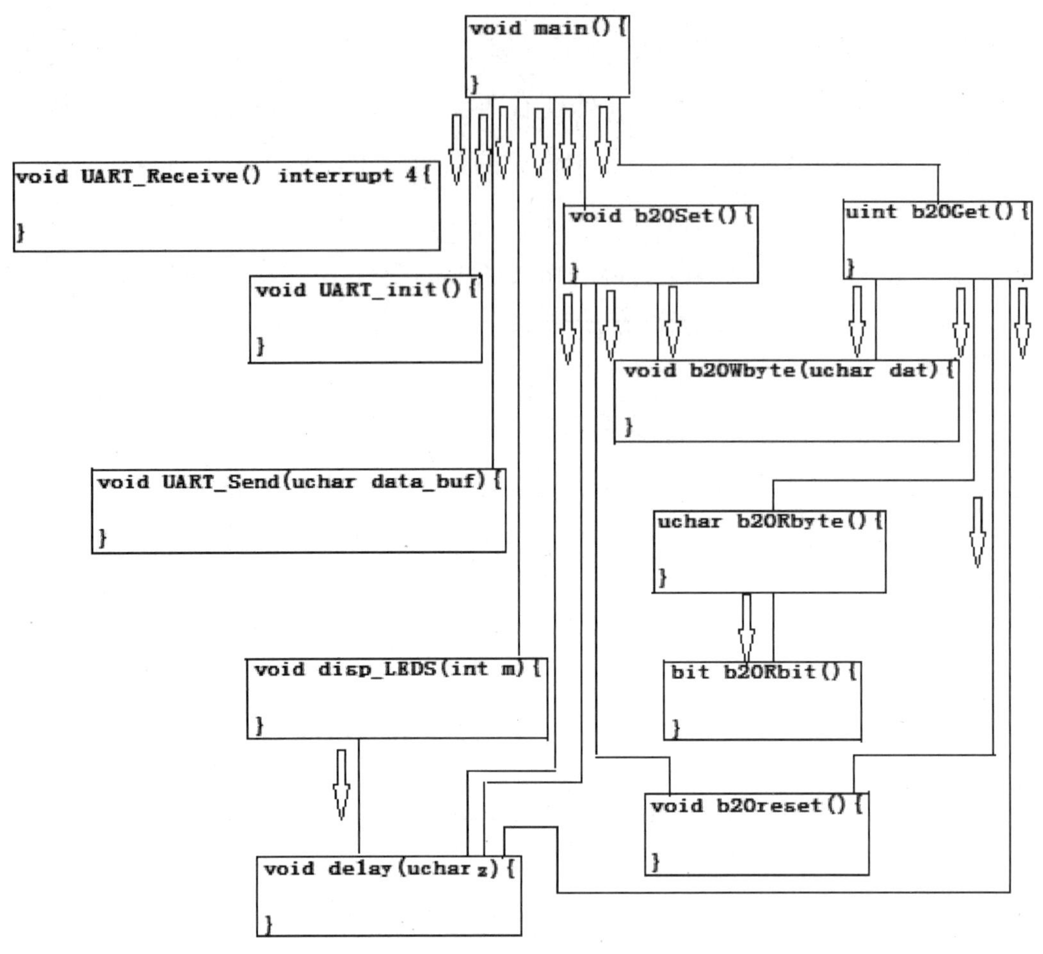

图 2-61　具有串口通信功能程序中函数间的调用关系路线图

11．串口中断服务函数的特点。

函数 UART_Receive()进入程序流程不是被某个函数调用，而是被单片机程序中的中断机制调用而进入程序流程的，即只要串口引脚上出现输入信号，该机制就被触发，使程序中断正在运行的执行流程，立即转入该函数的运行，该函数的全部语句执行完毕后，程序执行流程才返回被中断处，恢复正常执行流程，这种中断称为串口中断。单片机中断技术应用的学习中，最主要的就是中断服务函数的代码编写。中断服务函数编写时必须用关键字“interrupt”来标明中断号（0～4），以确定该函数为哪一中断服务。51 单片机系统中，除了串口中断外，还有两个外中断和两个定时器/计数器中断，限于篇幅，此略。

习　题

一、填空

1．创建单片机新项目时首先单击________________菜单，再于弹出的对话框中，选择____________________________。

2．编写源程序文件时首先单击__________菜单和__________菜单，再于代码编辑区输入________，然后单击______菜单和_______菜单，最后将代码文件保存为_____________文件。

3．源程序文件正确保存后，还必须将其添加到________的___________中。

4．在单片机项目的目标配置界面中，必须勾选___________________文件。

5．源程序中以“#”开头的行称为______________，“include”的功能是___________。

6．函数 delay()的功能是延时，它是通过_______来改变延时量的成倍变化的。

7．程序中获取 DS18B20 的实时温度值是通过调用 b20Get()函数来实现的。在这个函数中，语句“b20reset();”的作用是________________________________，语句“delay(4);”的作用是_________________________，语句“b20Wbyte(0xcc);”的作用是_________________________，语句“b20Wbyte(0xbe);”的作用是________________________，语句“TL=b20Rbyte();”的作用是________________________，语句“TH=b20Rbyte();”的作用是________________________。

8．程序中使用语句“SBUF=data_buf;”是进行串口数据的___________，使用语句“Buf[ReceiveCounter]=SBUF;”是进行串口数据的___________。

二、问答

1．如果在单片机电路板上，将 DS18B20 数据线 DQ 连接到了 P3.7I/O 引脚上，本书单片机源程序应如何修改，才能让 DS18B20 正常工作？

2．串口中断服务函数“UART_Receive() interrupt 4”的执行是由某个函数调用而进行的吗？为什么？

三、编程

实现从“0000”开始到“9999”的四位数循环显示。

四、注释

在下面函数的各单行注释符后添加文字，说明该语句的作用。

```
void UART_init(){
   EA=0;          //
   ES=0;          //
   TR1=0;         //
   TMOD|=0x20;    //
   TH1=0xff;      //
   TL1=0xff;      //
   PCON=0x80;     //
   TR1=1;         //
```

```
    SCON=0x50;      //
    IP=0x10;        //
    ES=1;           //
    EA=1;           //
}

void main(){
    int x,y;
    while(1){
      b20Set();
      for(y=0;y<80;y++){
            x=b20Get();    //

            disp_LEDS(x); //
            dataH=x/10;    //
            dataL=x%10;    //
      }
      if(Sign){
        UART_Send(0x02);  //
        UART_Send(dataH); //
        UART_Send(dataL); //
        UART_Send(clb);   //
      }
  }
}
```

单元 3　手机 App 项目开发

任务 8　新建 WiFiApp 项目并设置温度查询 UI 界面

扫码观看视频

8.1　打开 AS 代码编辑区的行号显示

AS 启动项目加载完成后，选择“File”→“Settings…”菜单命令，如图 3-1 所示。

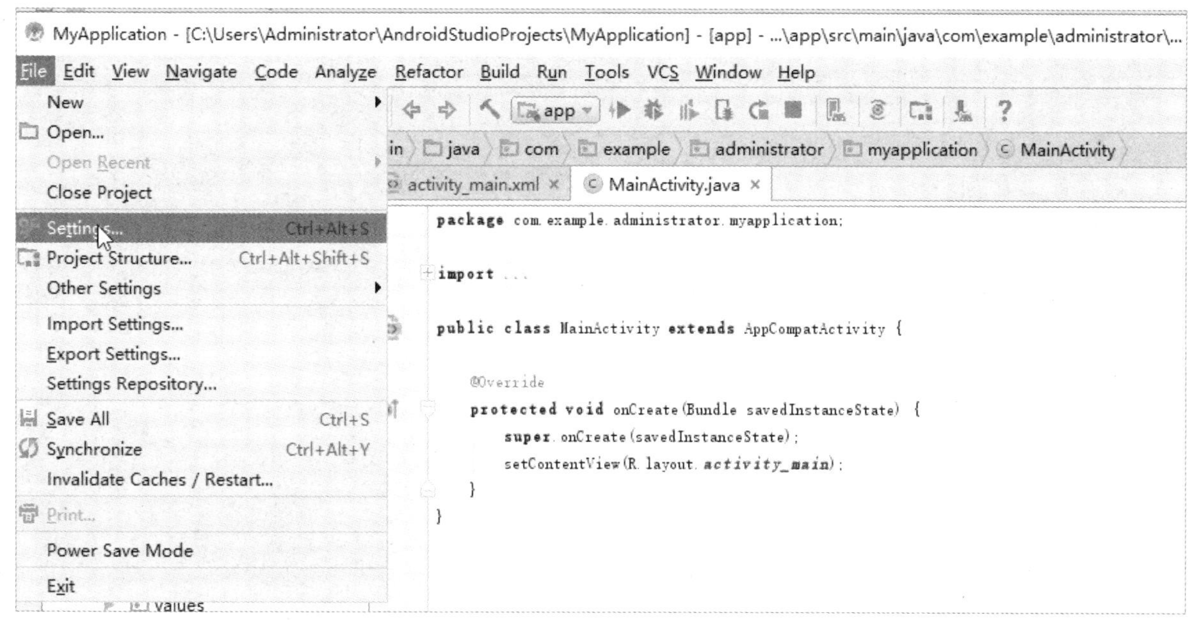

图 3-1　打开代码编辑区行号显示的菜单命令

菜单命令执行后，弹出“Settings”对话框，如图 3-2 所示。选择对话框中的“Editor”→“General”→“Appearance”菜单命令，并在右边的选区中勾选“Show line numbers”复选框，然后单击“OK”按钮退出设置。

操作完成后，对话框关闭，代码编辑区就显示出所有代码的行号。选择“File”→“Close Project”菜单命令，如图 3-3 所示。

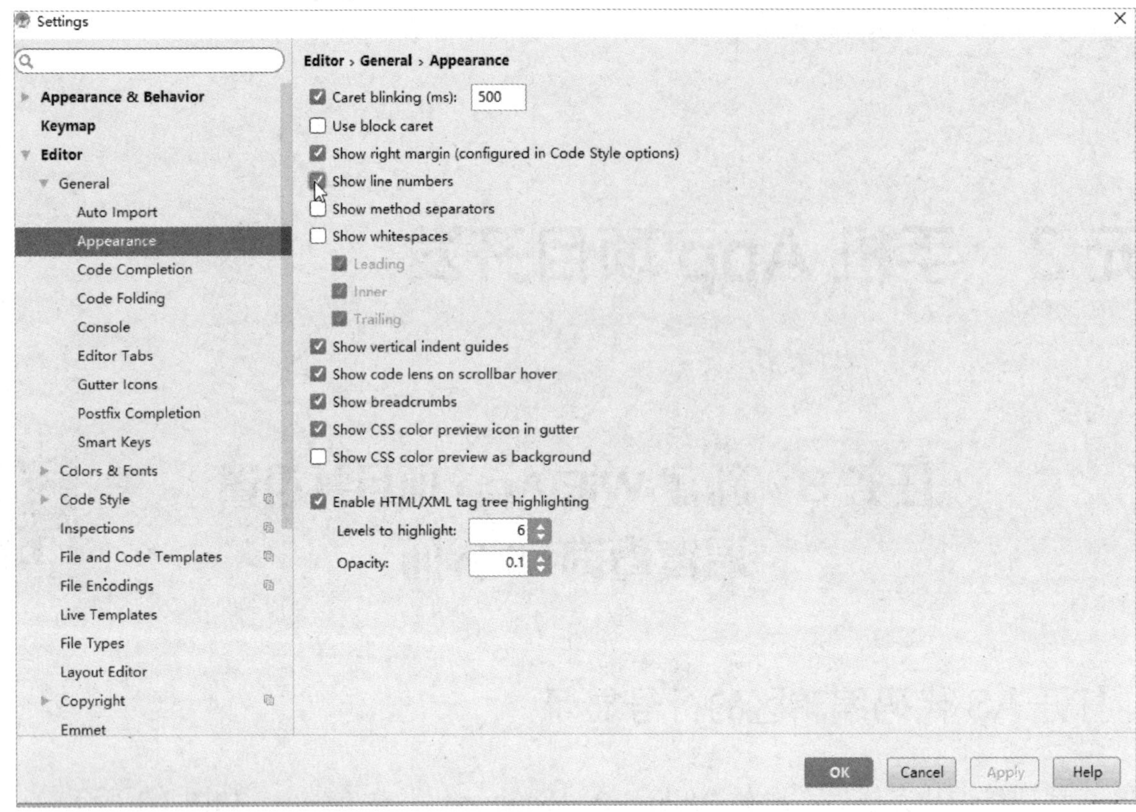

图 3-2　打开行号显示设置

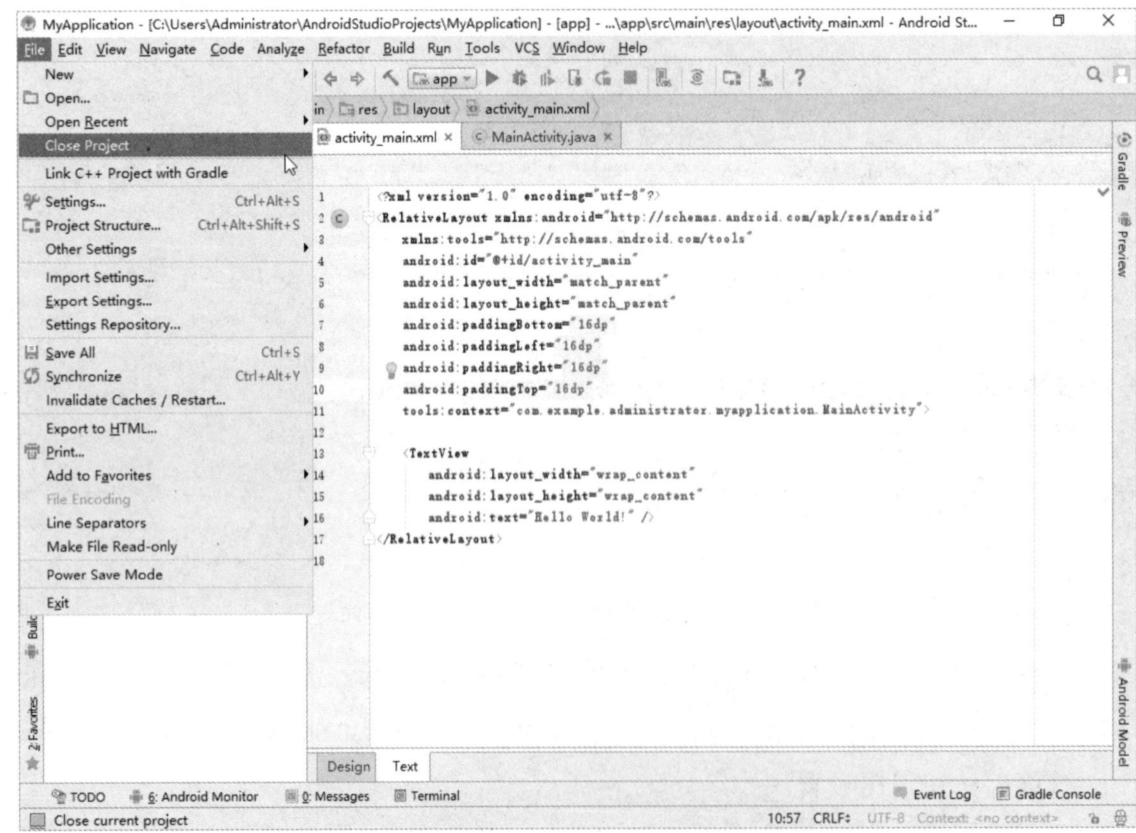

图 3-3　关闭当前项目的菜单命令

8.2　新建项目

关闭当前项目后，弹出“Welcome to Android Studio”窗口，如图 3-4 所示，单击“Start a new Android Studio project”选项。

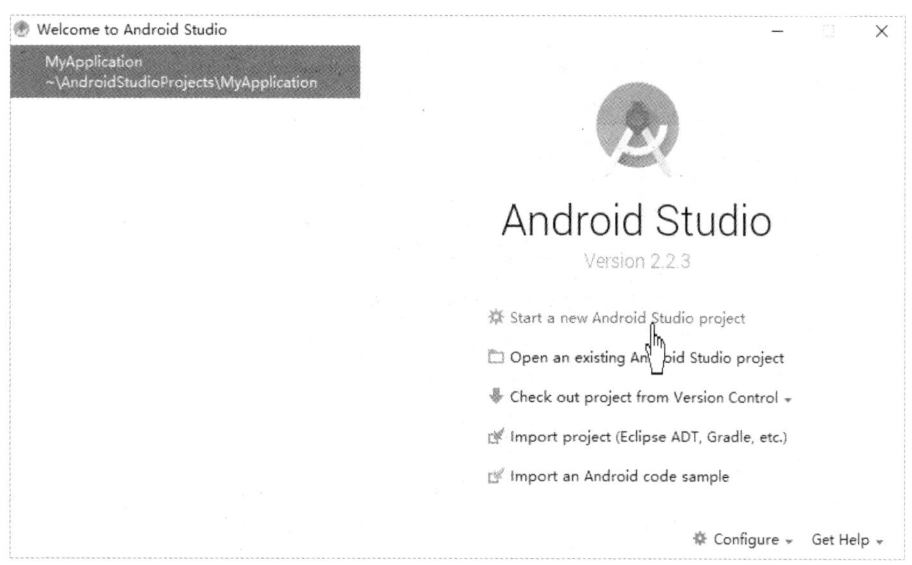

图 3-4　新建项目

弹出“Create New Project”对话框，在“Application name”文本框中输入“WiFiApp”，在“Company Domain”文本框中输入自己单位的域名，如“cqqj.zjzx.com”。然后单击“Next”按钮，如图 3-5 所示。

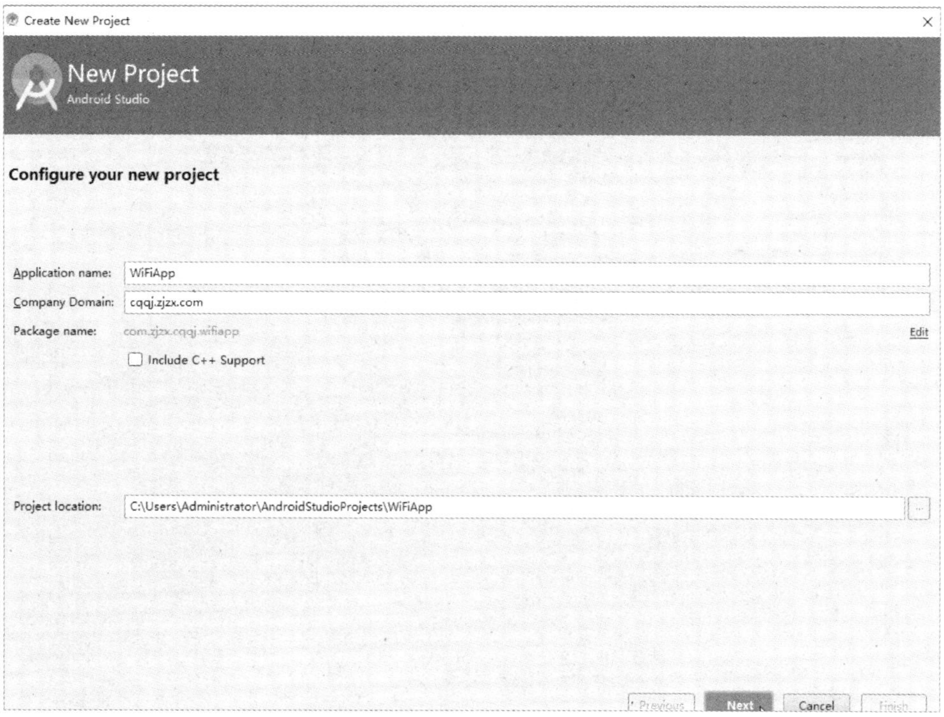

图 3-5　单击“Next”按钮

在后续弹出的各个界面中，都单击“Next”按钮或“Finish”按钮，完成例行的单击操作后，新项目加载完成，选择“Run”→“Run‘app’”菜单命令，模拟器显示如图 3-6 所示，与前面的图 1-21 所示的模拟器显示结果相比，就只有项目的标题不同而已。

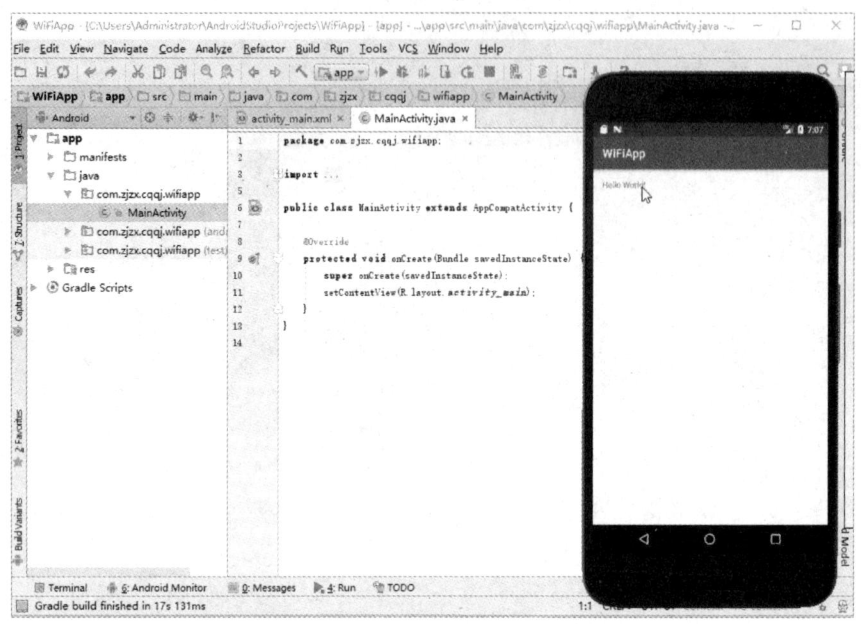

图 3-6　模拟器显示

8.3　设置温度查询 UI 界面

在代码编辑区中单击“activity_main.xml”主布局文件标签，在代码编辑区就显示出主布局文件的 XML 代码，如图 3-7 所示。

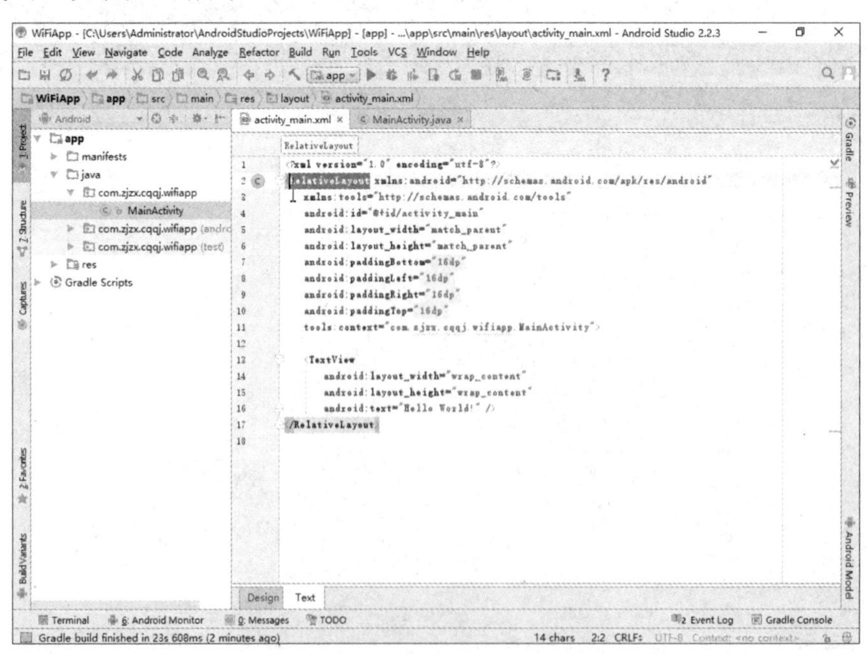

图 3-7　主布局文件的 XML 代码

主布局文件 activity_main.xml 是用 XML（可扩展标记语言）来编写的。在安卓编程中，用 XML 代码来实现用户界面，用 Java 代码来实现程序功能。XML 代码文档的扩展名为.xml，Java 代码文档的扩展名为.java。图 3-7 中的 17 行（空行也算）XML 代码显示的是系统新建的 UI 界面，如图 3-8 所示，需要将它修改，修改后的 UI 界面如图 3-9 所示。

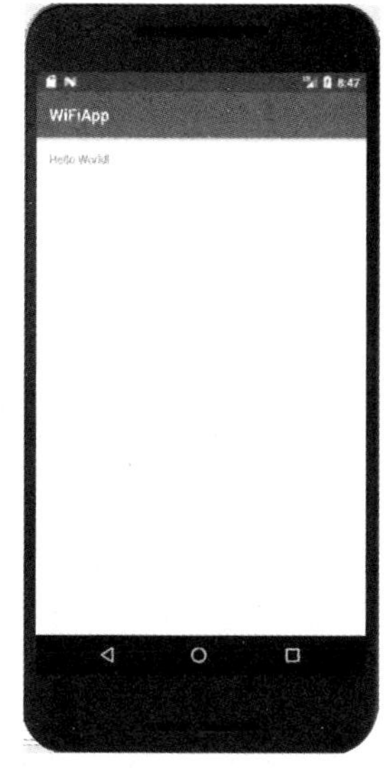

图 3-8 系统新建的 UI 界面

图 3-9 修改后的 UI 界面

如图 3-7 所示，先选中第 2 行代码中的布局组件名（左尖括号后的英文词组），然后输入“L”（用 L 去覆盖原英文词组），弹出控件选择框，如图 3-10 所示。

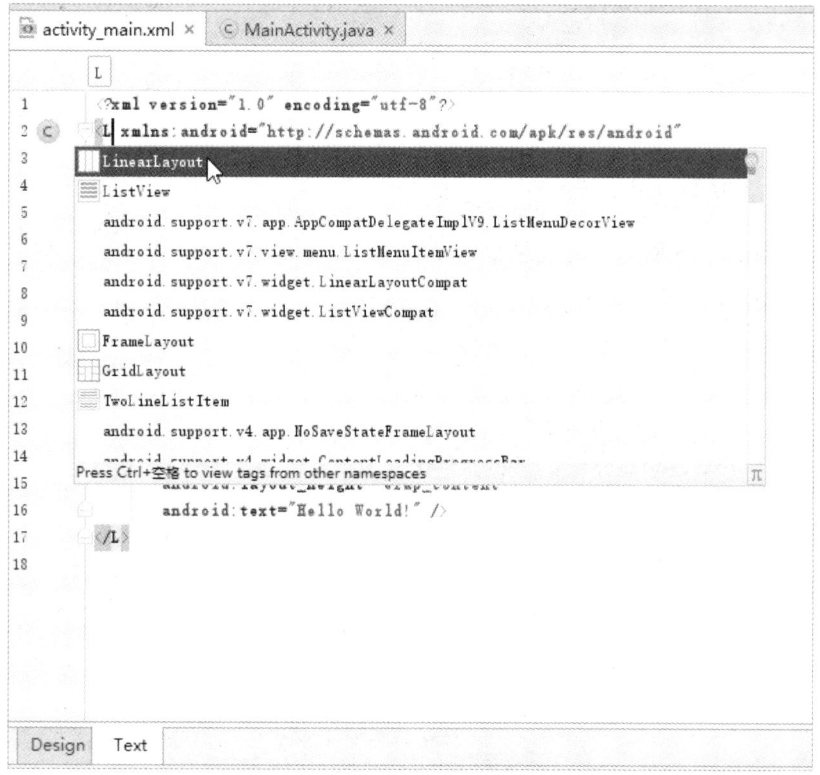

图 3-10 弹出的控件选择框

在图 3-10 中，单击“LinearLayout”选项，AS 系统就自动将该控件补全在左尖括号后，然后单击第 17 行中的“L”处，该控件的结尾标记也被补充完整，代码补全结果如图 3-11 所示。

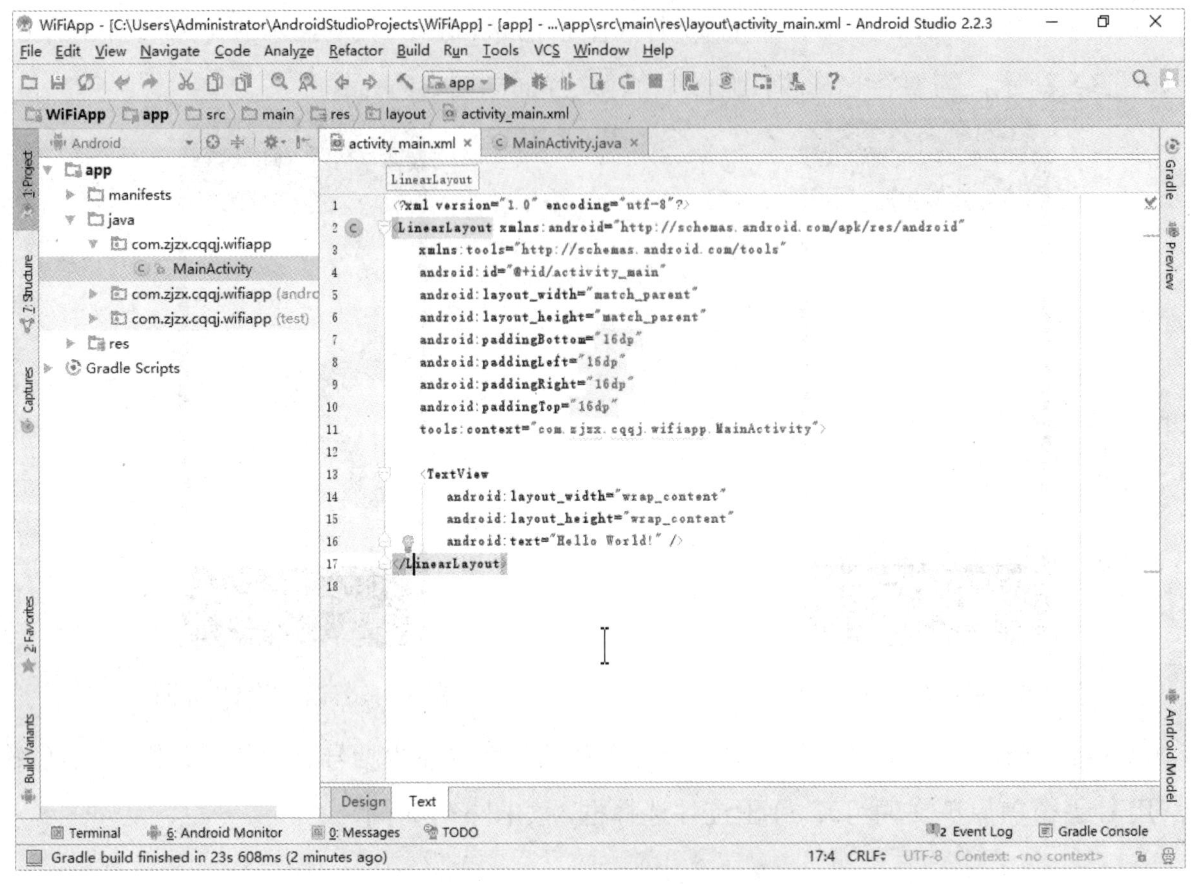

图 3-11　代码补全结果

把图 3-11 中的第 4 行、第 7～11 行右尖括号前的代码全部删除，注意，第 11 行中的右尖括号不能删除。删除完成后的代码如图 3-12 所示。

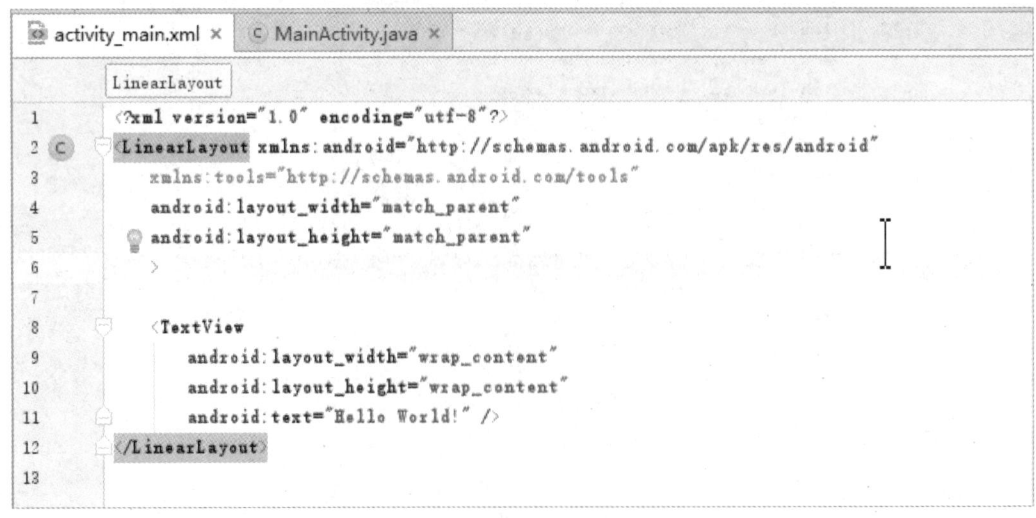

图 3-12　删除完成后的代码

在第 6 行右尖括号前输入“a”，立即弹出代码选择框，如图 3-13 所示。

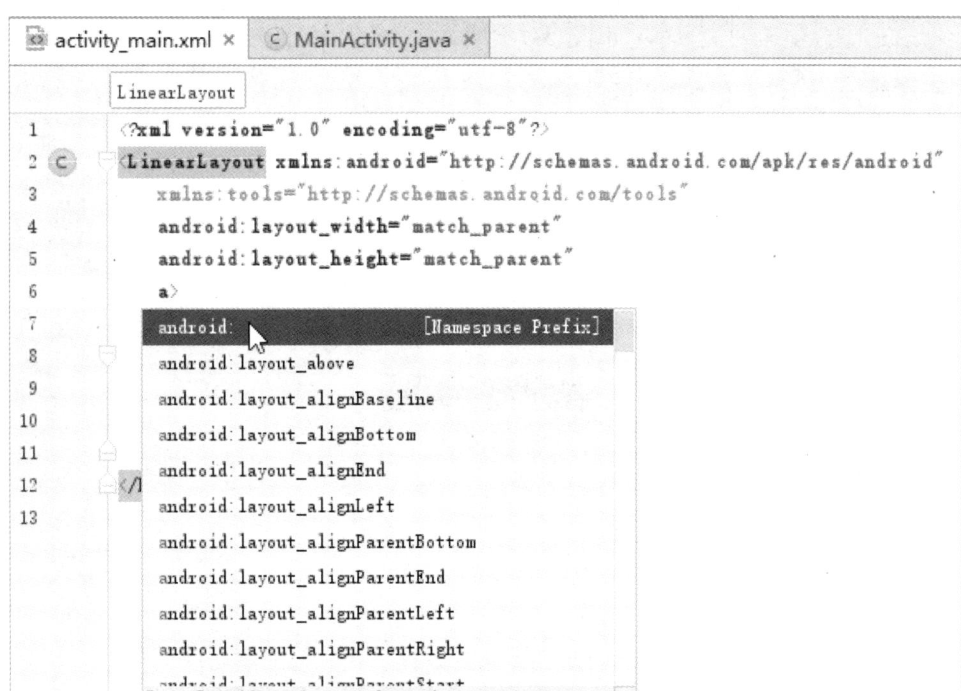

图 3-13　关于“a”的代码选择框

在图 3-13 的代码选择框中，单击“android:”选项，AS 系统就立即在“a”字母后补全控件属性的属性前缀“android:”，在冒号后输入小写英文字母“o”，立即弹出关于“o”的代码选择框，如图 3-14 所示。

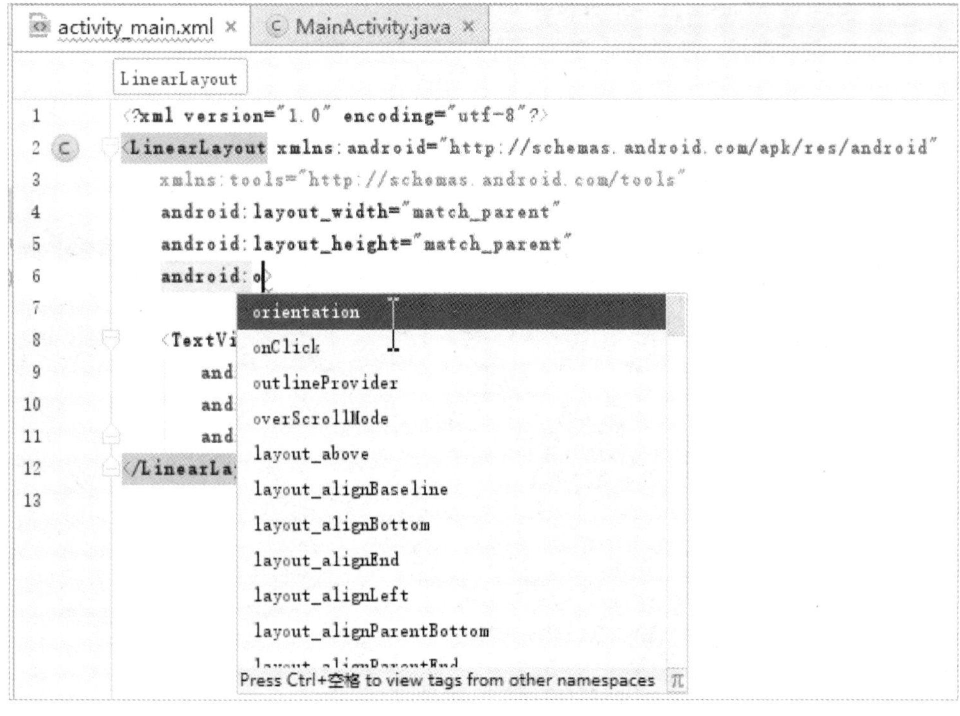

图 3-14　关于“o”的代码选择框

单击图 3-14 代码选择框中的“orientation”（方向属性名）选项，AS 系统立即将该属性名补全，并提供该属性值的填写或选择，如图 3-15 所示。双引号中的内容称为属性值。

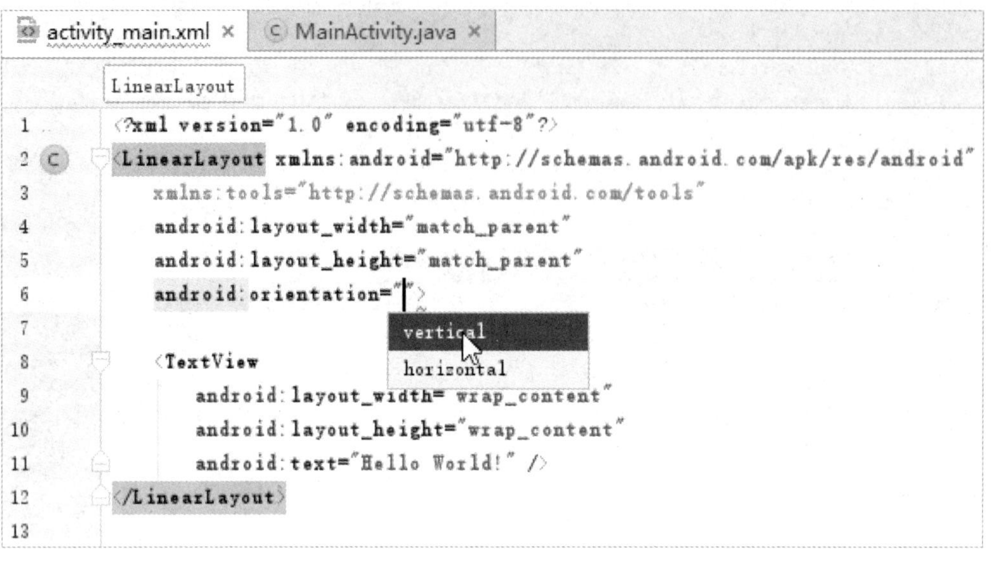

图 3-15　AS 系统自动补全属性名并提供属性值的填写或选择

在图 3-15 中，单击“vertical”（竖直方向）选项，该属性值就自动填入双引号。

接下来，将光标定位于第 7 行第 5 列，输入左尖括号，立即弹出控件选择框，如图 3-16 所示。

图 3-16　弹出控件选择框

在图 3-16 的控件选择框中，单击“LinearLayout”UI 控件，AS 系统立即补全控件名称（第 7 行）、宽度属性（第 8 行）、高度属性（第 9 行）和属性值选择框，且光标位于表示宽度属性值的双引号之内，如图 3-17 所示。

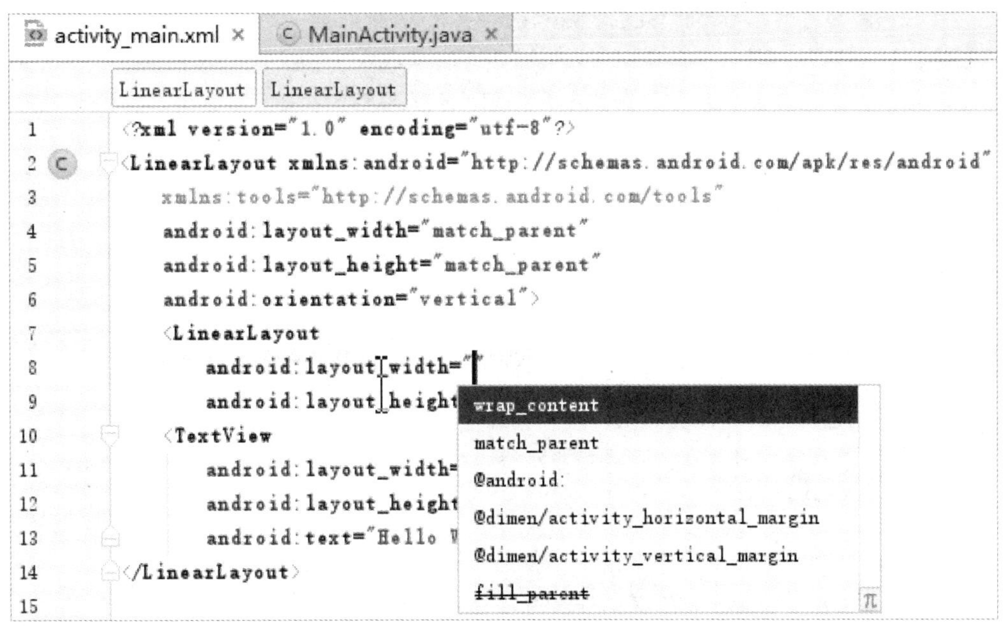

图 3-17　AS 系统补全控件名称、宽度属性、高度属性和属性值选择框

单击图 3-17 属性值选择框中的“wrap_content”属性值（表示恰好能容纳所需内容），该属性值被 AS 系统自动填入双引号，且光标自动跳入下一行表示高度属性的双引号并同时给出属性值选择框，如图 3-18 所示。

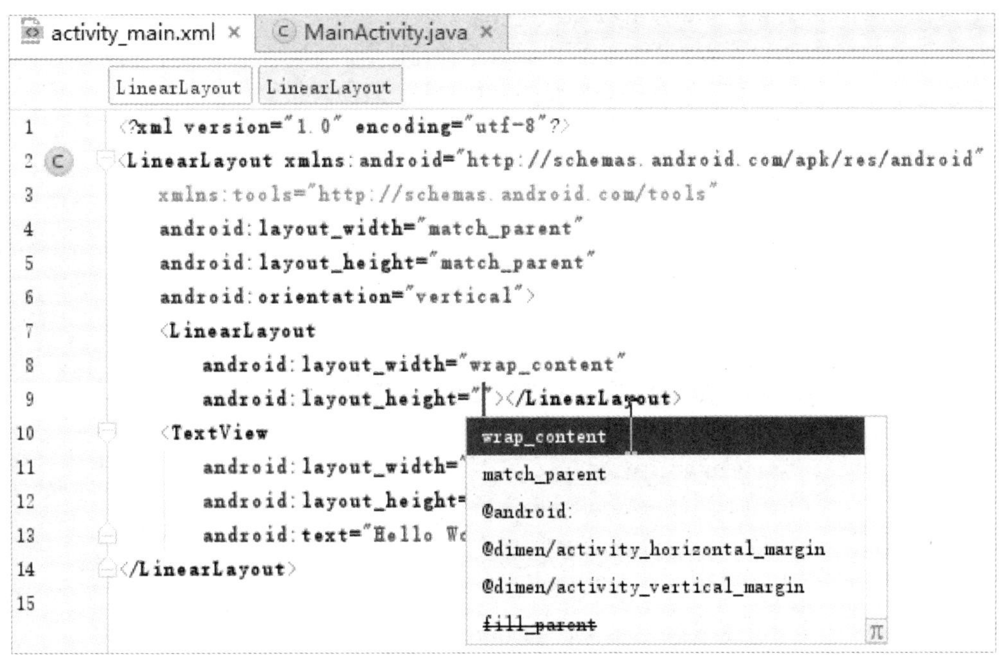

图 3-18　光标跳入双引号并给出属性值选择框

在图 3-18 中光标位置处输入“60dp”，如图 3-19 所示。

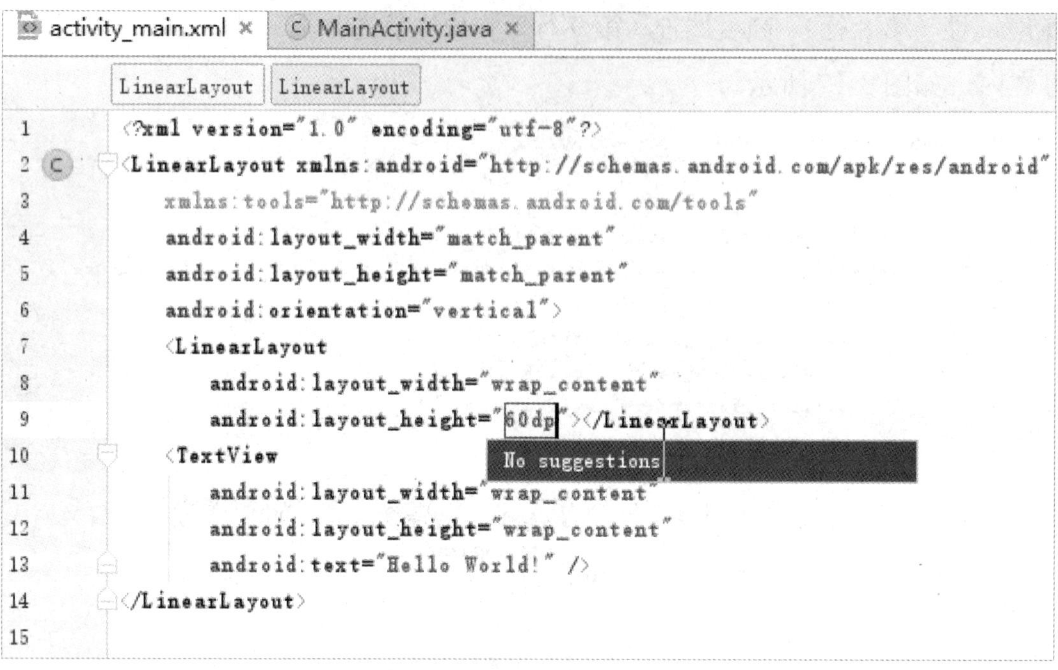

图 3-19　在表示控件高度值的双引号中输入 60dp

将光标定位于第 9 行中右双引号与右尖括号之间，敲回车键，然后再输入“a”，弹出代码选择框，如图 3-20 所示。

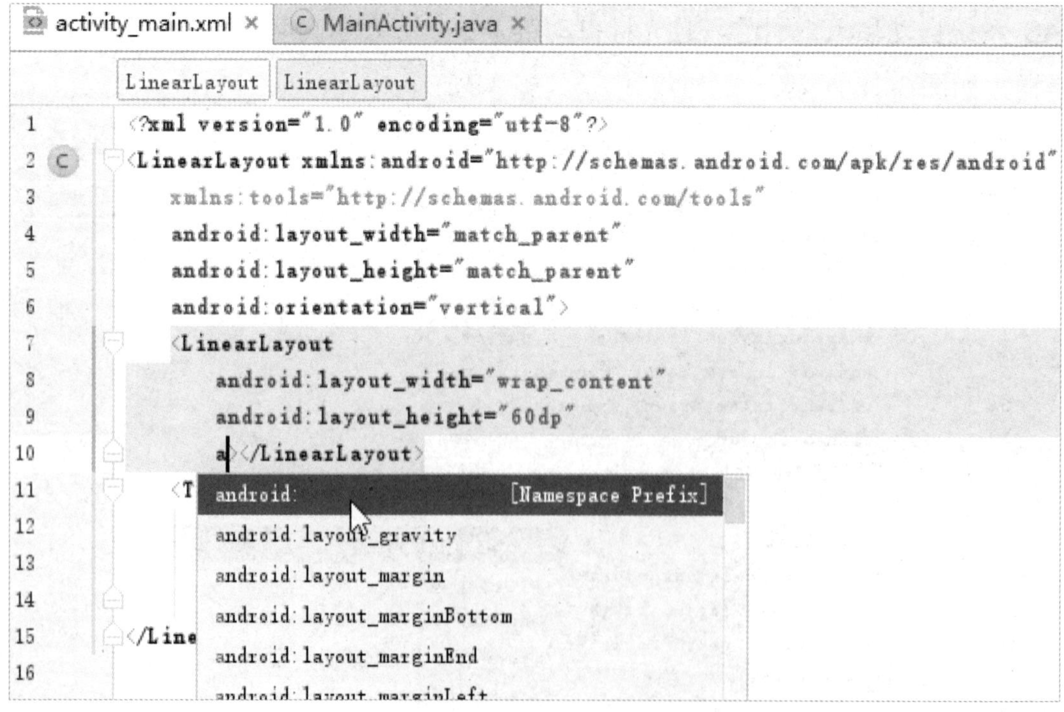

图 3-20　弹出代码选择框

在图 3-20 的代码选择框中单击属性前缀“android:”并输入小写英文字母“l”，然后在关于

“1”的代码选择框中，单击“layout_marginRight”（布局右边缘属性名）选项，如图 3-21 所示。

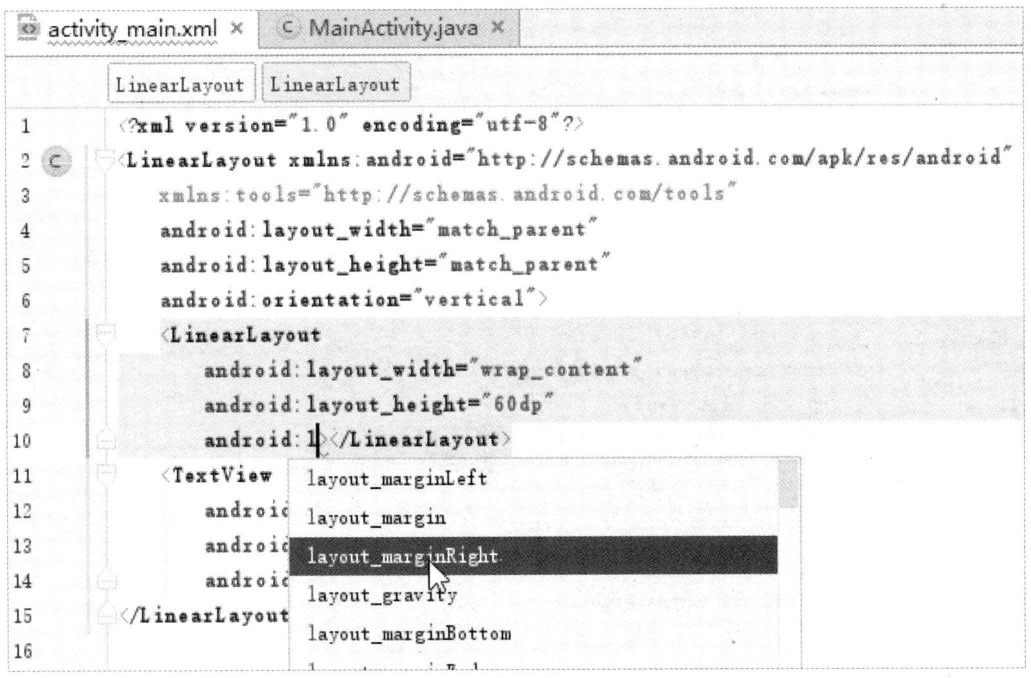

图 3-21　在 AS 代码选择框中单击布局右边缘属性名选项

操作完成后，AS 系统自动补全属性名并给出属性值选择框，如图 3-22 所示。

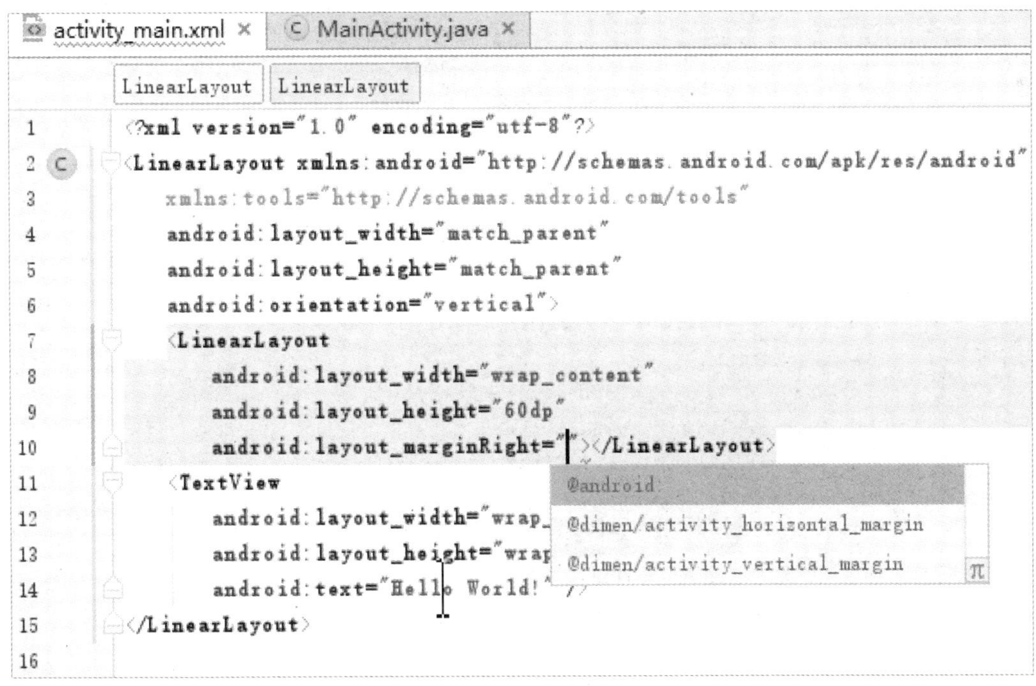

图 3-22　布局右边缘属性值选择框

在图 3-22 所示双引号中，输入“8sp”后将光标定位于右双引号与右尖括号之间，敲回车键，然后再输入“a”，弹出关于“a”的代码选择框，如图 3-23 所示。

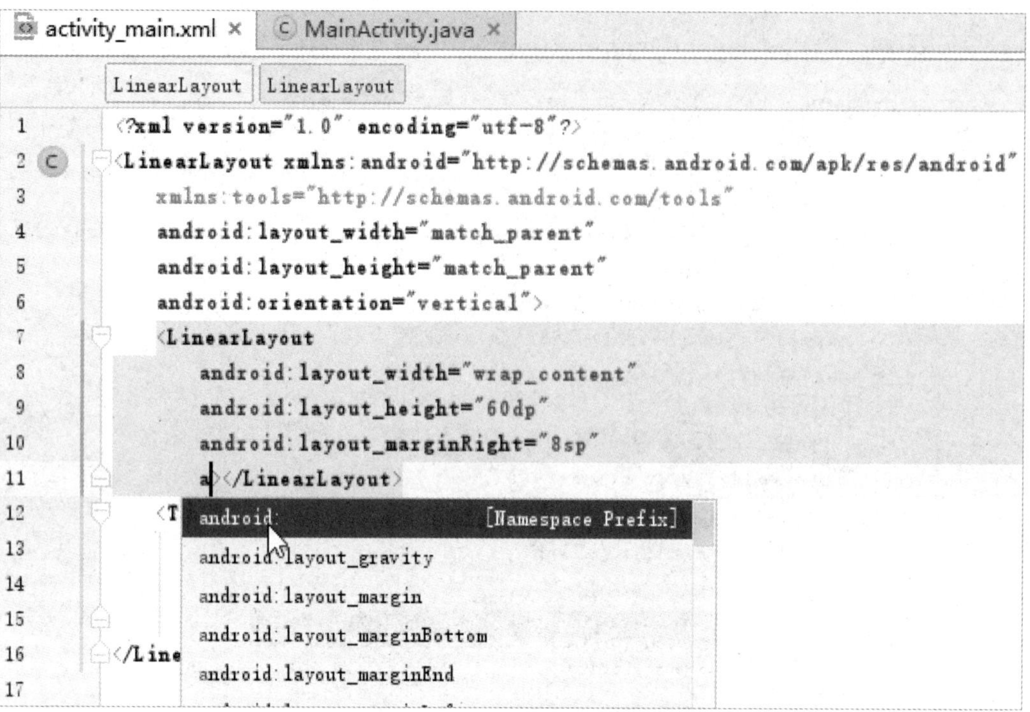

图 3-23　关于“a”的代码选择框

在图 3-23 所示代码选择框中单击“android:”选项并输入小写字母“l”，弹出关于布局属性的代码选择框，如图 3-24 所示。

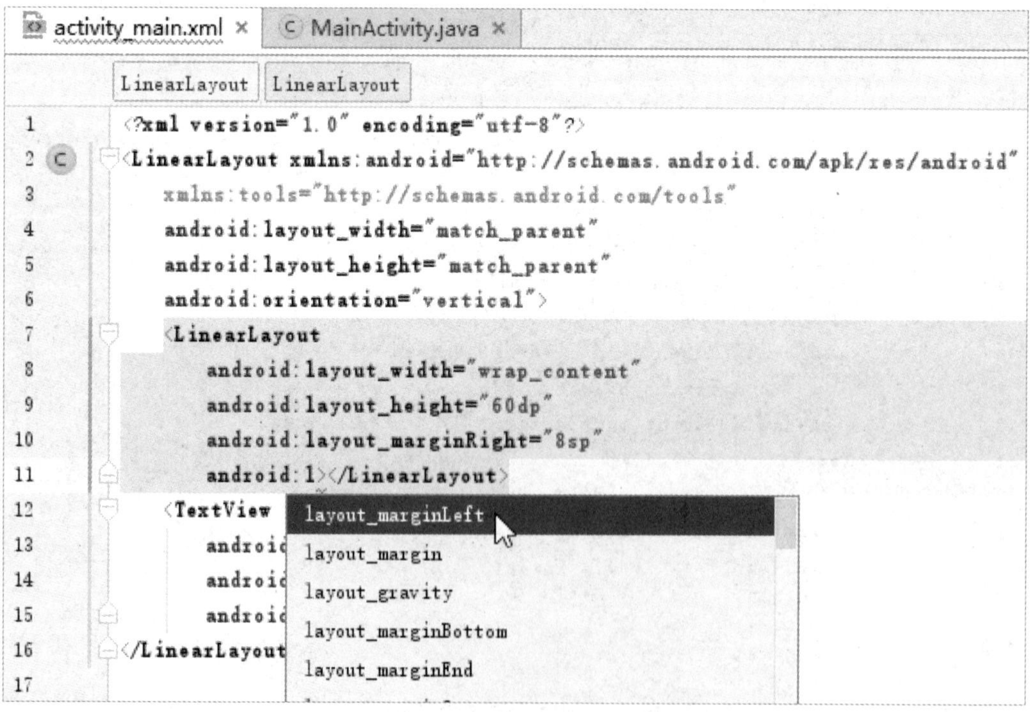

图 3-24　关于布局属性的代码选择框

在图 3-24 所示代码选择框中，单击“layout_marginLeft”（布局左边缘属性名），AS 系统就自动补全属性名并给出属性值选择框，在双引号中输入“8sp”后，将光标定位于右双引号与右尖括号之间，敲回车键，然后再输入“a”，弹出关于“a”的代码选择框，如图 3-25 所示。

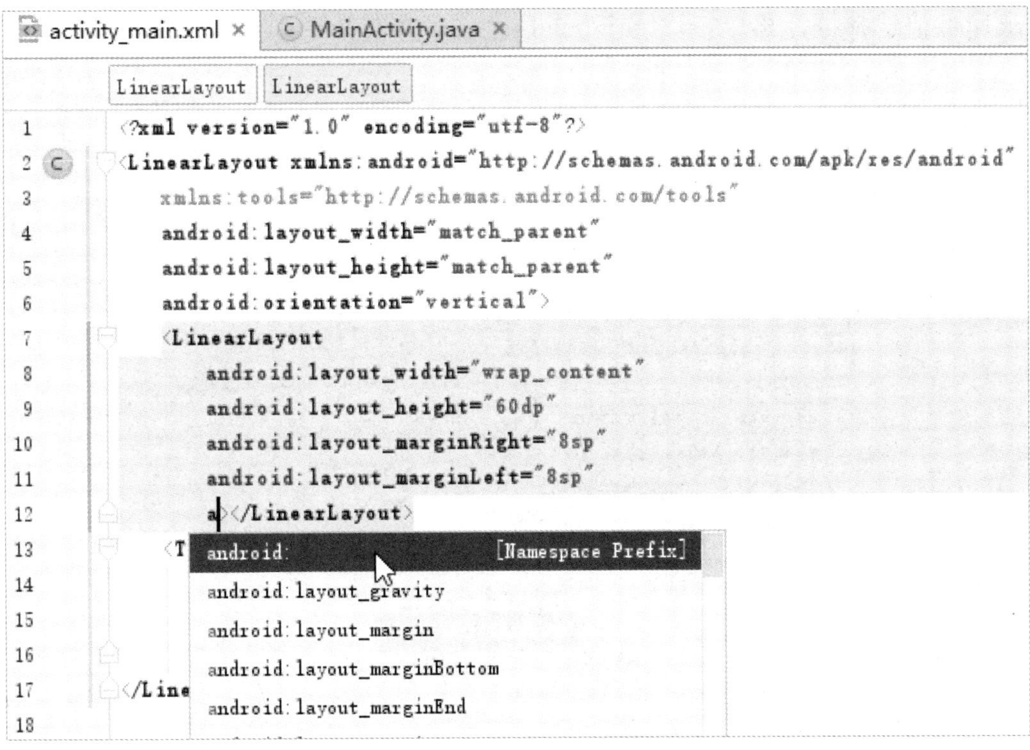

图 3-25　关于“a”的代码选择框

在图 3-25 所示代码选择框中，单击“android:”选项后，再输入小写英文字母“o”，弹出关于“o”的代码选择框，如图 3-26 所示。

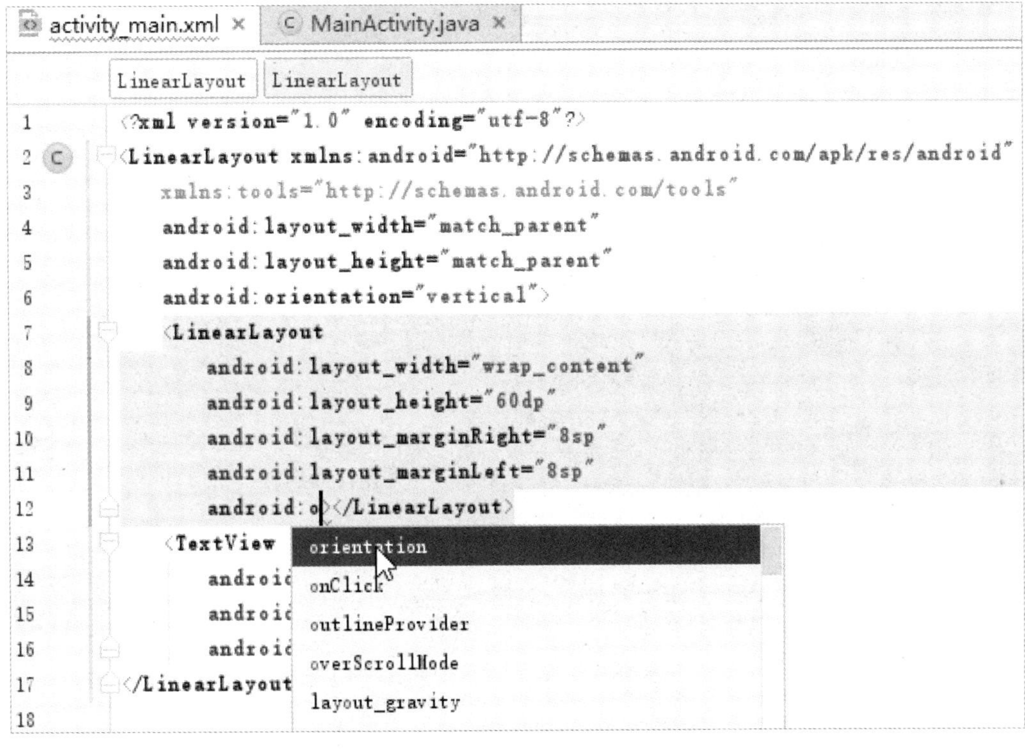

图 3-26　关于“o”的代码选择框

单击图 3-26 所示代码选择框中的“orientation”（方向属性名）选项，AS 系统立即补全该属性名并给出属性值选择框，再单击“horizontal”（水平方向）选项，如图 3-27 所示。

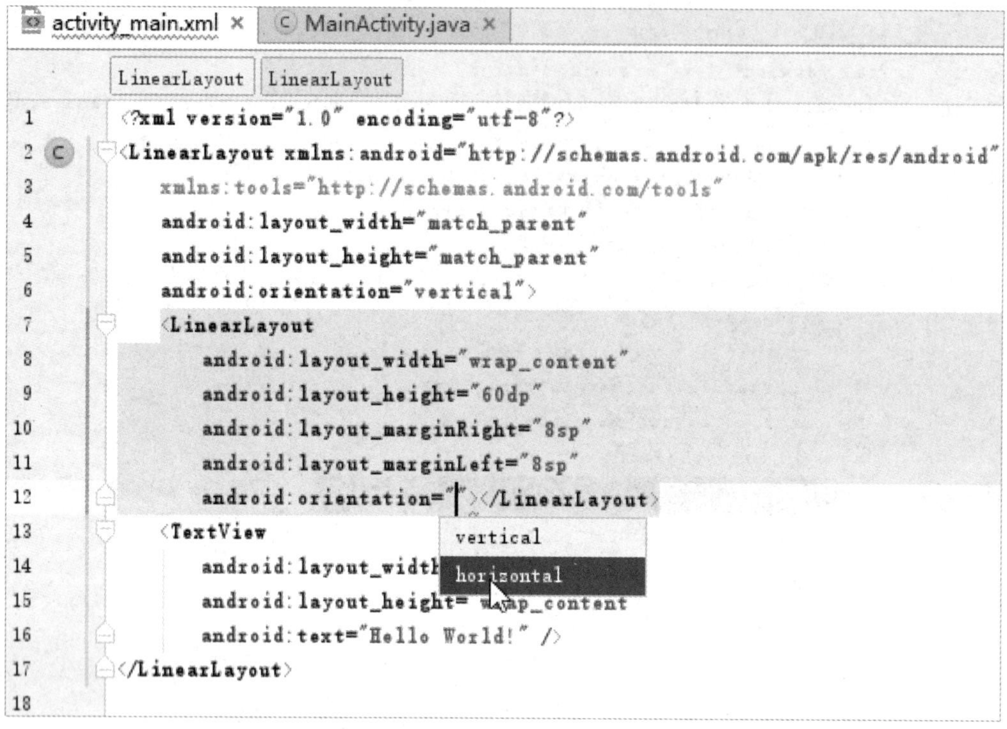

图 3-27　选择水平方向属性值

将光标定位于第 12 行的右尖括号“>”和左尖括号“<”之间，如图 3-28 所示。

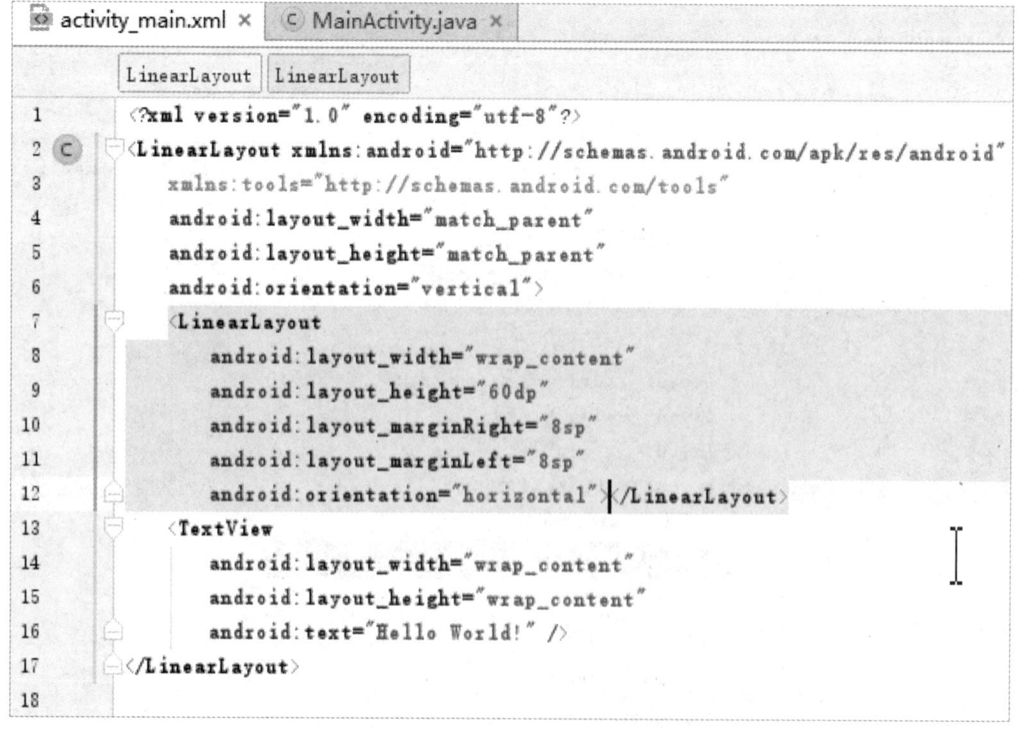

图 3-28　光标定位于右尖括号和左尖括号之间

敲回车键，光标跳到第 13 行第 9 列位置上，尖括号对跳到第 14 行第 5 列上，如图 3-29 所示。到此，就完成了内层线性布局控件的定义。

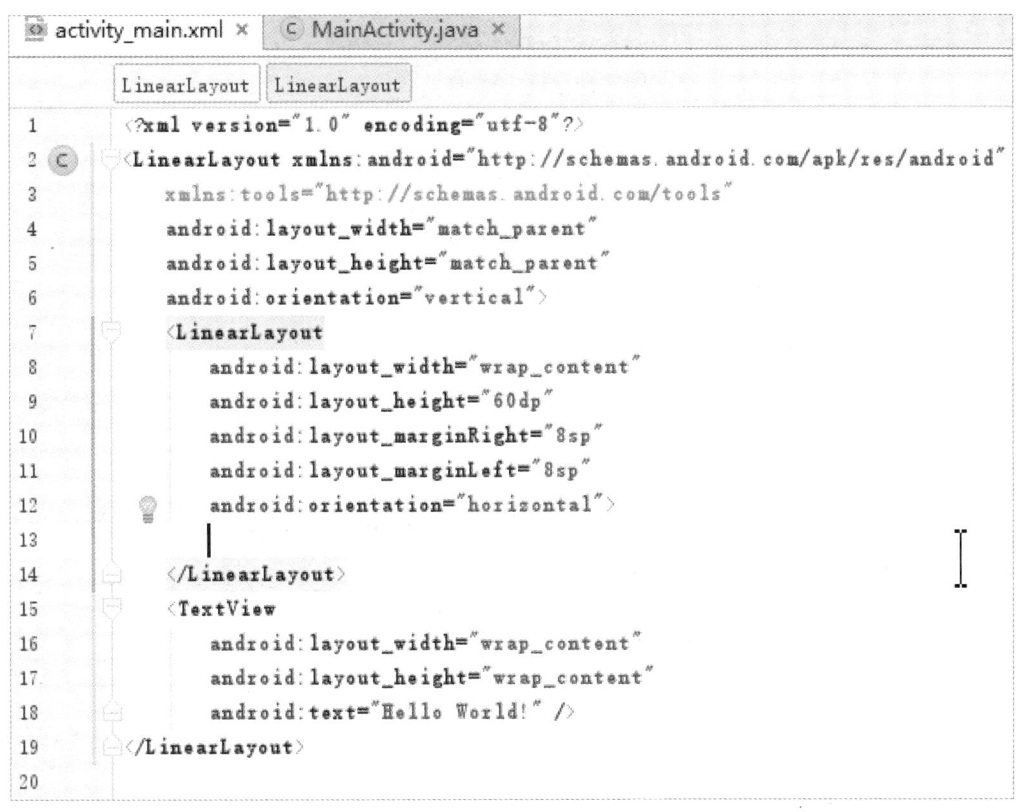

图 3-29　三个 UI 控件的代码

图 3-29 中的主布局文件共定义了三个 UI 控件。布局文件中的 UI 控件可分为两大类：容器类控件和功能类控件。功能类控件在 UI 界面上以显式形式表现其身份，容器类控件在 UI 界面上没有直观的身份表现，只能以隐式组织功能控件形式表现其身份。每个控件都由其标识和属性组成。控件标识由左尖括号及首字母大写的控件名组成，控件属性由属性前缀、属性名、属性值这三部分组成。属性前缀为“android:”，属性名的首字母小写，属性值由赋值号（等号）和双引号中的表达式指定。功能类 UI 控件的开始标记为左尖括号“<”，结尾标记为“/>”，控件名和控件属性位于开始标记与结尾标记之中，且控件名必须紧跟开始标记，不能有空格。容器类控件的开始标记也为左尖括号“<”，控件名首字母大写且紧跟开始标记，容器类控件须使用两对尖括号，第一对尖括号用来标注控件名和控件属性，第二对尖括号用来表示控件结尾。两对尖括号之间用来包含其他控件。当光标在图 3-28 所示位置时敲回车键，AS 系统就非常智能地将第二对尖括号跳到光标的下一行，同时光标缩进 4 格，借此提示要在此容器控件内设置其他控件，如图 3-29 所示。

接下来，在图 3-29 所示光标处开始，添加一个“Button”按钮控件，添加代码如图 3-30 中行号为 13～19 的代码所示。

```
<LinearLayout
    android:layout_width="wrap_content"
    android:layout_height="60dp"
    android:layout_marginRight="8sp"
    android:layout_marginLeft="8sp"
    android:orientation="horizontal">
    <Button
        android:layout_width="wrap_content"
        android:layout_height="wrap_content"
        android:textColor="#ff0000"
        android:textSize="30sp"
        android:text="温度查询"
        android:onClick="wdf"/>
</LinearLayout>
```

图 3-30 “Button”按钮控件的添加代码

添加这 7 行代码的步骤如下。

在光标位置上输入左尖括号“<”和“B”，然后在弹出的控件选择框中，单击“Button”选项，如图 3-31 所示。

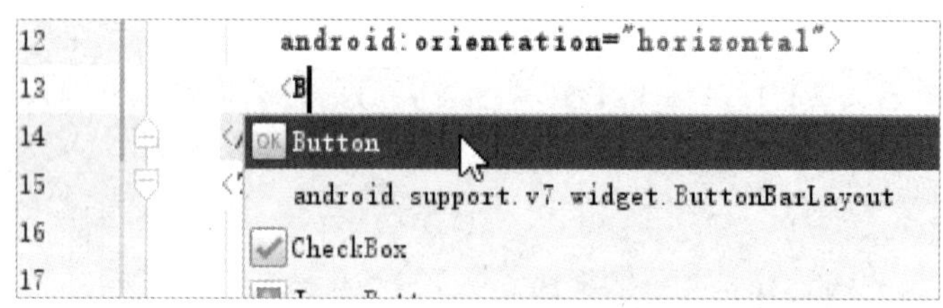

图 3-31 单击“Button”选项

单击完成后，AS 系统立即补全控件所需代码（共 3 行），并弹出控件宽度和高度属性值选择框，如图 3-32 所示，其中，“wrap_content”表示恰好能容纳所需内容，“match_parent”表示与容器控件的宽度或高度相同。宽度和高度属性是所有控件的第一、第二属性。

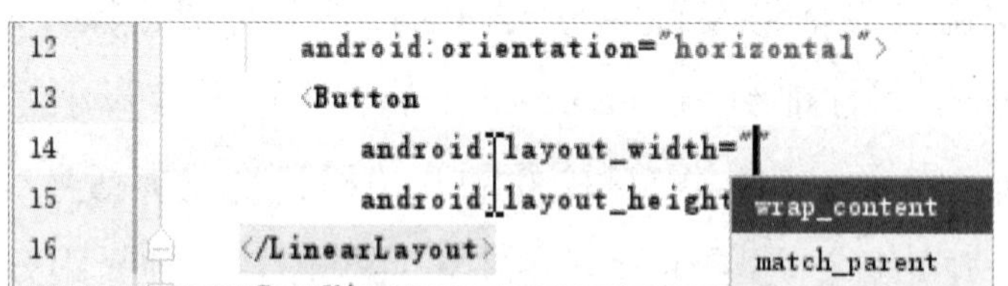

图 3-32 控件宽度和高度属性值选择框

按图 3-30 中的宽高度值，为两个属性值都选择“wrap_content”选项。然后，将光标定位于右双引号“"”与功能控件的结束标记“/>”之间，如图 3-33 所示。

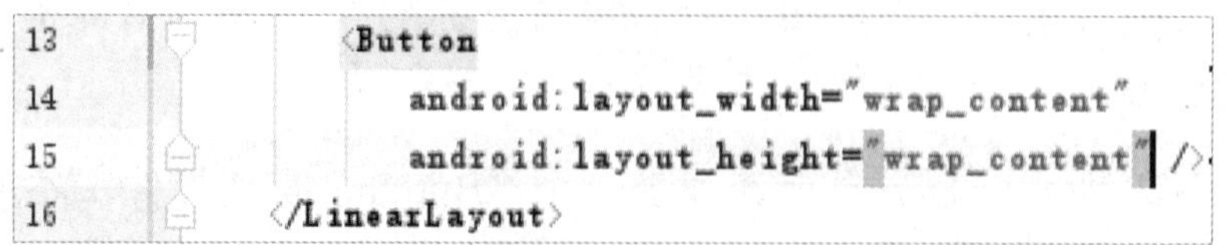

图 3-33 将光标定位于右双引号“"”与“/>”之间

在图 3-33 所示光标位置上敲回车键，输入“a”，立即弹出关于“a”的代码选择框，如图 3-34 所示。

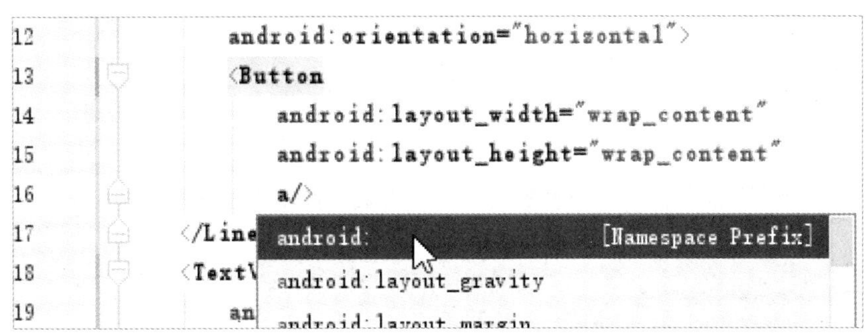

图 3-34　关于“a”的代码选择框

在代码选择框中，单击属性前缀“android:”选项，然后根据图 3-30 中的属性名，输入属性名的首字母（小写字母），然后处理属性值。

按照上面的步骤，继续处理下一个属性的代码输入，即也将光标定位于右双引号“"”与功能控件的结束标记“/>”之间敲回车键，再输入“a”，单击“android:”选项，然后输入属性名首字母并处理属性值。如此进行下去，就能完成关于一个 UI 控件的代码输入。

对“Button”按钮控件的代码输入完成后，在“Button”按钮控件后面，添加一个“TextView”文本框控件。为提高效率，可将外层布局中的文本框控件的 4 行代码全部选中并进行剪切操作，如图 3-35 所示。

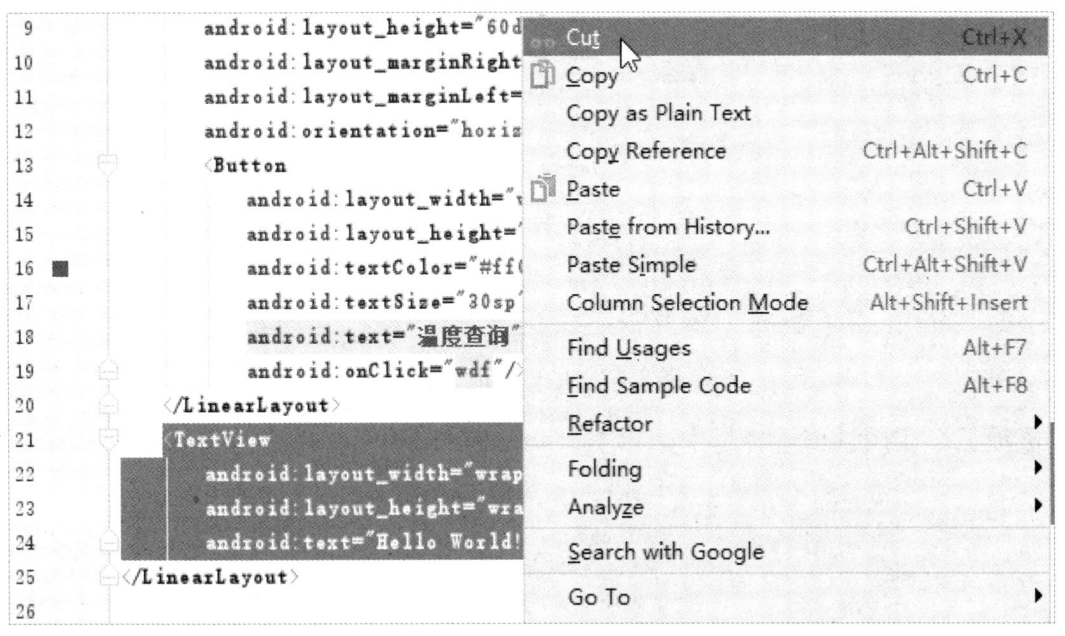

图 3-35　将 4 行代码选中并剪切

剪切完成后，将外层布局中的文本框控件的 4 行代码粘贴到“Button”按钮控件代码的下一行，如图 3-36 所示。

```
12          android:orientation="horizontal">
13          <Button
14              android:layout_width="wrap_content"
15              android:layout_height="wrap_content"
16              android:textColor="#ff0000"
17              android:textSize="30sp"
18              android:text="温度查询"
19              android:onClick="wdf"/>
20          <TextView
21              android:layout_width="wrap_content"
22              android:layout_height="wrap_content"
23              android:text="Hello World!" />
24      </LinearLayout>
25
26  </LinearLayout>
```

图 3-36　将 4 行代码粘贴到“Button”按钮控件代码的下一行

将光标定位于图 3-36 所示第 22 行代码末尾处，敲回车键，输入“a”，单击“android:”选项后，输入“i”，然后单击“id”选项（不要直接输入“id=”），如图 3-37 所示。

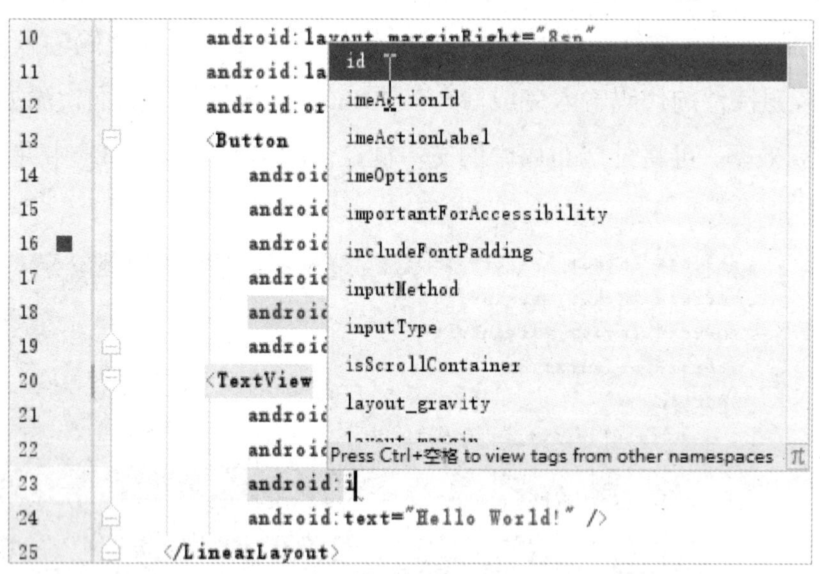
android:or
<Button
<TextView
android:i
android:text="Hello World!" />
</LinearLayout>
id
imeActionId
imeActionLabel
imeOptions
importantForAccessibility
includeFontPadding
inputMethod
inputType
isScrollContainer
layout_gravity
Press Ctrl+空格 to view tags from other namespaces

图 3-37　单击“id”选项

单击选项后，在属性值选择框中，单击“@+id/”选项，如图 3-38 所示。

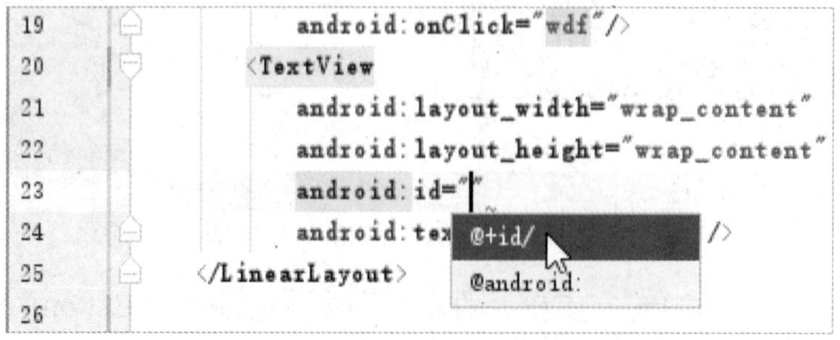
android:onClick="wdf"/>
<TextView
android:layout_width="wrap_content"
android:layout_height="wrap_content"
android:id=""
</LinearLayout>
@+id/
@android:

图 3-38　单击“@+id/”选项

单击“@+id/”选项后，输入所需的标识符“temp”，如图 3-39 所示。

```
19            android:onClick="wdf"/>
20        <TextView
21            android:layout_width="wrap_content"
22            android:layout_h @+id/title_template
23            android:id="@+id/temp"
24            android:text="Hello World!" />
25    </LinearLayout>
```

图 3-39　输入所需的标识符“temp”

将文本框控件的文本属性值“Hello World!”，改为“99”，如图 3-40 所示。

```
19            android:onClick="wdf"/>
20        <TextView
21            android:layout_width="wrap_content"
22            android:layout_height="wrap_content"
23            android:id="@+id/temp"
24            android:text="99" />
25    </LinearLayout>
```

图 3-40　将“Hello World!”改为“99”

设置文本框控件的颜色属性和字号属性，如图 3-41 中第 25、26 两行代码所示。

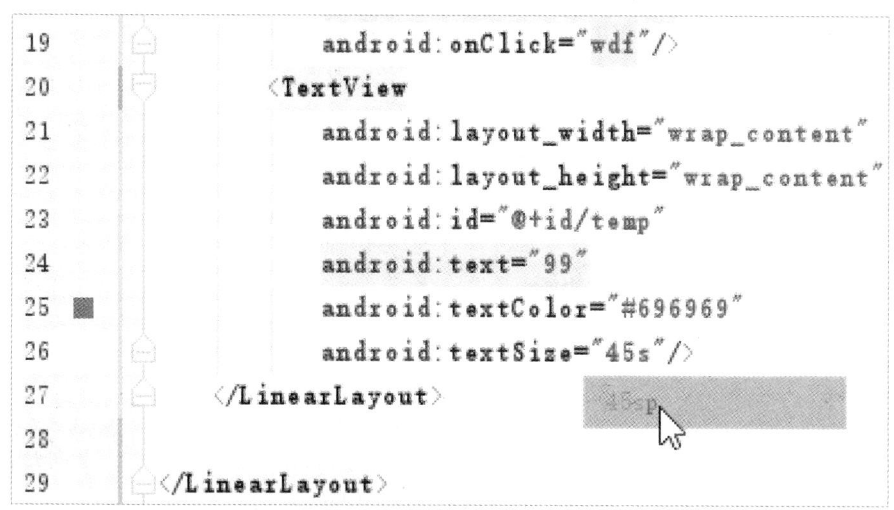
19 android:onClick="wdf"/>
20 <TextView
21 android:layout_width="wrap_content"
22 android:layout_height="wrap_content"
23 android:id="@+id/temp"
24 android:text="99"
25 android:textColor="#696969"
26 android:textSize="45s"/>
27 </LinearLayout>
45sp
28
29 </LinearLayout>

图 3-41　完成文本框控件所需的 7 行（第 20～26 行）代码

下面还要定义 3 个文本框控件，这都使用复制和粘贴功能来完成。选中文本框控件的 7 行代码并进行复制，如图 3-42 所示。

将光标定位于第 26 行代码末尾处，敲回车键，在光标新位置上进行粘贴，然后删除第 30 行中文本框控件的 id 属性，如图 3-43 所示。

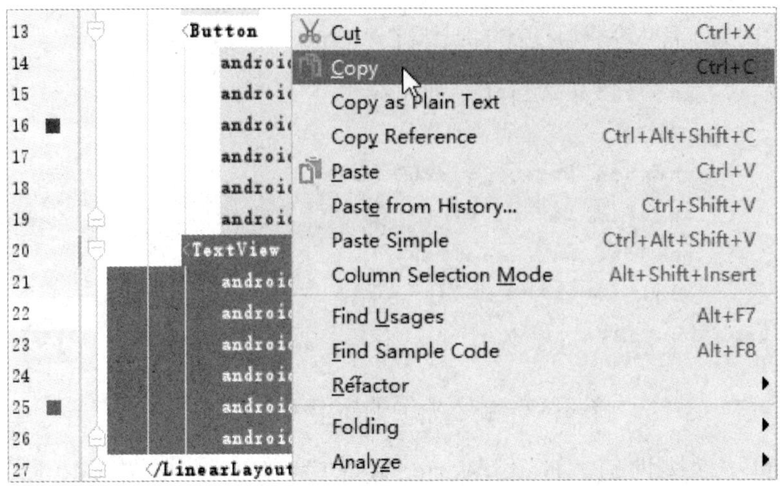

图 3-42　复制文本框控件的 7 行（第 20～26 行）代码

```
20  <TextView
21      android:layout_width="wrap_content"
22      android:layout_height="wrap_content"
23      android:id="@+id/temp"
24      android:text="99"
25      android:textColor="#696969"
26      android:textSize="45sp"/>
27  <TextView
28      android:layout_width="wrap_content"
29      android:layout_height="wrap_content"
30      android:id="@+id/temp"
31      android:text="99"
32      android:textColor="#696969"
33      android:textSize="45sp"/>
34  </LinearLayout>
```

图 3-43　删除文本框控件的 id 属性

将新的第 30 行上的属性值“99”修改为小数点“.”，如图 3-44 所示。

```
20  <TextView
21      android:layout_width="wrap_content"
22      android:layout_height="wrap_content"
23      android:id="@+id/temp"
24      android:text="99"
25      android:textColor="#696969"
26      android:textSize="45sp"/>
27  <TextView
28      android:layout_width="wrap_content"
29      android:layout_height="wrap_content"
30      android:text="."
31      android:textColor="#696969"
32      android:textSize="45sp"/>
33  </LinearLayout>
```

图 3-44　第二个文本框控件的 6 行（第 27～32 行）代码

将光标定位于第 32 行代码末尾处，敲回车键，在光标新位置（第 33 行）处进行粘贴，粘贴后将文本框控件的 id 属性值改为“hehum”，如图 3-45 所示。

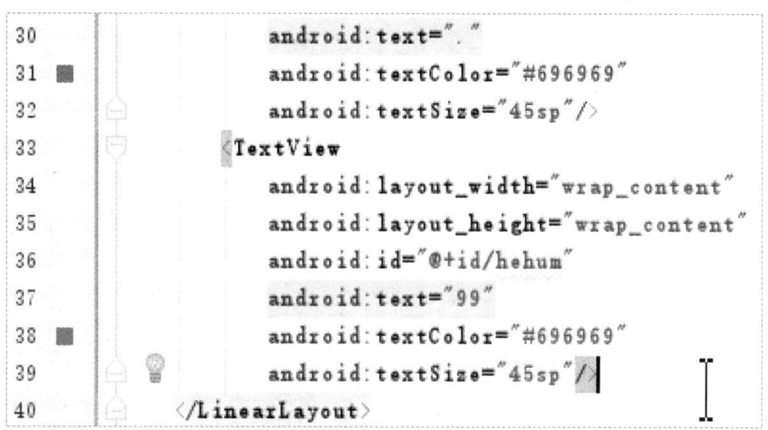

```
30            android:text="."
31            android:textColor="#696969"
32            android:textSize="45sp"/>
33        <TextView
34            android:layout_width="wrap_content"
35            android:layout_height="wrap_content"
36            android:id="@+id/hehum"
37            android:text="99"
38            android:textColor="#696969"
39            android:textSize="45sp"/>
40    </LinearLayout>
```

图 3-45　第三个文本框控件的 7 行（第 33～39 行）代码

下面添加第四个文本框控件。将光标定位于第 39 行的代码末尾处，敲回车键，在光标新位置（第 40 行）处进行粘贴，然后将文本框控件的 id 属性删除，再用记事本输入温度符号，如图 3-46 所示，将其替换文本框控件的文本属性值“99”，并把字号属性值改为“30sp”。

*无标题 - 记事本

文件(F)　编辑(E)　格式(O)　查看(V)　帮助(H)

℃

图 3-46　记事本中的温度符号

第四个文本框控件的相关属性修改完成后，其 6 行代码如图 3-47 所示。

```
36            android:id="@+id/hehum"
37            android:text="99"
38            android:textColor="#696969"
39            android:textSize="45sp"/>
40        <TextView
41            android:layout_width="wrap_content"
42            android:layout_height="wrap_content"
43            android:text="℃"
44            android:textColor="#696969"
45            android:textSize="30sp"/>
46    </LinearLayout>
```

图 3-47　第四个文本框控件的 6 行（第 40～45 行）代码

8.4　检测任务效果

选择 AS 菜单栏上的“Run”→“Run ‘app’”菜单命令，如图 3-48 所示。

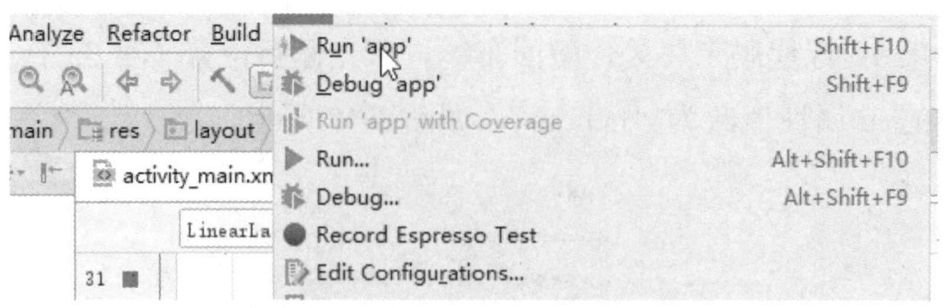

图 3-48　运行程序的菜单命令

菜单命令执行后，温度查询的 UI 界面显示如图 3-49 所示。若单击“温度查询”按钮，程序因无代码支持就异常退出。

图 3-49　温度查询的 UI 界面显示

任务 9　在 WiFiApp 项目中定义网络通信类

扫码观看视频

9.1　新建网络通信类 TcpSocket

在 AS 编程界面右边展开项目面板，如图 3-50 所示，右击包名“com.zjzx.cqqj”，在弹出的快捷菜单中选择“New”→“Java Class”命令。

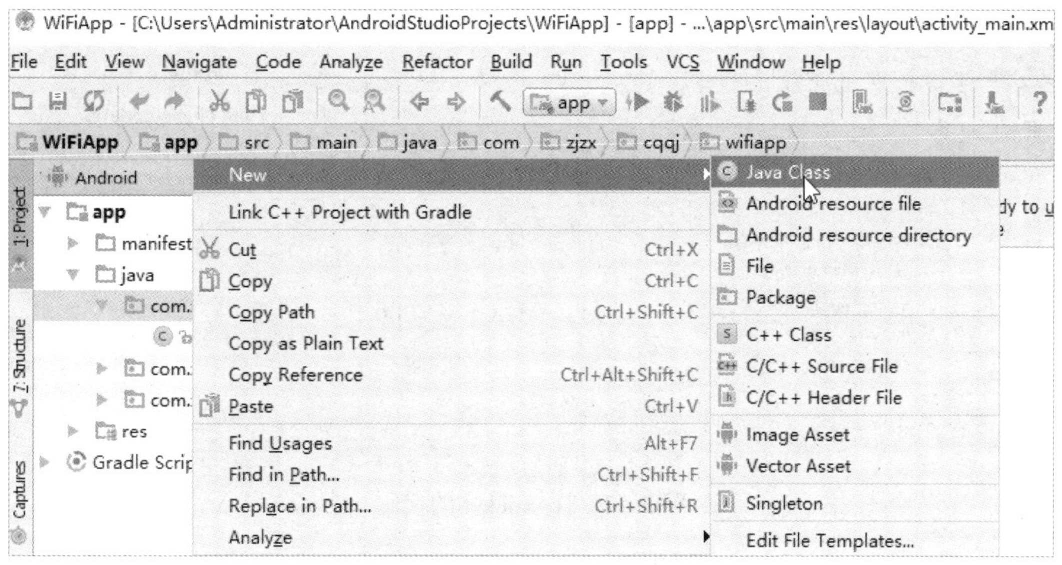

图 3-50　在包中新建网络通信类

命令操作执行后，弹出“Create New Class”对话框，输入类名“TcpSocket”后单击“OK”按钮，如图 3-51 所示。

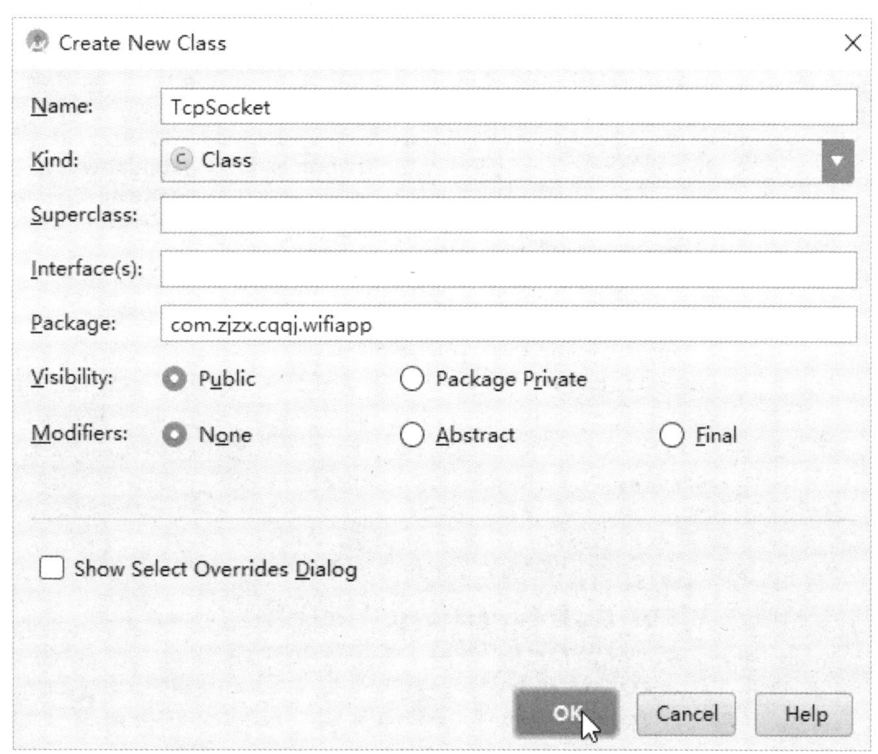

图 3-51　输入类名“TcpSocket”

单击完成后，AS 系统在项目面板中新增该类文件名，在代码编辑区出现类定义代码显示，如图 3-52 所示。

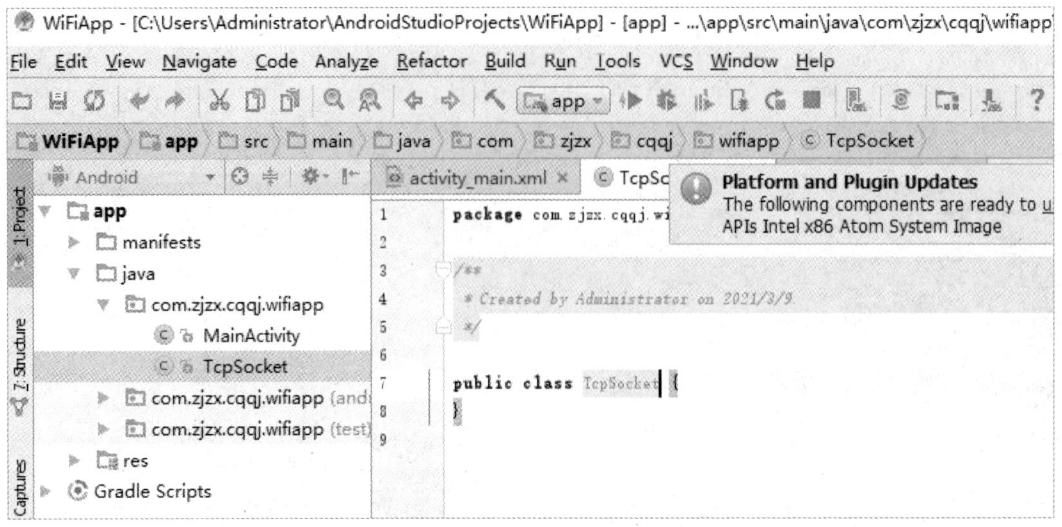

图 3-52　TcpSocket 的代码

由图 3-52 可看出，AS 系统创建的 TcpSocket 类的类体中没有任何代码，是个空类。为实现需要的功能，这个类须有 70 多行代码，下面分步完成该代码。

9.2　在空类中声明类的成员

先在空类中声明 7 个成员，则在 TcpSocket 类体中需要添加 7 条语句，添加完成后，TcpSocket 类的定义如图 3-53 所示。

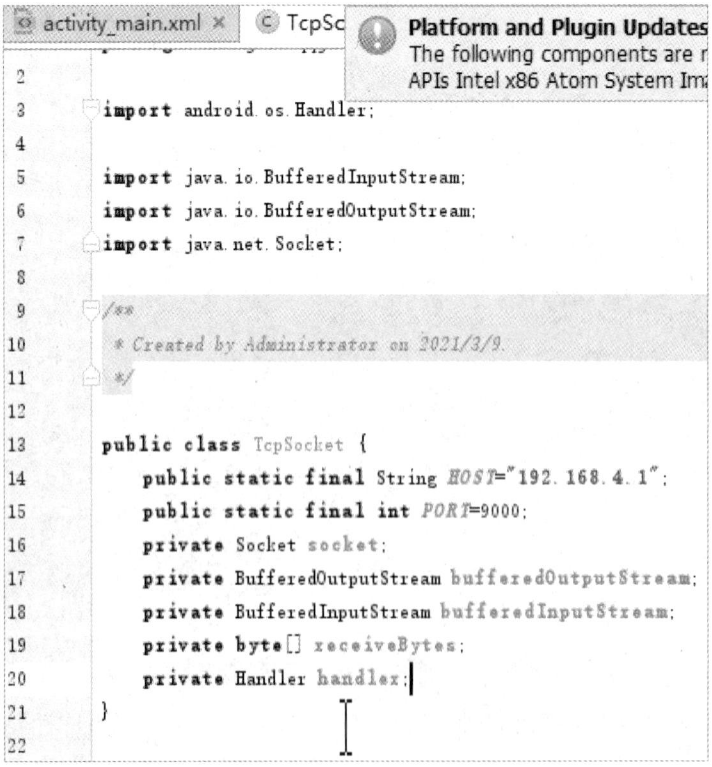

```
import android.os.Handler;

import java.io.BufferedInputStream;
import java.io.BufferedOutputStream;
import java.net.Socket;

/**
 * Created by Administrator on 2021/3/9.
 */

public class TcpSocket {
    public static final String HOST="192.168.4.1";
    public static final int PORT=9000;
    private Socket socket;
    private BufferedOutputStream bufferedOutputStream;
    private BufferedInputStream bufferedInputStream;
    private byte[] receiveBytes;
    private Handler handler;
}
```

图 3-53　TcpSocket 类的定义

在图 3-53 给出的 TcpSocket 类的定义中，只有行号为 14～20 的代码行中的 7 条语句是手工输入的，类头（第 13 行）前面第 3～7 行的 4 条导入（import）语句，都是 AS 系统根据某些声明语句的需要而自动添加的。注意，从图 3-53 中可以看出，每条语句都是由若干关键字和标识符组成的，在代码输入时，只要输入关键字（或已定义过的标识符）的首字母，就会弹出相关的关键字或标识符选择框，只需要进行单击选择操作，千万不要手动输入全部名称，这样既能保证代码输入的准确性，还能提高代码输入的效率。仅对于第一次定义的标识符，才需要输入全部名称。

下面，在图 3-52 所示环境下输入第 1 条语句。将光标定位于图 3-52 第 7 行代码的末尾处，敲回车键，光标跳到第 8 行第 5 列，输入“p”，立即弹出代码选择框，单击选择框中的“public”选项，就完成了“public”的输入，如图 3-54 所示。

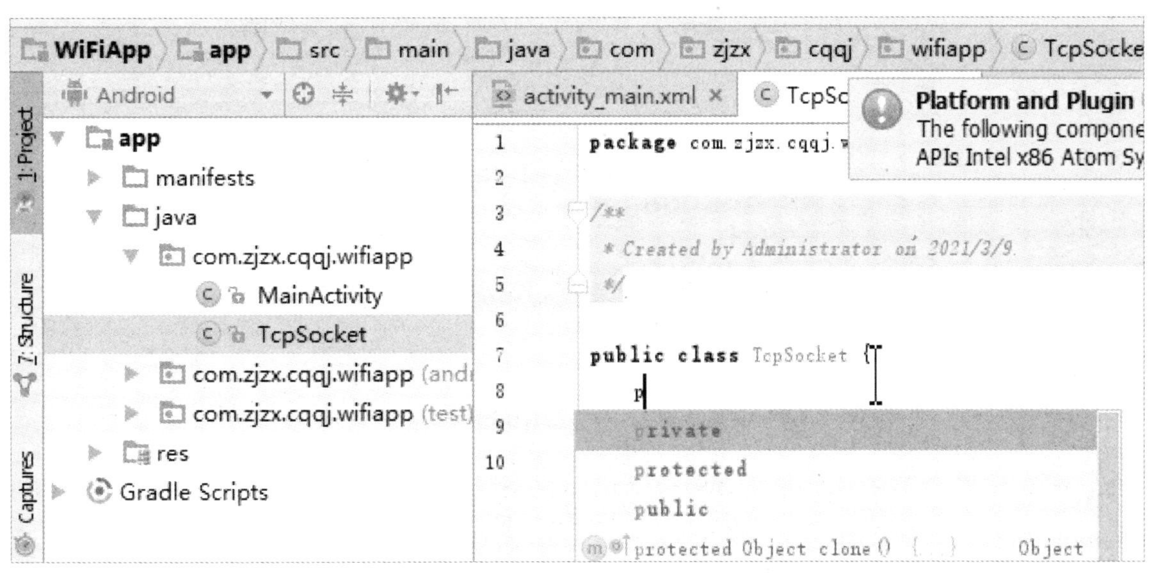

图 3-54　输入“p”并单击“public”选项

按照图 3-54 所示的输入首字母来选择所需代码的方法，就可完成所需代码的输入。需要指出的是，在输入双引号（英文半角，以下同）、小括号、中括号、大括号时，AS 系统的智能性很高，只需要输入双引号、小括号、中括号、大括号的左半边，系统就会自动补上双引号、小括号、中括号、大括号的右半边，光标自动位于某对括号之间，方便输入代码。另外，对于双引号中的 HOST 和 PORT，因为此处为第一次使用，所以需要完整输入名称，在后面的代码中再出现时，只需输入首字母。完成了前 2 条语句输入后的 TcpSocket 定义如图 3-55 所示。

在输入第 3 条语句的第 2 个标识符首字母“S”时，弹出代码选择框，选项未单击前该代码的行号为 10，如图 3-56 所示。

```
1   package com.zjzx.cqqj.w
2
3   /**
4    * Created by Administrator on 2021/3/9.
5    */
6
7   public class TcpSocket {
8       public static final String HOST="192.168.4.1";
9       public static final int PORT=9000;
10  }
11
```

图 3-55　完成了前 2 条语句输入后的 TcpSocket 定义

```
1   package com.zjzx.cqqj.w
2
3   /**
4    * Created by Administrator on 2021/3/9
5    */
6
7   public class TcpSocket {
8       public static final String HOST="192.168.4.1";
9       public static final int PORT=9000;
10      private S
11  }       String (java.lang)
12          Socket (java.net)
            System (java.lang)
            Scanner (java.util)
```

图 3-56　未单击代码选择框中的选项前行号为 10

在图 3-56 中单击所需代码后，AS 系统就在包定义语句后、类定义语句前自动添加导入所需类的 import 语句，行号加 2，如图 3-57 所示。这为代码输入带来了极大的方便。

```
1   package com.zjzx.cqqj.w
2
3   import java.net.Socket;
4
5   /**
6    * Created by Administrator on 2021/3/9
7    */
8
9   public class TcpSocket {
10      public static final String HOST="192.168.4.1";
11      public static final int PORT=9000;
12      private Socket
13  }
14
```

图 3-57　AS 系统自动添加了第 3 行的 import 语句

总之，在输入代码时，都只需要先输入各标识符（关键字也属于标识符）的首字母，然后在弹出的标识符选择框中单击所需选项。

9.3　定义接收线程类 receiveThread

为了能让手机 App 随时收到单片机发来的温度数据，就必须使用多线程技术，因此要定义一个接收线程类 receiveThread。在定义这个 receiveThread 类的代码输入时，有个别语句的输入本来是完全正确的，但后面与之配套的其他语句或代码单元还没有输入，AS 系统就会提示有语法错误，此时无须理会这些错误提示，继续照着书本上的代码输入即可，随着代码输入的推进，这些错误提示会自动消失。

receiveThread 类定义的全部代码如图 3-58 所示。输入这些代码时，同样只需输入标识符的首字母来从 AS 系统的智能代码选择框中单击所需选项。特别需要注意的是大括号的输入，当输入“{”后，AS 系统会自动补上“}”，且光标自动位于这对括号之间。由于配成一对的大括号一般要管辖几行代码，因此，只要输入了“{”，就应立即敲回车键，光标跳行后的位置正是输入这行代码的位置，非常方便这行代码的输入。对于双引号、小括号、中括号来说，一般只要输入左半边，就可立即输入括号中的内容了。

activity_main.xml ×　TcpSocket.java ×　MainActivity.java ×

```
22        private Handler handler;
23        private class ReceiveThread extends Thread{
24            @Override
25            public void run() {
26                super.run();
27                try {
28                    bufferedInputStream=new BufferedInputStream(socket.getInputStream());
29                    while (true) {
30
31                        receiveBytes=new byte[10];
32                        int len=bufferedInputStream.read(receiveBytes);
33                        if (len==-1) {
34                            return;
35                        }
36                        Message message=new Message();
37                        message.what=1;
38                        message.obj=receiveBytes;
39                        handler.sendMessage(message);
40                    }
41                }catch (IOException e){
42                    e.printStackTrace();
43                }
44            }
45        }
46    }
47
```

图 3-58　receiveThread 类定义的全部代码

在图 3-58 中，第 23 行代码是类定义的类头，用关键字 private 声明了这个类只能在当前类（TcpSocket）的内部使用，用关键字 class 表明该类是定义类，其后的标识符是所定义类的类名，类名后的关键字 extends 表示继承，其后的标识符就是所继承的父类名。第 24 行代码用来注释父类需要有下一行代码中的方法名。第 25 行代码是定义线程必须有的 run()方法。第 26 行代码是用关键字 super 来调用其父类的 run()方法；第 27～43 行代码是处理程序异常的代码块，其中 try 代码块中的语句是实现线程功能所必需的，如果执行这些语句时产生了异常，try 关键字就会抛出一个异常，其后的 catch 代码块就捕获异常并进行处理。如果 try 代码块中各语句正常执行，流程就跳过 catch 代码块而往下继续执行。第 28 行代码是用套接字对象的 getInputStream()方法获得网络数据输入流来创建缓冲输入字节流对象 bufferedInputStream，第 29 行代码为 while 循环头，循环条件永远为真，第 31 行代码是创建有 10 个元素的字节型数组对象 receiveBytes，第 32 行代码用缓冲输入字节流对象的 read()方法将缓冲输入字节流读取到字节型数组 receiceBytes 中，读取的缓冲输入字节数存放于变量 len 中；第 33～35 行代码为 if 语句，如果缓冲输入字节流被读完，就用 return 返回语句结束线程。第 36 行代码为创建消息对象 message，第 37 行代码为对消息对象 message 的消息标识 what 赋值 1，第 38 行代码为对消息对象 message 的 obj 成员赋数组对象引用值，第 39 行代码为用组织者对象的 sendMessage()方法向主线程发送消息。第 40～43 行代码为用 catch 代码块捕获异常并进行处理。

9.4 声明接收线程对象及定义 TcpSocket 构造方法

下面介绍在 TcpSocket 类中声明接收线程对象及定义 TcpSocket 构造方法，此构造方法用来创建 TcpSocket 对象。如图 3-59 中所示，第 46 行代码为声明接收线程对象 receiveThread，第 47～49 行代码是定义 TcpSocket 类的构造方法，这个构造方法的方法头中声明了一个组织者对象形参。

```
45      }
46      private ReceiveThread receiveThread;
47      public TcpSocket(Handler handler) {
48          this.handler=handler;
49      }
50  }
```

图 3-59　声明接收线程对象及定义 TcpSocket 构造方法

9.5 定义消息处理方法

下面介绍在 TcpSocket 类中定义消息处理方法的 sendMessage()方法，程序最终通过这个方法向指定的 IP 地址和端口发送数据。定义 sendMessage()方法的全部代码如图 3-60 中第 50～73 行的代码所示。

```
50        public void sendMessage(byte[] bytes){
51            if (socket==null||socket.isClosed()){
52                try {
53                    socket=new Socket(HOST,PORT);
54                }finally {
55                    return;
56                }
57            }
58            if (socket.isConnected()){
59                try {
60                    bufferedOutputStream=new BufferedOutputStream(socket.getOutputStream());
61                    if (receiveThread==null){
62                        receiveThread=new ReceiveThread();
63                        receiveThread.start();
64                    }
65                    bufferedOutputStream.write(bytes);
66                    bufferedOutputStream.flush();
67                }catch (IOException e){
68                    e.printStackTrace();
69                    bufferedOutputStream=null;
70                    bufferedInputStream=null;
71                }
72            }
73        }
74    }
75
```

图 3-60　sendMessage()方法的定义

在图 3-60 中，第 50 行代码为消息发送方法 sendMessage()的方法头，方法头上声明了一个字节型数组类型的形参 bytes。第 51～57 行代码为用 if 语句来创建带 IP 地址和端口号的套接字对象 socket，若有异常则结束方法运行并返回到方法调用者。若套接字对象 socket 创建成功，则进入第 58 行的 if 语句头，若 if 头为假（其小括号中套接字对象的 isConnected()方法调用返回值为 false），则结束 if 语句，方法返回。若 if 头为真，则进入第 59～71 行的 try-catch 代码块，第 60 行代码为用套接字对象的 getOutputStream()方法获得网络数据输出流来创建缓冲输出字节流对象 bufferedOutputStream，第 61～64 行的 if 语句作用是当接收线程对象 receiveThread 为空对象时，创建并启动该对象。第 65 行代码作用为用缓冲输出字节流对象的 write()方法将参数数组写入缓冲输出字节流对象。第 66 行代码作用为把缓冲输出字节流输出到指定的 IP 地址和端口。第 67～68 行代码为程序异常的处理代码。

9.6　检测任务效果

到此，就完成了网络通信类 TcpSocket 的定义。单击菜单栏上的“Run”选项，在模拟器上运行完成的程序，由于程序中还没有启用这个类，因此运行效果与任务 8 相同。

任务 10　在主活动类中添加温度查询功能

10.1　声明文本框和套接字及组织者对象

在 WiFi App 温度查询界面上有 1 个按钮控件和 4 个文本框控件，其中，按钮控件直接由它的“onClick”属性值指定的对应方法来响应其被单击事件，2 个文本框控件用来固定显示小数点和表示温度的大写字母 C，这 3 个控件都无须使用对象身份来进行操作，另外的 2 个文本框控件用来显示温度，就需要使用对象身份来显示变化的温度数据，因此需要在主活动类中对这两个控件进行对象声明并利用它们的 id 标识来创建对象。另外，为了和单片机进行数据通信，需要使用套接字及组织者对象来传送相关数据，因此，要在主方法代码的前面，声明 4 个对象。声明 4 个对象的代码如图 3-61 所示。

```
1   package com.zjzx.cqqj.wifiapp;
2
3   import ...
7
8   public class MainActivity extends AppCompatActivity {
9
10      private TextView temp,hehum;
11      private TcpSocket tcpSocket;
12      private Handler handler=new Handler() {
13          @Override
14          public void handleMessage(android.os.Message msg) {
15              switch (msg.what) {
16                  case 1:
17                      byte bytes[]=(byte[])msg.obj;
18                      update(bytes);
19                      default:
20                          break;
21              }
22          };
23      };
24      @Override
25      protected void onCreate(Bundle savedInstanceState) {
26          super.onCreate(savedInstanceState);
27          setContentView(R.layout.activity_main);
28      }
29  }
```

图 3-61　声明 4 个对象的代码

在图 3-61 中，第 10 行代码声明了两个文本框对象，第 11 行代码声明了 tcpSocket 网络通信对象，第 12～23 行代码的赋值语句为用匿名内部类来创建组织者对象，在创建中使用了

handleMessage()方法，在收到分线程用 sendMessage()方法发送的消息时，这个方法被触发。在这个方法的方法头中定义了一个消息类型的形参 msg，在它的方法体中用一条 switch 语句进行处理，若约定的消息标识为 1，则将消息中传送的数据转换为字节型数组 bytes[]（第 17 行代码），然后用这个数组名作实参调用 update()方法，进行温度数据的相关处理。

进行这 14 行代码的输入时，对于大括号，只要输入了“{”，就要立即敲回车键，以在光标处输入代码。需要说明的是，在选择关于首字母为 H 的类时，需要选择带有“android.os”的第 4 栏选项，不要选择带有“java util logging”的第 6 栏选项，如图 3-62 所示。在输入第 18 行的“update(bytes);”的方法调用代码时，由于该方法还没有定义，因此有错误提示。

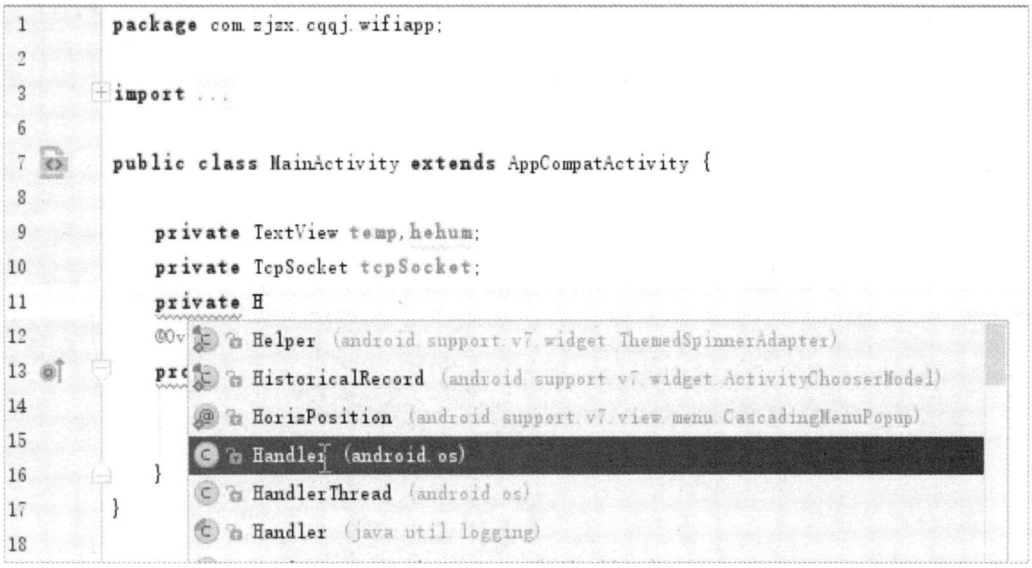

```
1   package com.zjzx.cqqj.wifiapp;
2
3   import ...
6
7   public class MainActivity extends AppCompatActivity {
8
9       private TextView temp,hehum;
10      private TcpSocket tcpSocket;
11      private H
12      @Ov   Helper  (android.support.v7.widget.ThemedSpinnerAdapter)
13      pro   HistoricalRecord  (android.support.v7.widget.ActivityChooserModel)
14            HorizPosition  (android.support.v7.view.menu.CascadingMenuPopup)
15            Handler  (android.os)
16      }     HandlerThread  (android.os)
17  }         Handler  (java.util.logging)
18
```

图 3-62　选择标示有“android.os”（第 4 栏）的“Handler”

10.2　创建文本框和网络通信对象 tcpSocket

如图 3-63 所示，输入第 29～31 行代码。在主方法中，第 29、30 行代码为 findViewById()方法，把有 id 属性的文本框，依据其唯一标识来生成并转换为文本框对象 temp 和 hehum。在主方法中的第 31 行代码则用构造方法来创建网络通信对象 tcpSocket。

```
24
25      @Override
26      protected void onCreate(Bundle savedInstanceState) {
27          super.onCreate(savedInstanceState);
28          setContentView(R.layout.activity_main);
29          temp=(TextView)findViewById(R.id.temp);
30          hehum=(TextView)findViewById(R.id.hehum);
31          tcpSocket=new TcpSocket(handler);
32      }
33  }
```

图 3-63　创建文本框和套接字对象

10.3 定义 update()方法

输入图 3-64 所示的第 34～59 行代码，完成 update()方法定义，这个方法的功能是实现温度显示值的更新。第 34 行代码是方法定义的方法头，方法头中定义了一个字节型数组形参，第 35 行代码用形参第 1 个元素的值来定义整型变量 choice，第 36～58 行代码为 switch 语句，这条 switch 语句用整型变量 choice 的值作分支选择。只有当 choice 的值为 0x02 时，才进入“case 0x02:”。执行第 40 行代码，用形参数组第 2 个元素的值定义整型变量 tem。执行第 41 行代码，用形参数组第 3 个元素的值定义整型变量 hum。执行第 42～45 行的 if-else 语句，处理温度是否为“零下”的显示处理。执行第 46 行代码，系统显示出完整的温度。执行第 47 行的 break 语句，程序退出 switch 语句，结束 update()方法的运行。

```
33
34      private void update(byte bytes[]){
35          int choice=(bytes[0]&0xff);
36          switch (choice){
37              case 0x01:
38                  break;
39              case 0x02:
40                  int tem=(bytes[1]&0xff);
41                  int hum=(bytes[2]&0xff);
42                  if (bytes[3]==0xfb)
43                      temp.setText("零下"+tem);
44                  else
45                      temp.setText("  "+tem);
46                  hehum.setText(""+hum);
47                  break;
48              case 0x03:
49                  break;
50              case 0x04:
51                  break;
52              case 0x05:
53                  break;
54              case 0x06:
55                  break;
56              default:
57                  break;
58          }
59      }
60  }
61
```

图 3-64 定义 update()方法

10.4 定义消息发送方法

如图 3-65 所示，输入第 61～68 行代码，完成消息发送方法 sendMessage()的定义。

```
60
61      public void sendMessage(final byte[] bytes){
62          new Thread(new Runnable() {
63              @Override
64              public void run() {
65                  tcpSocket.sendMessage(bytes);
66              }
67          }).start();
68      }
69  }
70
```

图 3-65　定义消息发送方法

在图 3-65 中，第 61 行代码为定义消息发送方法 sendMessage()的方法头，方法头中定义了一个字节型数组形参。第 62～67 行代码的作用为创建并启动一个线程。第 64～66 行代码为定义线程中的 run()方法，每个线程都必须有一个 run()方法。第 65 行代码为调用网络通信类 tcpSocket 的消息发送方法 sendMessage()，来传送形参指定的数据。第 67 行代码的作用为用线程的 start()方法来启动线程。

10.5　定义温度查询方法

如图 3-66 所示，输入第 71～75 行代码，完成温度查询方法 wdf()的定义。这个方法的作用就是当 UI 界面上的“温度查询”按钮被单击时，程序就立即执行这个 wdf()方法。

```
70
71      public void wdf(View v){
72          byte bytes[]=null;
73          bytes=new byte[]{0x02,(byte)0xff,(byte)0xee,(byte)0xdd};
74          sendMessage(bytes);
75      }
76  }
77
```

图 3-66　温度查询方法 wdf()的定义

需要说明的是，温度查询方法 wdf()从第 70 行开始进行定义，在定义该方法头的形参时，先输入“(”，再输入“V”，AS 系统立即弹出关于“V”的代码选择框，如图 3-67 所示，单击“View（android.view）”选项，系统就会在类头前面加入该类的导入语句，行号将变为 71。在图 3-66 中，第 71 行代码是 wdf()的方法头，方法头中定义了一个 View 类形参，第 72 行代码为声明字节型数组对象 bytes，第 73 行代码为创建有初始值的数组对象 bytes，第 74 行代码为调用当前类中的 sendMessage()方法发送数组对象。

```
61      public voi   ViewPropertyAnimatorCompatSet (android.support.v7.view)
62          new Thr  ViewPropertyAnimatorCompat (android.support.v4.view)
63              @Ov  View (android.view)
64              pub  ViewPropertyAnimator (android.view)
65                   ViewStubCompat (android.support.v7.widget)
66              }    ViewStub (android.view)
67          }).start ViewUtils (android.support.v7.widget)
68      }            Validator (android.widget.AutoCompleteTextView)
69                   VERSION (android.os.Build)
70      public void wdf(V|
71  }
72
```

图 3-67　行号将变为 71

到此，就完成了所需代码的编写。运行完成后的程序，模拟器中的显示结果与图 3-49 相同，但此时单击“温度查询”按钮，程序中有了 wdf()方法支持，就不再异常退出。

10.6　检测任务效果

前面都用 AS 模拟器来运行程序，从现在起，不再使用 AS 模拟器来运行程序，而使用手机来运行程序。使手机进入开发者模式并将手机用数据线连接用于编程的这台计算机，然后选择 AS 菜单上的“Run”→“Run app”菜单命令，在弹出的“Select Deployment Target”对话框中，就会出现所连接的手机型号，选中手机型号后单击“OK”按钮，如图 3-68 所示。

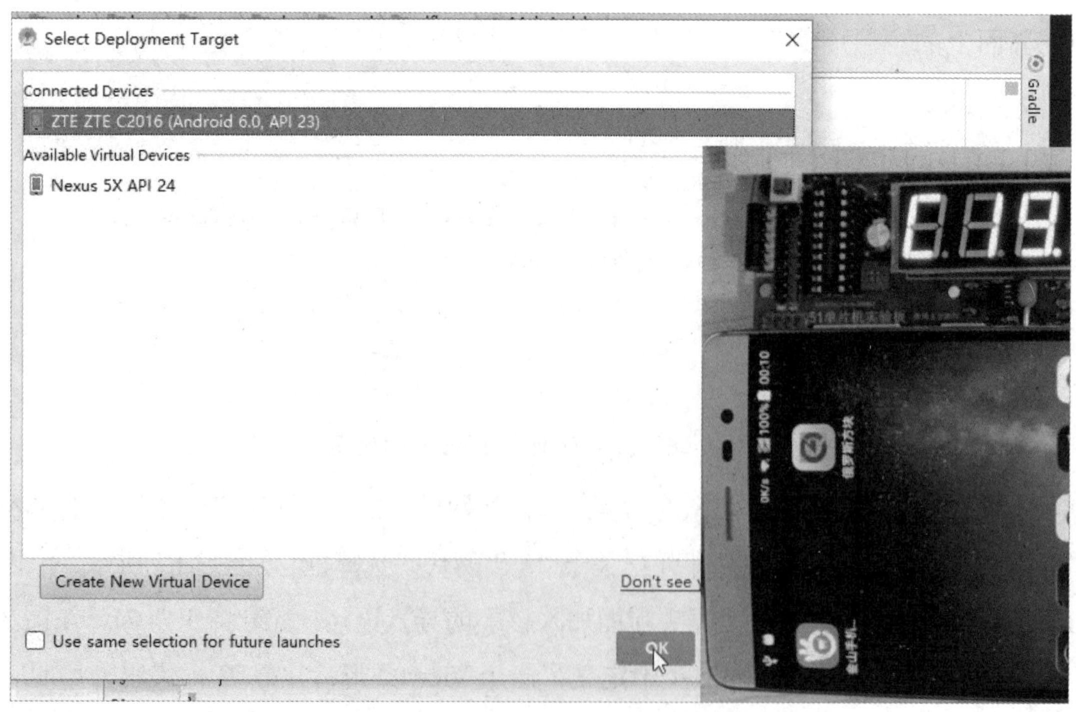

图 3-68　使用手机来运行程序

由于 AS 系统以前还没有使用过该手机来运行程序，因此需要安装该手机的驱动程序，程序才能下载到手机上运行，如图 3-69 所示。

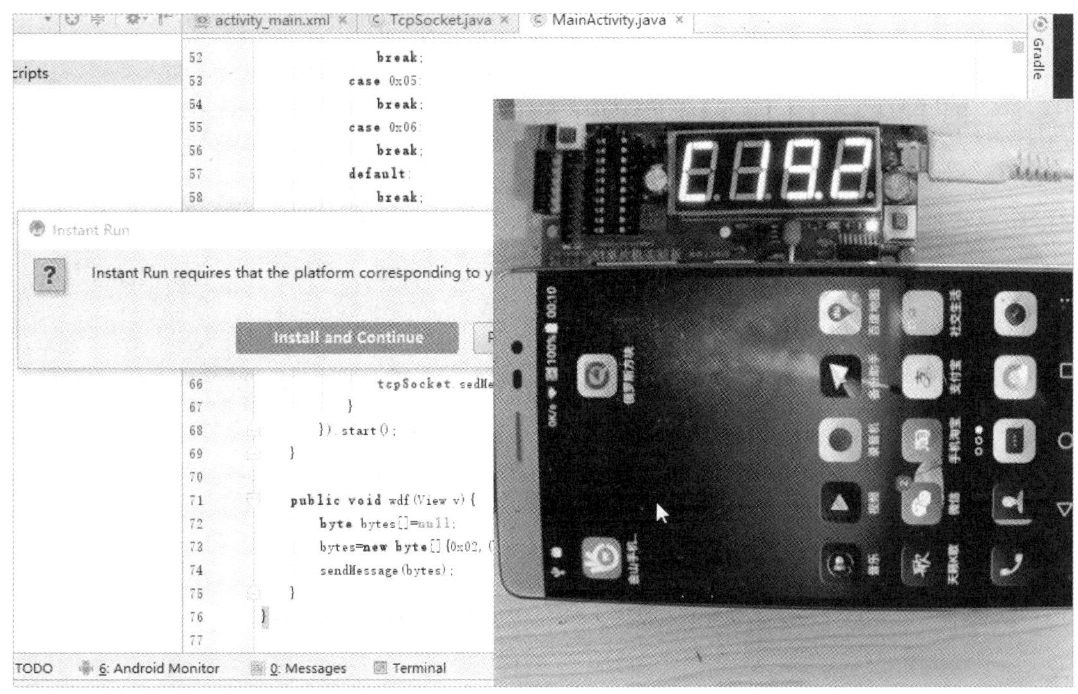

图 3-69　在 AS 系统中安装手机驱动程序

单击图 3-69 中的“Install and Continue”按钮，待手机所需的驱动程序安装完毕后，开发的手机应用程序就出现在手机屏幕上，如图 3-70 所示。

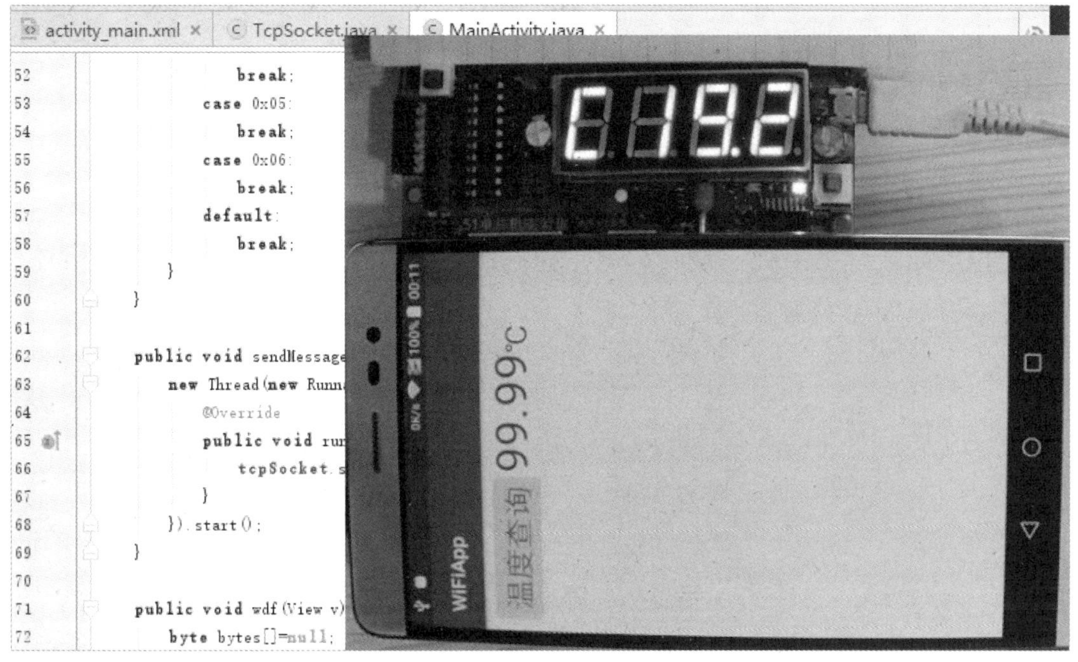

图 3-70　在手机上显示的温度查询界面

由于此时手机与单片机还不能进行网络通信，因此点击“温度查询”按钮没有结果。

任务 11　使用 Wi-Fi 模块实现温度查询功能

11.1　在注册文件中添加 INTERNET 和 WAKE_LOCK 许可

AS 程序中要使用 Wi-Fi 技术，就必须在注册文件中添加 INTERNET 和 WAKE_LOCK 许可。如图 3-71 所示，在项目的文件面板中展开“app”文件夹，再展开“manifests”文件夹，打开“AndroidManifest.xml”文件。

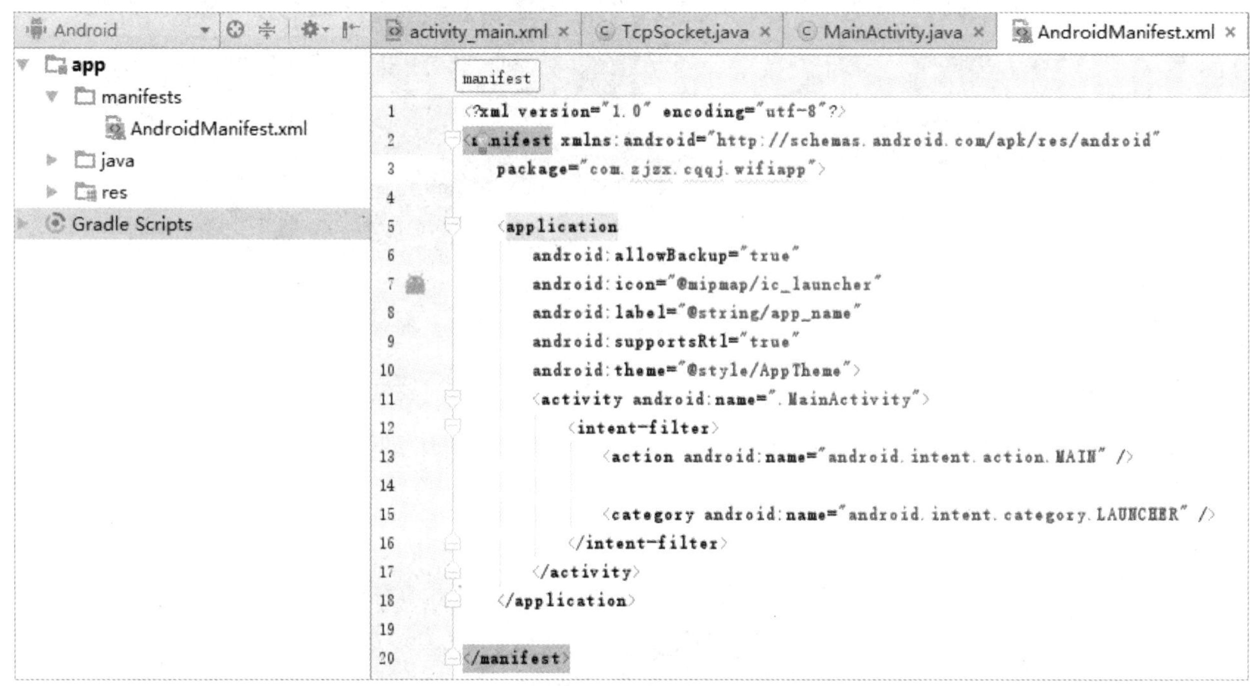

图 3-71　打开“AndroidManifest.xml”文件

将光标定位于第 4 行第 1 列，敲回车键，光标跳到第 5 行第 5 列，输入左尖括号和“u”，弹出代码选择框，如图 3-72 所示。

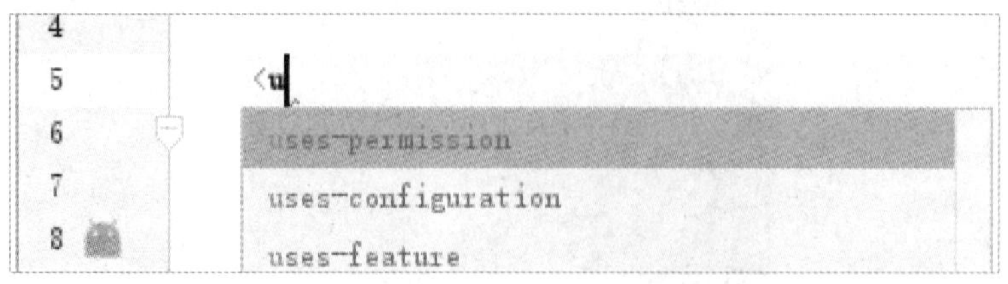

图 3-72　弹出代码选择框

单击“uses-permission”选项，立即弹出属性值选择框，这里的属性值由三部分组成，其第三部分为大写字母，单击第三部分为“INTERNET”的属性值选项，如图 3-73 所示。该属性值就被系统填入双引号，输入分隔号“/”，AS 系统会自动补上右尖括号，再直接敲回车键。

```
4
5    <uses-permission android:name="|"
6    <application
7        android:allowBackup="tru
8        android:icon="@mipmap/ic
9        android:label="WiFiApp"

android.permission.WAKE_LOCK
android.permission.INTERNET
android.permission.ACCESS_CHECKIN_PROPERTIES
```

图 3-73　单击第三部分为“INTERNET”的属性值选项

光标跳到第 6 行，同样输入左尖括号和“u”，同样单击“uses-permission”选项，然后在属性值选择框中，单击第三部分为“WAKE_LOCK”的属性值选项，如图 3-74 所示，该属性值就被系统填入双引号，输入分隔号“/”，AS 系统会自动补上右尖括号。

```
4
5    <uses-permission android:name="android.permission.INTERNET"/>
6    <uses-permission android:name="|"
7    <application
8        android:allowBackup="tru
9        android:icon="@mipmap/ic
10       android:label="WiFiApp"

android.permission.INTERNET
android.permission.WAKE_LOCK
android.permission.ACCESS_CHECKIN_PROPERTIES
```

图 3-74　单击第三部分为“WAKE_LOCK”的属性值选项

到此，两项许可添加完成，第 5、6 两行的许可代码如图 3-75 所示。

```
5    <uses-permission android:name="android.permission.INTERNET"/>
6    <uses-permission android:name="android.permission.WAKE_LOCK"/>
```

图 3-75　第 5、6 两行的许可代码

连接手机，单击“Run”选项重新运行，就能用添加了许可功能的程序更新手机。

11.2　配置 Wi-Fi 模块

本任务所需的 Wi-Fi 模块选用深圳四博智联科技有限公司的产品，该公司为 Wi-Fi 技术初学者提供了远程数据传输的网络条件。Wi-Fi 模块如图 3-76 所示。

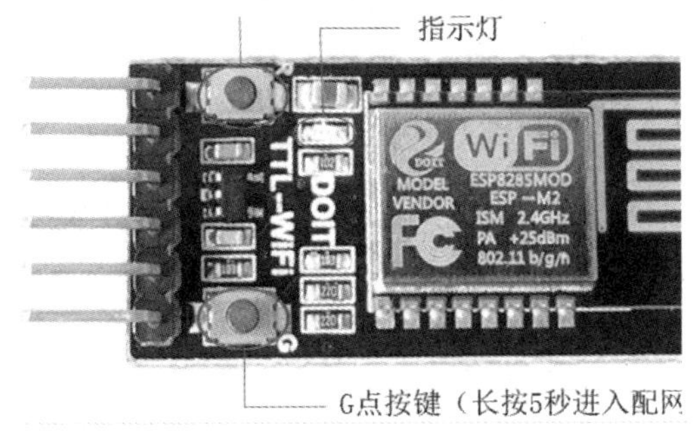

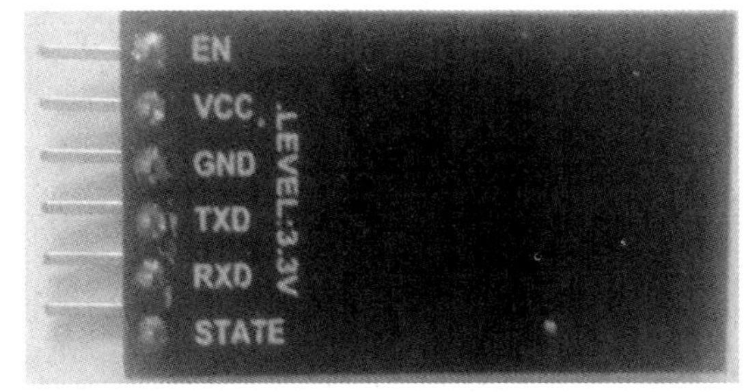

图 3-76　Wi-Fi 模块

使用时将 Wi-Fi 模块 VCC 引脚接单片机电路板上的 VCC，其 GND 引脚接单片机电路板上的 GND，其 TXD 引脚接单片机电路板上的 RXD，其 RXD 引脚接单片机电路板上的 TXD，另

外两引脚悬空即可。

将单片机电路板通电，手机进入 WLAN 设置界面，可看到由 Wi-Fi 模块发出的 Wi-Fi 名称“Doit_WiFi_26D903”，如图 3-77 所示。点击模块的 Wi-Fi 名称进行连接操作，连接后手机的 Wi-Fi 设置如图 3-78 所示。

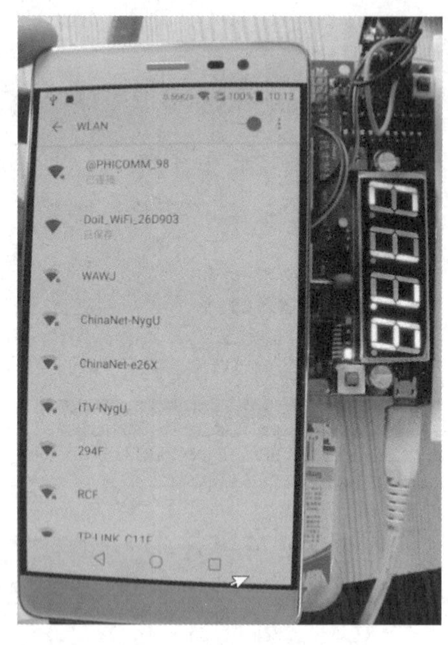

图 3-77　由 Wi-Fi 模块发出的 Wi-Fi 名称

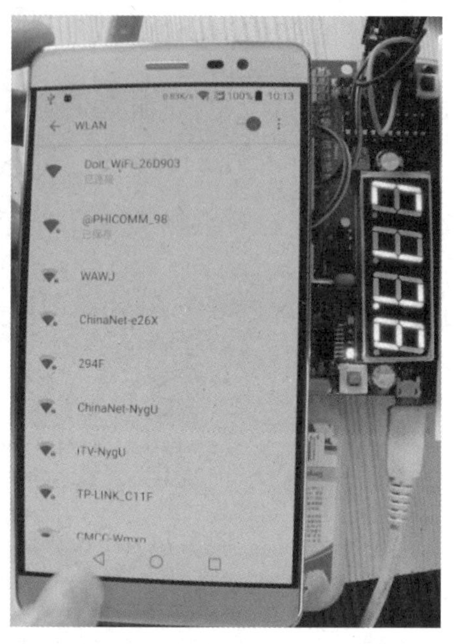

图 3-78　连接后手机的 Wi-Fi 设置

手机与 Wi-Fi 模块的 WLAN 连接完成后，打开手机上的浏览器，在浏览器地址栏中输入 IP 地址“192.168.4.1”，如图 3-79 所示，然后点击“进入”按钮，就进入“Wi-Fi Setting”页面，如图 3-80 所示。

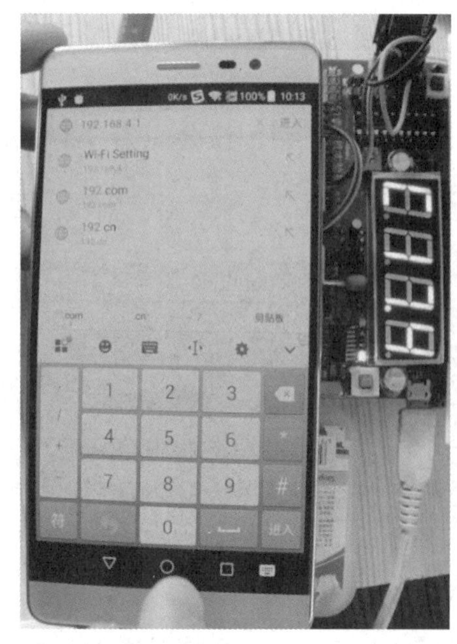

图 3-79　输入 IP 地址“192.168.4.1”

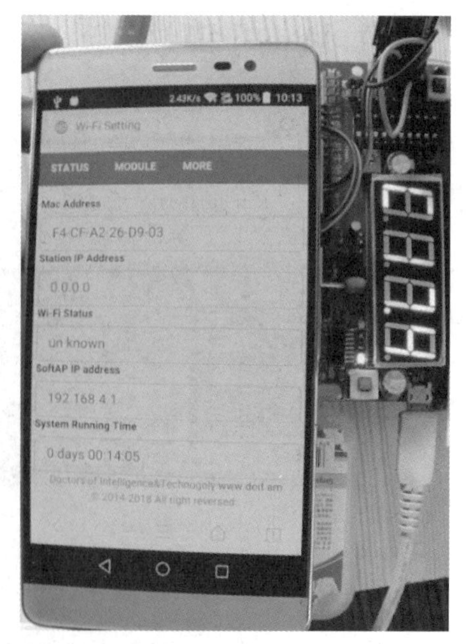

图 3-80　Wi-Fi 模块设置页面

在图 3-80 所示页面中点击“MODULE”菜单，弹出其子菜单，如图 3-81 所示。点击其中的“Serial”子菜单，进入模块的串口设置页面，如图 3-82 所示。

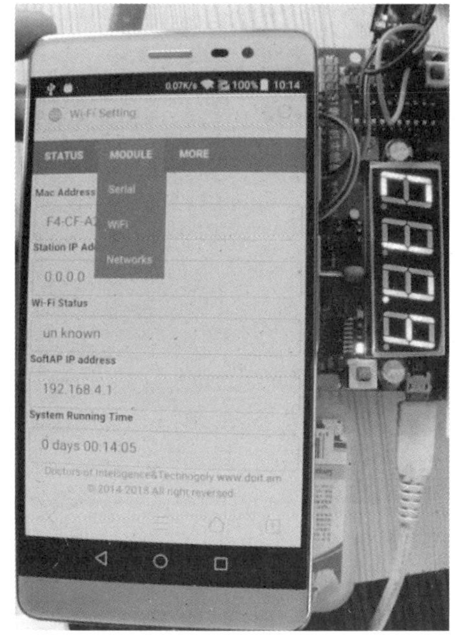

图 3-81　“MODULE”菜单的子菜单

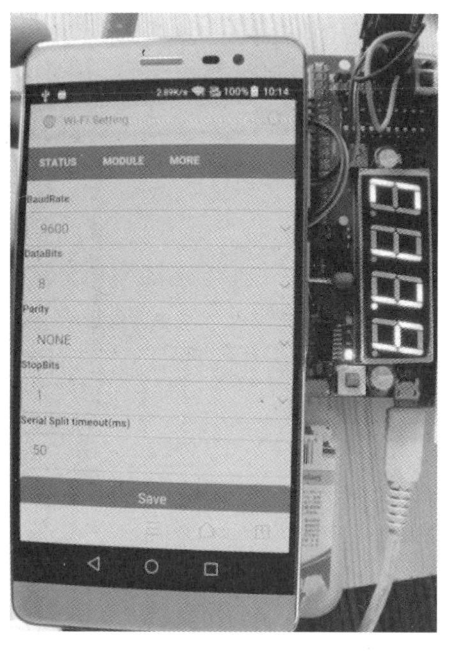

图 3-82　进入“Serial”子菜单

在图 3-82 中点击“BaudRate”（波特率）下拉列表，弹出波特率选值菜单，如图 3-83 所示。在该菜单中，点击“57600”选项，模块就返回图 3-84 所示页面。

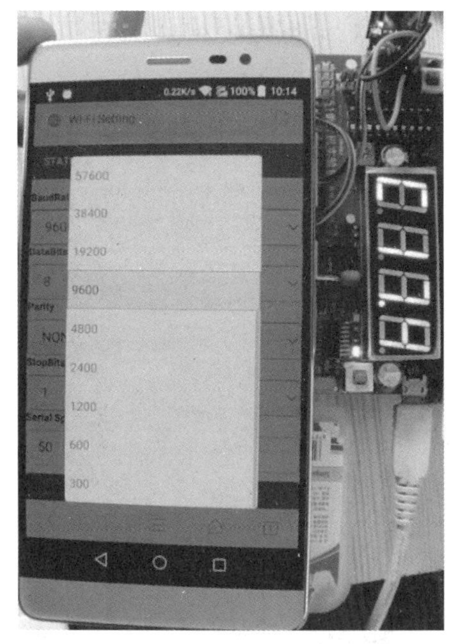

图 3-83　波特率选值菜单

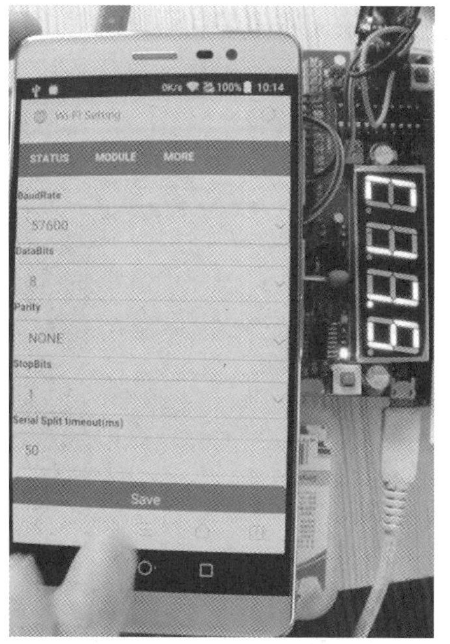

图 3-84　选择“57600”选项

在图 3-84 所示页面中，点击“Save”按钮，弹出保存成功返回页面，如图 3-85 所示。点击“Return”按钮，就完成了 Wi-Fi 模块的波特率设置。需要说明的是，凡在页面中点击了“Save”按钮后，都会弹出保存成功返回页面，都要点击“Return”按钮返回上一页面。

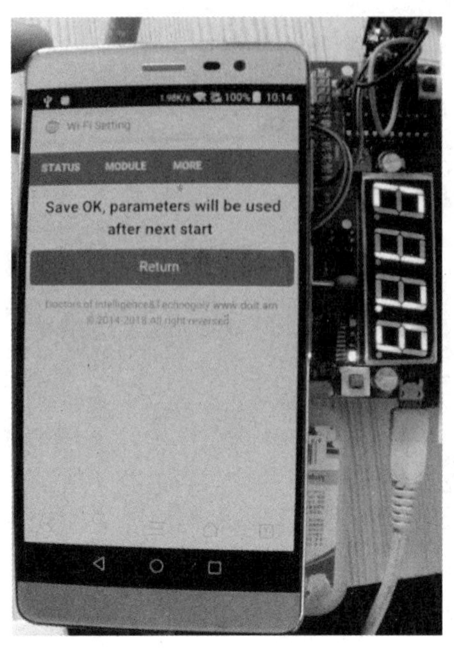

图 3-85 保存成功返回页面

退出 Wi-Fi 模块设置页面，再退出浏览器。把 Wi-Fi 模块断电后重新通电，其设置生效。

11.3 检测任务效果

重新通电后，先在手机 WLAN 设置中，确认 Wi-Fi 模块状态为“已连接”，然后运行在手机中安装的“WiFiApp”程序，进入图 3-86 所示的温度查询界面后，点击“温度查询”按钮两次，UI 界面中就会出现与单片机温度值相同的温度显示，如图 3-87 所示。

图 3-86 温度查询界面

图 3-87 与单片机温度值相同的温度显示

单元小结

1．AS 系统在新建手机 App 项目时自动创建三个文件，一个是主活动类文件 MainActivity.java，另一个是主布局文件 activity_main.xml，还有一个是注册文件 AndroidManifest.xml。在本书手机 App 开发中，就只对这三个文件进行代码的添加和修改。

2．主活动类文件 MainActivity.java 的作用是用来启动程序和加载 UI 界面及与用户交互，程序运行的入口是方法 onCreate()。由于启动程序的方法 onCreate()是在 MainActivity.java 类文件中定义的，因此主活动类也可称为主程序类。

3．主布局文件 activity_main.xml 的作用就是展示 UI 界面。UI 界面由若干个 UI 控件组成，UI 控件可分成两类，一类为功能控件，如文本框控件、文本编辑框控件、按钮控件等，另一类为容器（布局）控件，容器控件本身没有直接与用户交互的功能，是用来容纳（布局）功能性控件的。

4．注册文件 AndroidManifest.xml 的作用主要是为活动（Activity）注册，另外还要为使用网络蓝牙等功能申请许可，只有获得注册及许可后，程序才能运行，器件才能使用。

5．要尽可能使用 AS 系统的智能代码提示和智能代码补全功能来输入程序代码。

6．在布局文件中的代码输入主要为添加 UI 控件和添加 UI 控件的属性。添加 UI 控件时输入左尖括号和控件名首字母，然后在弹出的代码选择框中单击所需的控件名选项，此时 AS 系统还会立即给出控件宽度和高度的属性值选择框，对于控件其他属性的代码，在空行光标的缩进位置上输入“a”，并在立即弹出的关于“a”的代码选择框中，单击属性前缀“android:”选项，输入属性名的首字母，在弹出的代码选择框中单击属性名选项，然后输入或选择属性值即可。

7．在类文件中的代码输入主要为处理语句的输入，每条语句由若干个标识符组成。输入代码时标识符不要手动输入完整标识符名称，而要输入该标识符的首字母，然后再从弹出的代码选择框中单击所需的标识符选项，这样，当使用这个标识符而需要导入一个类时，系统就会自动在前面添加导入这个类的导入语句，如果不是从代码选择框中选择标识符而是手动输入整个标识符名称，系统就不会自动添加导入语句。自己添加导入语句比较麻烦且容易出错。

8．TcpSocket 网络通信类定义主要包括接收线程 receiveThread 定义，以及向指定 IP 地址和端口发送数据的 sendMesage()的方法定义。接收线程 receiveThread 在 sendMesage()的方法中被启动，而 sendMesage()的方法在类的外部被调用。

9．在主活动类 MainActivity 中，添加了两个文本框对象 temp、hehum 的定义和一个网络通信对象 tcpSocket 的定义，用匿名内部类方式创建了组织者对象 handler，并在类的实现方法中对分线程发来的消息进行处理，以显示单片机上的实时温度值。

10．在主活动类 MainActivity 中，还添加了 update()方法、sendMessage()方法和 wdf()方法的定义。

11．在注册文件 AndroidManfest.xml 中，添加了 INTERNET 和 WAKE_LOCK 许可。

12．在新购 Wi-Fi 模块的配置中将波特率修改为 57600。

13．规定：①手机 App 发送 4byte 数据，第 1byte 用 0x02 作为双方沟通的口令，第 2byte 用 0xff 作为温度查询的口令，第 3 和第 4byte 与口令无关；②单片机程序中首先用 if 语句检查，沟通口令为 0x02 时才进行口令检查，口令检查为 0xff 时才设置温度数据发送标志，从而用 Wi-Fi 模块发送实时温度数据。

14．手机 App 程序中方法间的调用路线图如图 3-88 所示。

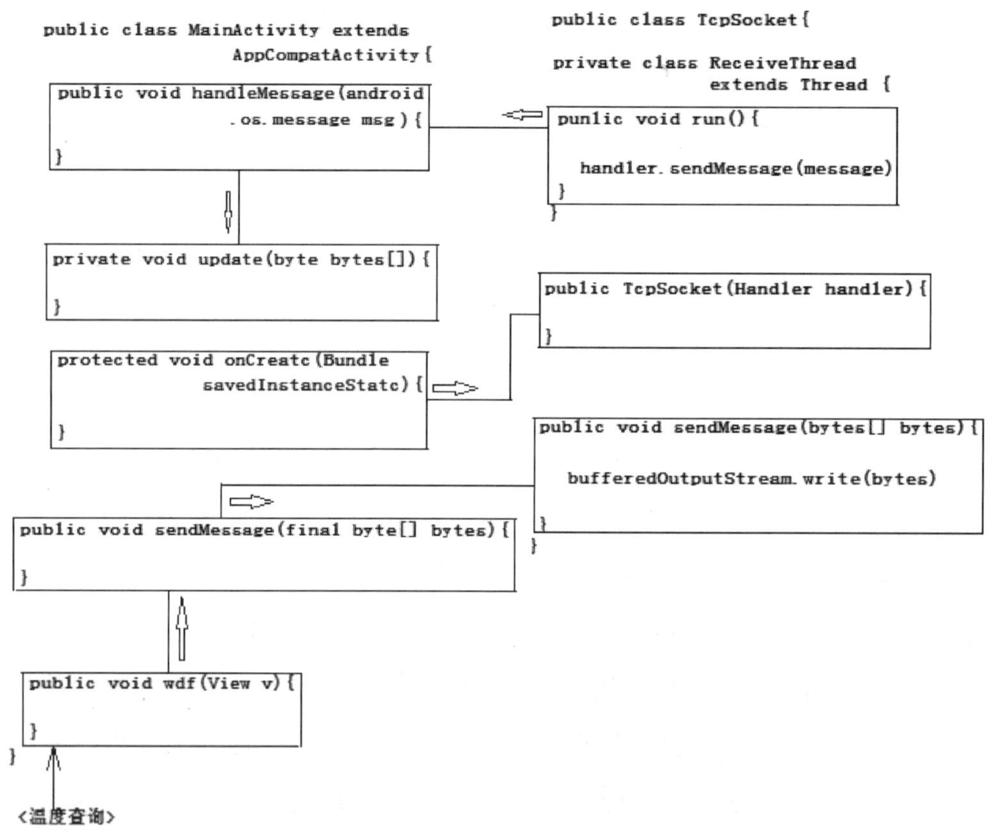

图 3-88　手机 App 程序中方法间的调用路线图

习　题

一、填空

1．在新建手机 App 项目时都采用 AS 系统给出的默认选择，系统会为 AS 编程者创建出三个必不可少的编程文件，其中扩展名为“.java”的是____________________文件，它的作用是____________________；扩展名为“.xml”的是____________________文件，它的作用是__________________；另一个扩展名为“.xml”的是__________________文件，它的作用是______________________________。

2. 布局文件中的 UI 控件分为功能控件和容器控件两类。功能控件的作用是__________，它的结尾标记是__________________；容器控件的作用是___________________，它的结尾标记是______________________。

3. 在布局文件中添加 UI 控件的基本步骤：首先输入左尖括号和_________首字母，然后在关于该字母的代码选择框中单击___________，接着在自动弹出的两行代码中处理这个控件的值和_______________值。

4. 给 UI 控件添加其他属性的步骤：首先将光标定位于控件的结尾标记处，敲回车键，在产生空行的光标缩进位置上输入“a”，然后在弹出的关于“a”的代码选择框中单击属性前缀_______________标记，再输入属性名的首字母，在弹出的关于该字母的代码选择框中单击所需的属性名选项，最后在 AS 系统补上的双引号中，输入或选择属性值。

5. 手机 App 项目中的_______文件都由 Java 语言编写，Java 代码由若干标识符组成，在输入各标识符时，都只输入该标识符的首字母，然后在弹出的关于该字母的代码选择框中，单击__________即可。这样输入还有个特点，就是当使用这个_________而必须导入一个类时，AS 系统会自动在类代码的前面用____________________语句来导入。

6. Java 语言中的“方法”概念等同于 C 语言中的“函数”概念，但 Java 语言中的“方法”只能在 Java 的______________中定义，因此__________是 Java 语言中的最小单位。

7. 手机 App 项目程序运行的入口是____________________类中的_______________方法。

8. 在任务 9 所定义的 TcpSocket 网络通信类中，用 class 关键字定义了内部类__________________，这个内部类定义时还使用了___________________关键字，用以表明它继承了线程___________，这个线程的作用是向主线程发送_______。这个线程的启动是调用线程对象的方法。

9. 线程的特点：其线程体的_________方法代码，可以与_________同时运行。

10. 在任务 9 所定义的 TcpSocket 网络通信类中，还定义了 sendMesage()方法，这个方法的形参是____________________________，这个方法的功能是将所接收形参数据发送给指定的________________________________。

11. 套接字 Socket 类是用于网络通信的类，在 sendMesage()方法中，就是用套接字对象 Socket 的_________________________方法，来建立网络输出流以输出形参所传数据；在 receiveThread 线程中，就是用套接字对象 Socket 的_____________________方法，来建立网络输入流以接收套接字对象 Socket 中的输入流数据。

12．手机 App 向单片机系统查询实时温度的运作展开步骤：①点击手机 App 中 UI 界面上的________________按钮，触发对应的事件监听方法为________________；②流程进入监听方法中，首先新建一个关于温度查询的字节型数组 bytes，再用 bytes 作为实参去调用主活动类中的________________________方法；③流程进入____________________后，直接创建并启动线程，在线程中用形参数组作实参去调用网络通信对象的____________________方法；④流程进入___________________________方法后，将其接收的形参数组，用缓冲字节输出流输出到指定 IP 地址和端口；⑤绑定 IP 地址和端口的套接字数据流被___________接收；⑥单片机程序分析出关于______________的口令后，就将实时温度数据串口发送到绑定 IP 地址和端口的套接字对象；⑦手机 App 程序中的______________线程将绑定 IP 地址和端口的套接字数据输入流发送给_____________；⑧_____________中的 handleMessage()方法将收到的数据转换成数组，并用该数组作实参调用方法；⑨_______________________方法的功能就是将 UI 界面中的温度显示进行实时更新。

二、问答

1．WiFiApp 项目程序运行时共有几个线程在同时运行？这几个线程的作用分别是什么？

2. WiFiApp 项目中消息是从何处发送？消息在何处被接收？消息是什么内容？收到的消息怎样处理？

3．在 TcpSocket 网络通信类中定义了 receiveThread 线程和 sendMesage()方法，该线程在何处被启动？该方法是在何处被调用？

4．手机 App 和单片机程序在温度实时显示中双方代码是怎样衔接配合的？

单元 4　用手机 App 操控 6 路继电器

任务 12　在手机 App 中添加 2 路继电器控制功能

12.1　添加第 2 个内层线性布局控件

在 AS 编程界面上打开布局文件，将光标定位于第 46 行代码末，敲回车键，光标跳到第 47 行第 5 列，输入左尖括号和“L”后，完成第 47～53 行代码的输入，如图 4-1 所示。

```
47    <LinearLayout
48        android:layout_width="wrap_content"
49        android:layout_height="wrap_content"
50        android:orientation="horizontal"
51        android:gravity="center">
52        
53    </LinearLayout>
```

图 4-1　添加第 2 个内层线性布局控件

12.2　在第 2 个内层线性布局控件中添加 4 个按钮控件

在光标定位于第 52 行第 9 列，输入左尖括号和“B”后，完成第 52～58 行代码的输入，如图 4-2 所示。

```
52        <Button
53            android:layout_width="80dp"
54            android:layout_height="80dp"
55            android:textColor="#ff0000"
56            android:textSize="20dp"
57            android:text="电器一关"
58            android:onClick="off1"/>
59    </LinearLayout>
```

图 4-2　在第 2 个内层线性布局控件中添加第 1 个按钮控件

将第 52～58 行代码选中并进行复制，如图 4-3 所示。

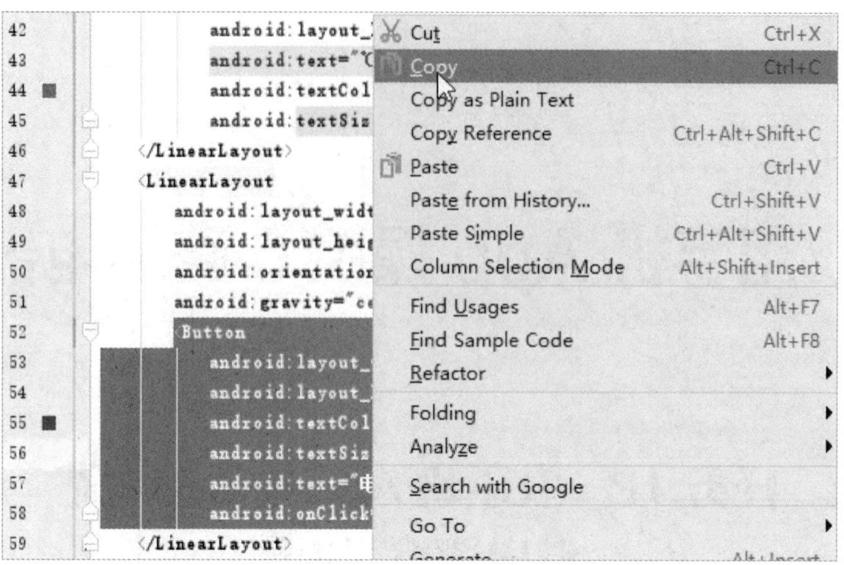

图 4-3　复制第 2 个内层线性布局控件中的第 1 个按钮控件代码

将光标定位于第 58 行代码末，敲回车键，光标跳到第 59 行，进行粘贴，将第 64 行代码的文本属性值改为“电器一开”，第 65 行代码的响应属性值改为“on1”，如图 4-4 所示。

图 4-4　完成第 2 个按钮控件的粘贴和修改

将第 52～65 行代码选中并进行复制，如图 4-5 所示。

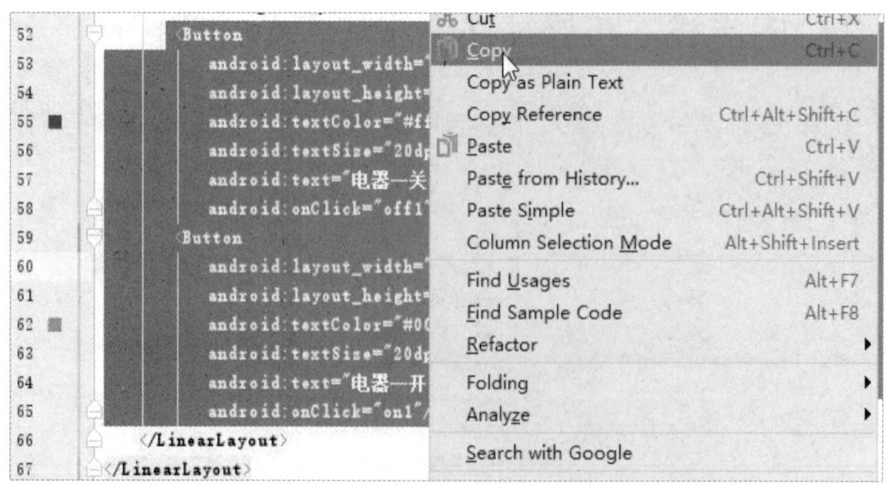

图 4-5　复制第 1、2 个按钮控件的 14 行代码

将光标定位于第 65 行代码末，敲回车键，光标跳到第 66 行，进行粘贴，然后对粘贴得到

的第 3、4 个按钮控件的文本属性值和响应属性值进行修改，如图 4-6 所示。

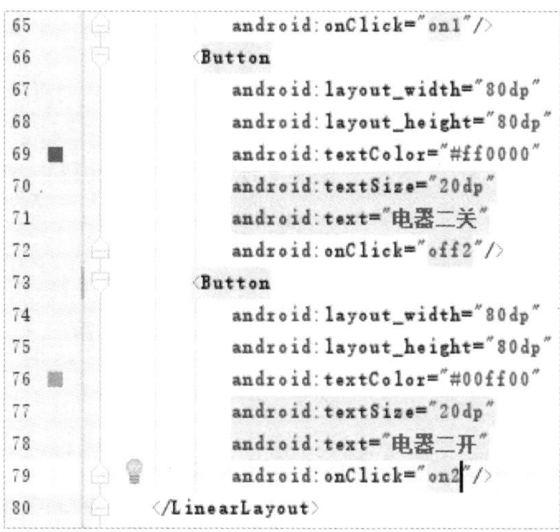

```
65            android:onClick="on1"/>
66        <Button
67            android:layout_width="80dp"
68            android:layout_height="80dp"
69            android:textColor="#ff0000"
70            android:textSize="20dp"
71            android:text="电器二关"
72            android:onClick="off2"/>
73        <Button
74            android:layout_width="80dp"
75            android:layout_height="80dp"
76            android:textColor="#00ff00"
77            android:textSize="20dp"
78            android:text="电器二开"
79            android:onClick="on2"/>
80    </LinearLayout>
```

图 4-6　粘贴第 3、4 个按钮控件后修改其属性值

12.3　在主活动类中添加 4 个按钮控件的响应方法

在布局文件中完成添加 4 个按钮控件的代码后，打开主活动类文件 MainActivity.java，将光标定位于第 75 行代码末，敲两次回车键，完成第 77～81 行的 off1()方法定义，如图 4-7 所示。

```
73            bytes=new byte[]{0x02,(byte)0xff,(byte)0xee,(byte)0xdd};
74            sendMessage(bytes);
75        }
76
77        public void off1(View v){
78            byte bytes[]=null;
79            bytes=new byte[]{0x02,0x03,0x03,0x03};
80            sendMessage(bytes);
81        }
82    }
```

图 4-7　完成第 77～81 行的 off1()方法定义

选中 off1()方法定义的全部代码并进行复制，如图 4-8 所示。

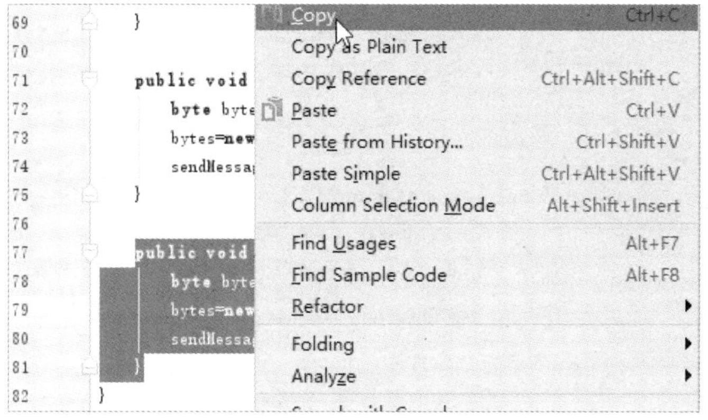

图 4-8　将第 77～81 行的代码进行复制

将光标定位于第 81 行代码末，敲两次回车键后粘贴，再修改第 83 行的方法名和第 85 行数组中后 3 个元素值，如图 4-9 所示。

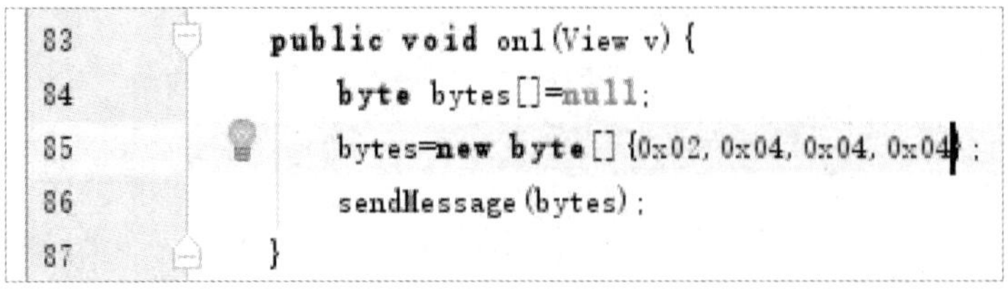

```
83      public void on1(View v){
84          byte bytes[]=null;
85          bytes=new byte[]{0x02, 0x04, 0x04, 0x04};
86          sendMessage(bytes);
87      }
```

图 4-9 粘贴并修改后得到的 on1()方法

选中第 77～87 行共 11 行代码并进行复制，如图 4-10 所示。

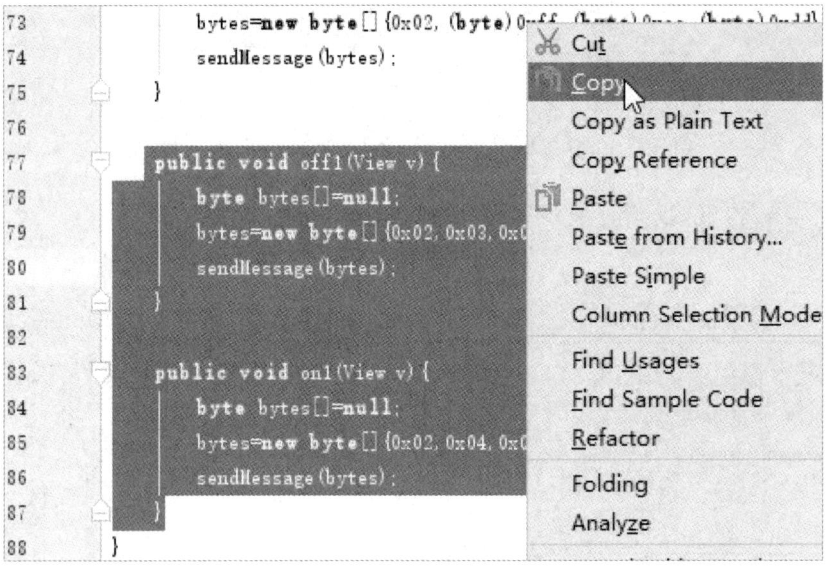

```
73          bytes=new byte[]{0x02, (byte)0
74          sendMessage(bytes);
75      }
76
77      public void off1(View v){
78          byte bytes[]=null;
79          bytes=new byte[]{0x02, 0x03, 0x0
80          sendMessage(bytes);
81      }
82
83      public void on1(View v){
84          byte bytes[]=null;
85          bytes=new byte[]{0x02, 0x04, 0x0
86          sendMessage(bytes);
87      }
88  }
```

Cut
Copy
Copy as Plain Text
Copy Reference
Paste
Paste from History...
Paste Simple
Column Selection Mode
Find Usages
Find Sample Code
Refactor
Folding
Analyze

图 4-10 选中 off1()、on1()两个方法的代码并进行复制

将光标定位于第 87 行代码末，敲两次回车键后粘贴，将粘贴所得的代码进行方法名和数组元素值的修改，如图 4-11 所示。

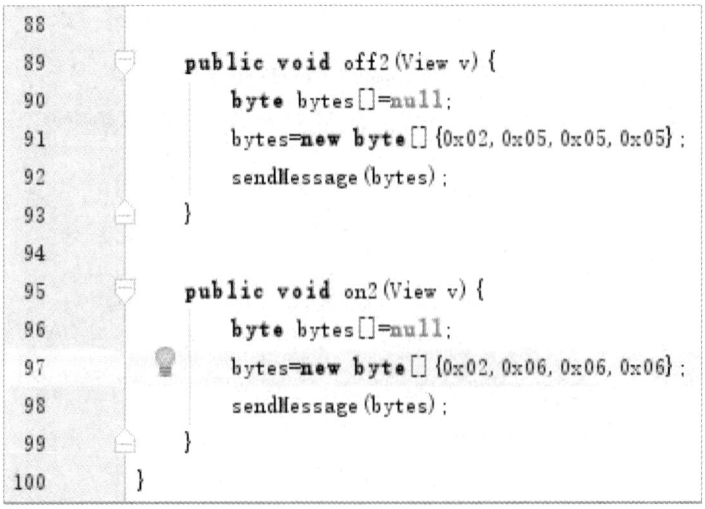

```
88
89      public void off2(View v){
90          byte bytes[]=null;
91          bytes=new byte[]{0x02, 0x05, 0x05, 0x05};
92          sendMessage(bytes);
93      }
94
95      public void on2(View v){
96          byte bytes[]=null;
97          bytes=new byte[]{0x02, 0x06, 0x06, 0x06};
98          sendMessage(bytes);
99      }
100 }
```

图 4-11 粘贴并修改后得到的 off2()、on2()方法

12.4　检测任务效果

单击菜单栏上的“Run”菜单，把修改后的程序加载至手机，添加的 4 个按钮已出现在手机 UI 界面上，如图 4-12 所示。

```
    }

    public void off1(View v) {
        byte bytes[]=null;
        bytes=new byte[] {0x02, 0x03, 0x03, 0x03};
        sendMessage(bytes);
    }

    public void on1(View v) {
        byte bytes[]=null;
        bytes=new byte[] {0x02, 0x04, 0x04, 0x04};
        sendMessage(bytes);
    }

    public void off2(View v) {
        byte bytes[]=null;
        bytes=new byte[] {0x02, 0x05, 0x05, 0x05};
        sendMessage(bytes);
    }

    public void on2(View v) {
        byte bytes[]=null;
        bytes=new byte[] {0x02, 0x06, 0x06, 0x06};
        sendMessage(bytes);
```

图 4-12　添加的 4 个按钮出现在手机 UI 界面上

任务 13　在单片机中添加 2 路继电器受控代码

扫码观看视频

13.1　定义 8 路继电器的位寻址变量

进入单片机项目编程界面后，将光标定位于第 12 行代码末，敲回车键，输入第 13～20 行代码，如图 4-13 所示。

```
12 sbit ds=P1^0;
13 sbit aa=P1^1;
14 sbit bb=P1^2;
15 sbit cc=P1^3;
16 sbit dd=P1^4;
17 sbit ee=P1^5;
18 sbit ff=P1^6;
19 sbit gg=P1^7;
20 sbit hh=P3^7;
21
```

图 4-13　定义 8 路继电器的位寻址变量

将光标定位于第 191 行代码末，敲回车键，为 8 个位变量赋值，如图 4-14 第 192 行代码所示。

```
191   int x,y;
192   aa=1;bb=1;cc=1;dd=1;ee=1;ff=1;gg=1;hh=1;
```

图 4-14　为 8 个位变量赋值

13.2　在 switch 语句中添加 2 路继电器的受控代码

将光标定位于第 217 行代码末，敲回车键，输入第 218～225 行代码，如图 4-15 所示。

```
215         switch(Buf[1]){
216           case 0xff:Sign=1;
217                     break;
218           case 0x04:aa=0;
219                     break;
220           case 0x03:aa=1;
221                     break;
222           case 0x06:bb=0;
223                     break;
224           case 0x05:bb=1;
225                     break;
226         }
```

图 4-15　在 switch 语句中添加 2 路继电器的受控代码

13.3　检测任务效果

保存、编译链接、运行程序，用手机 App 实现对 2 路继电器的控制，如图 4-16 所示。

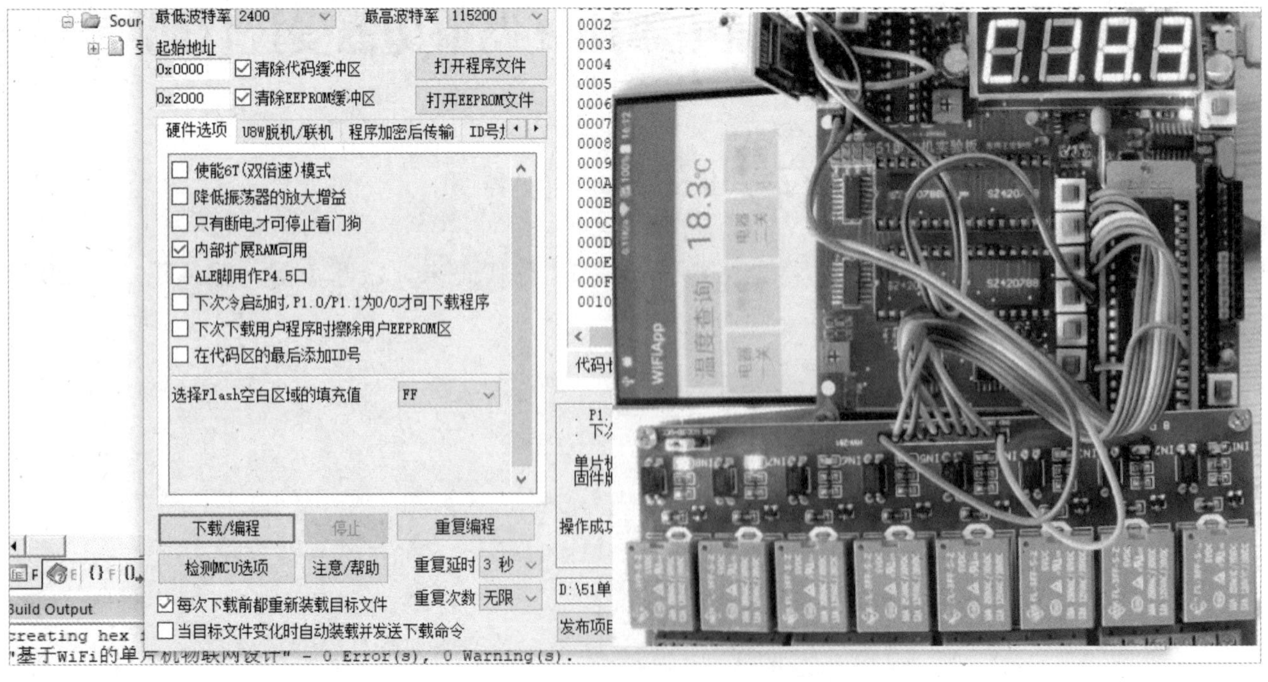

图 4-16　用手机 App 实现对 2 路继电器的控制

任务 14　在单片机中添加 4 路继电器受控代码

扫码观看视频

14.1　在 switch 语句中添加 4 路继电器受控代码

在前面已有 2 路继电器受控代码的 switch 语句中再添加 4 路继电器的受控代码就非常简单了，语句格式与之类似。进入单片机项目编程界面后，将光标定位于第 225 行代码末，敲回车键，光标跳到第 226 行，完成第 226～241 行代码的输入，如图 4-17 所示。

```
224            case 0x05:bb=1;
225                      break;
226            case 0x08:cc=0;
227                      break;
228            case 0x07:cc=1;
229                      break;
230            case 0x0a:dd=0;
231                      break;
232            case 0x09:dd=1;
233                      break;
234            case 0x0c:ee=0;
235                      break;
236            case 0x0b:ee=1;
237                      break;
238            case 0x0e:ff=0;
239                      break;
240            case 0x0d:ff=1;
241                      break;
```

图 4-17　在 switch 语句中添加 4 路继电器受控代码

14.2　检测任务效果

到此，就完成了在 switch 语句中添加 4 路继电器受控代码。保存、编译链接、运行程序，以检测程序的正确性，为手机 App 操控这 4 路继电器做好先行准备。

任务 15　在手机 App 中添加 4 路继电器控制功能

扫码观看视频

15.1　在 UI 界面上添加 8 个按钮控件

进入 AS 编程界面后，单击布局文件标签，代码编辑区显示为布局文件的 XML 代码，选中第 47～80 行代码并进行复制，如图 4-18 所示。

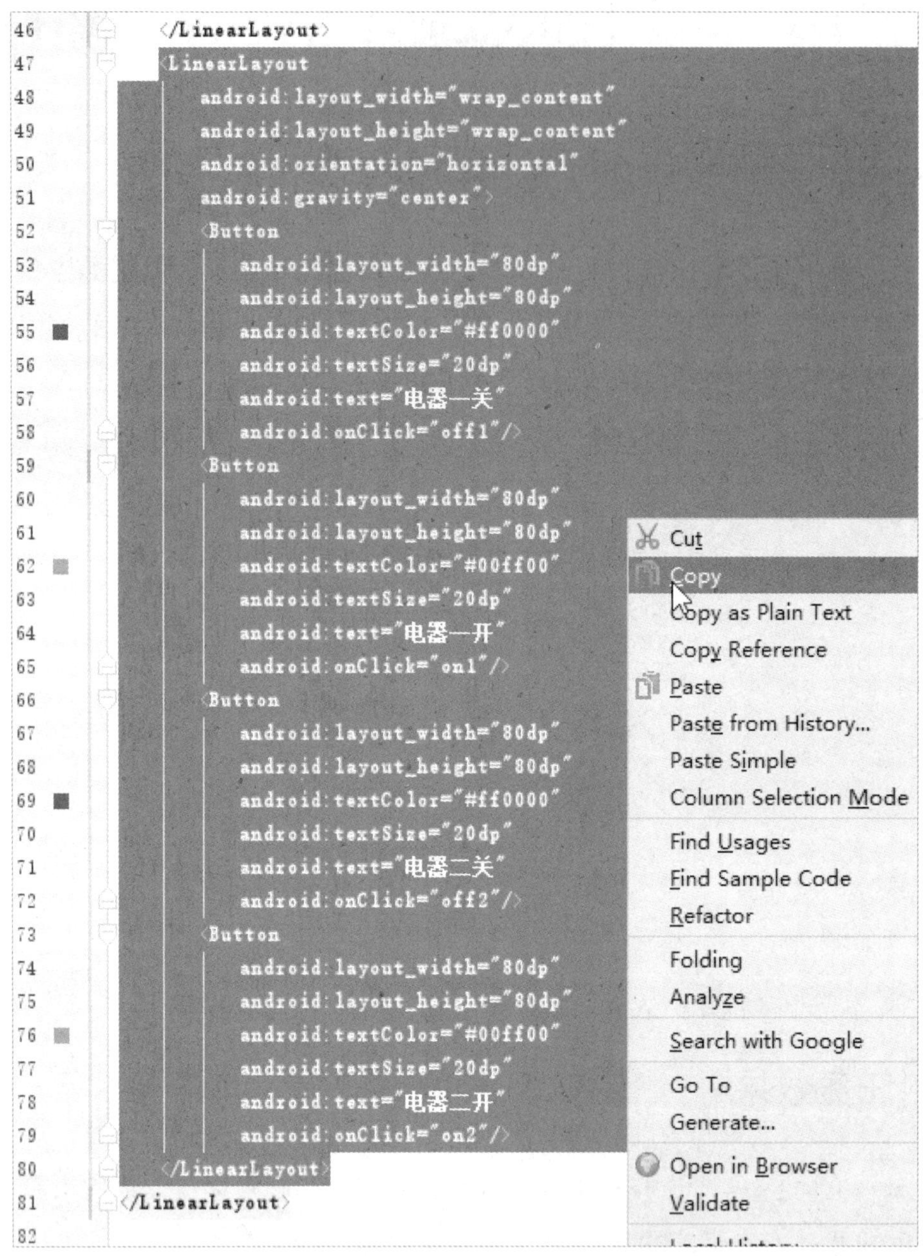

图 4-18　选中第 47～80 行代码并进行复制操作

将光标定位于第 80 行代码末，敲两次回车键，光标跳到第 82 行，进行粘贴。将第 92 行上的文本属性值“电器一关”改为“电器三关”，第 93 行上的响应属性值“off1”改为“off3”；将第 99 行上的文本属性值“电器一开”改为“电器三开”，第 100 行上的响应属性值“on1”改为“on3”。再将第 106 行上的文本属性值“电器二关”改为“电器四关”，第 107 行上的响应属性值“off2”改为“off4”；将第 113 行上的文本属性值“电器二开”改为“电器四开”，将第 114 行上的响应属性值“on2”改为“on4”，如图 4-19 所示。到此，就在 UI 界面上添加了第 2 排的 4 个按钮控件。

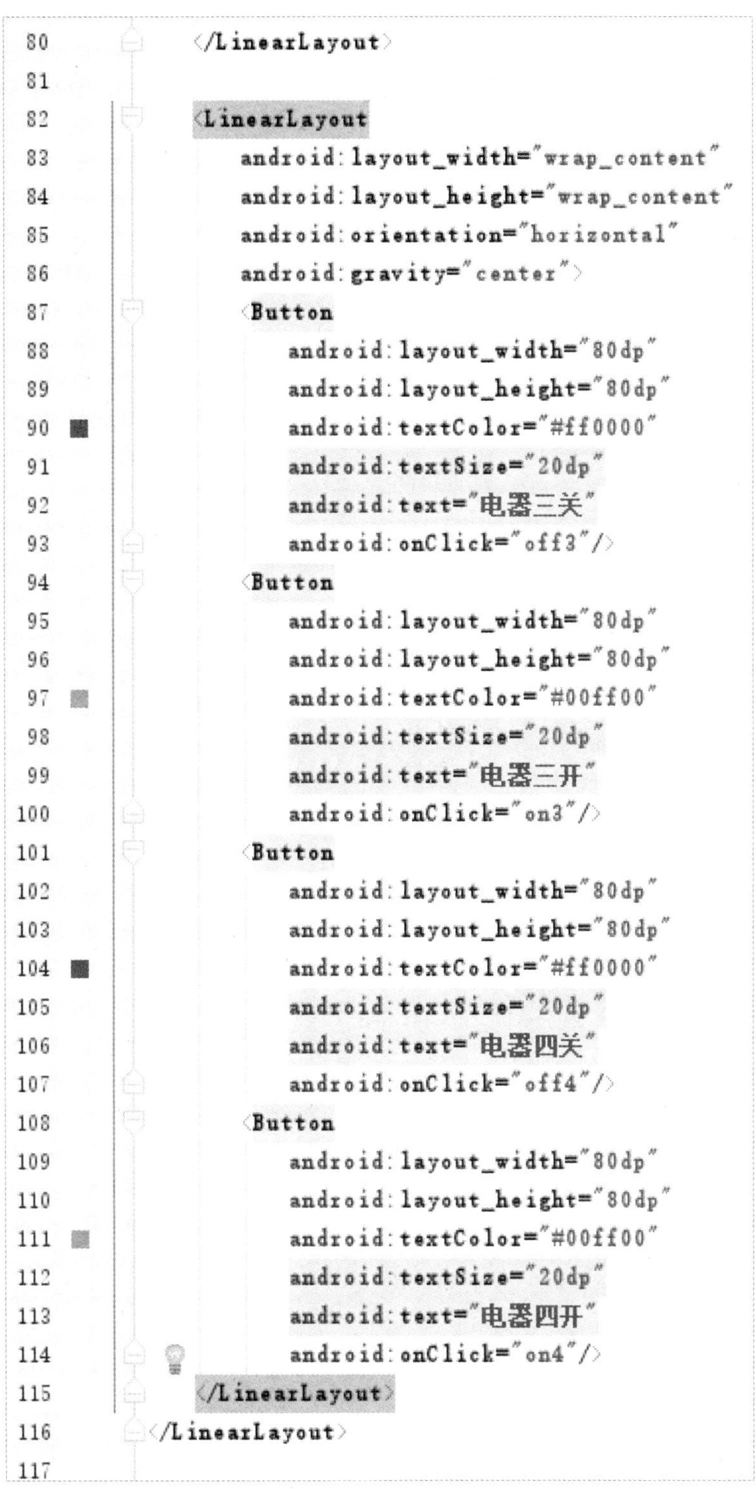

80 </LinearLayout>
81
82 <LinearLayout
83 android:layout_width="wrap_content"
84 android:layout_height="wrap_content"
85 android:orientation="horizontal"
86 android:gravity="center">
87 <Button
88 android:layout_width="80dp"
89 android:layout_height="80dp"
90 android:textColor="#ff0000"
91 android:textSize="20dp"
92 android:text="电器三关"
93 android:onClick="off3"/>
94 <Button
95 android:layout_width="80dp"
96 android:layout_height="80dp"
97 android:textColor="#00ff00"
98 android:textSize="20dp"
99 android:text="电器三开"
100 android:onClick="on3"/>
101 <Button
102 android:layout_width="80dp"
103 android:layout_height="80dp"
104 android:textColor="#ff0000"
105 android:textSize="20dp"
106 android:text="电器四关"
107 android:onClick="off4"/>
108 <Button
109 android:layout_width="80dp"
110 android:layout_height="80dp"
111 android:textColor="#00ff00"
112 android:textSize="20dp"
113 android:text="电器四开"
114 android:onClick="on4"/>
115 </LinearLayout>
116 </LinearLayout>
117

图 4-19　修改后的第 2 排 4 个按钮控件的文本属性值和响应属性值

第一次粘贴及有关修改完成后，将光标定位于第 115 行代码末，敲两次回车键，光标跳到第 117 行，进行粘贴。将第 127 行上的文本属性值“电器一关”改为“电器五关”，第 128 行上的响应属性值“off1”改为“off5”；将第 134 行上的文本属性值“电器一开”改为“电器五开”，第 135 行上的响应属性值“on1”改为“on5”。再将第 141 行上的文本属性值“电器二关”改为

“电器六关”，第 142 行上的响应属性值“off2”改为“off6”；将第 148 行上的文本属性值“电器二开”改为“电器六开”，第 149 行上的响应属性值“on2”改为“on6”，如图 4-20 所示。到此，就在 UI 界面上添加了第 3 排的 4 个按钮控件。

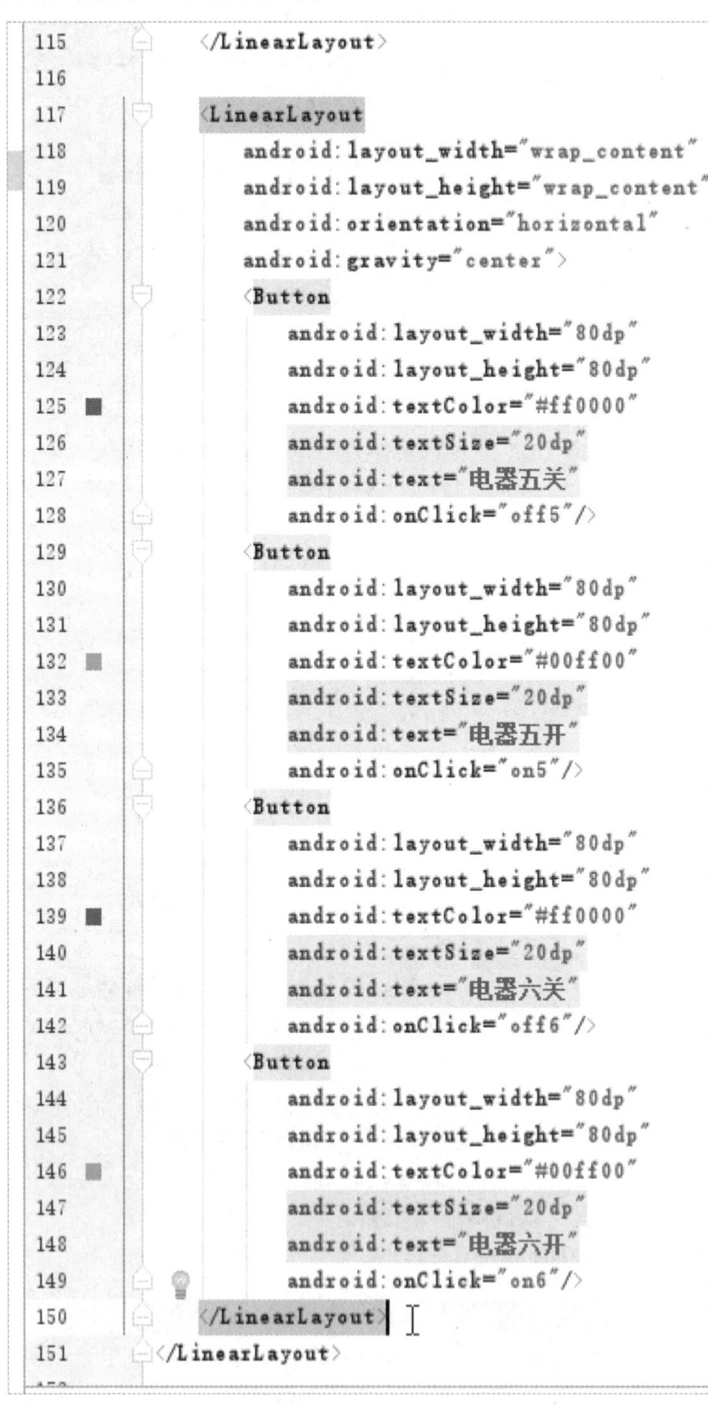

```
115        </LinearLayout>
116
117        <LinearLayout
118            android:layout_width="wrap_content"
119            android:layout_height="wrap_content"
120            android:orientation="horizontal"
121            android:gravity="center">
122            <Button
123                android:layout_width="80dp"
124                android:layout_height="80dp"
125                android:textColor="#ff0000"
126                android:textSize="20dp"
127                android:text="电器五关"
128                android:onClick="off5"/>
129            <Button
130                android:layout_width="80dp"
131                android:layout_height="80dp"
132                android:textColor="#00ff00"
133                android:textSize="20dp"
134                android:text="电器五开"
135                android:onClick="on5"/>
136            <Button
137                android:layout_width="80dp"
138                android:layout_height="80dp"
139                android:textColor="#ff0000"
140                android:textSize="20dp"
141                android:text="电器六关"
142                android:onClick="off6"/>
143            <Button
144                android:layout_width="80dp"
145                android:layout_height="80dp"
146                android:textColor="#00ff00"
147                android:textSize="20dp"
148                android:text="电器六开"
149                android:onClick="on6"/>
150        </LinearLayout>
151    </LinearLayout>
```

图 4-20　粘贴后修改第 3 排按钮的文本属性值和响应属性值

15.2　在主活动类中添加 8 个按钮控件的响应方法

单击主活动类文件标签，代码编辑区显示主活动类的 Java 代码，选中第 77～99 行代码并进行复制，如图 4-21 所示。

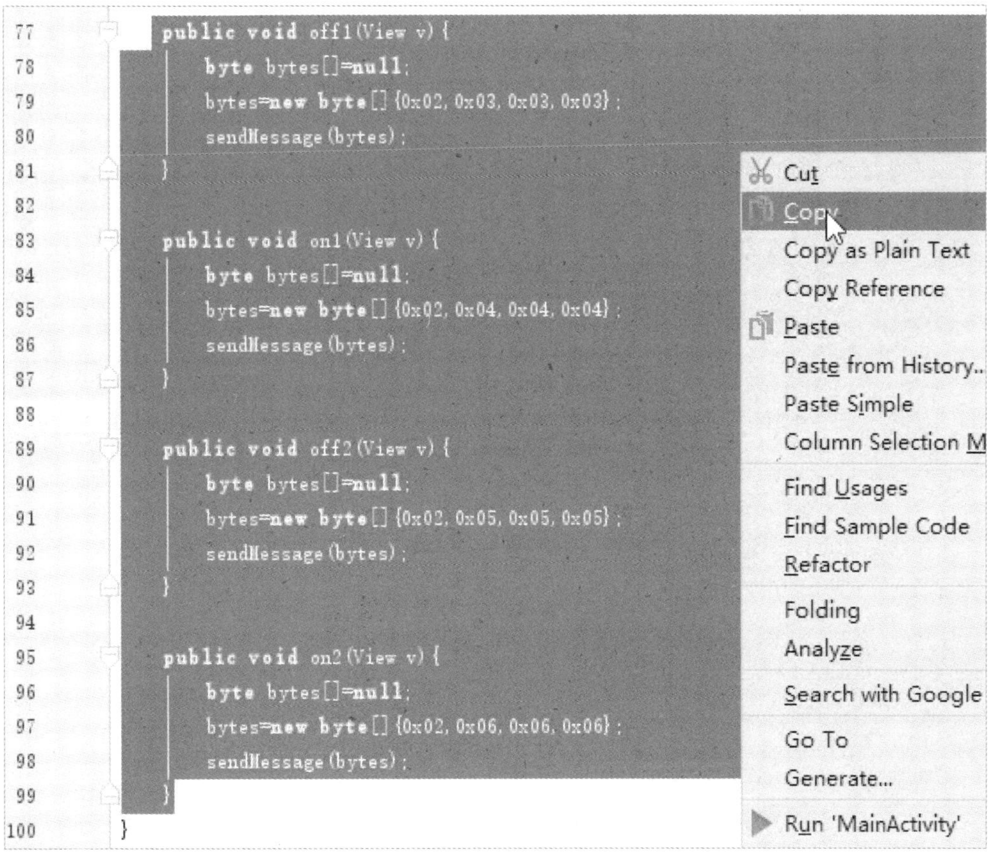

```
77      public void off1(View v) {
78          byte bytes[]=null;
79          bytes=new byte[] {0x02, 0x03, 0x03, 0x03};
80          sendMessage(bytes);
81      }
82
83      public void on1(View v) {
84          byte bytes[]=null;
85          bytes=new byte[] {0x02, 0x04, 0x04, 0x04};
86          sendMessage(bytes);
87      }
88
89      public void off2(View v) {
90          byte bytes[]=null;
91          bytes=new byte[] {0x02, 0x05, 0x05, 0x05};
92          sendMessage(bytes);
93      }
94
95      public void on2(View v) {
96          byte bytes[]=null;
97          bytes=new byte[] {0x02, 0x06, 0x06, 0x06};
98          sendMessage(bytes);
99      }
100 }
```

Cut
Copy
Copy as Plain Text
Copy Reference
Paste
Paste from History...
Paste Simple
Column Selection M
Find Usages
Find Sample Code
Refactor
Folding
Analyze
Search with Google
Go To
Generate...
Run 'MainActivity'

图 4-21　选中第 77～99 行代码并进行复制

将光标定位于第 99 行代码末，敲两次回车键，光标跳到第 101 行，进行粘贴。将第 101 行上的方法名“off1”改为“off3”，第 103 行大括号中的 4 个十六进制数{0x02,0x03,0x03,0x03}中的后 3 个“0x03”都改为“0x07”；将第 107 行上的方法名“on1”改为“on3”，第 109 行大括号中的 4 个十六进制数{0x02,0x04,0x04,0x04}中的后 3 个“0x04”都改为“0x08”；将第 113 行上的方法名“off2”改为“off4”，第 115 行大括号中的 4 个十六进制数{0x02,0x05,0x05,0x05}中的后 3 个“0x05”都改为“0x09”；将第 119 行上的方法名“on2”改为“on4”，第 121 行大括号中的 4 个十六进制数{0x02,0x06,0x06,0x06}中的后 3 个“0x06”都改为“0x0a”，如图 4-22 所示。

将光标定于第 123 行代码末，敲两次回车键，光标跳到第 125 行，进行粘贴。将第 125 行上的方法名“off1”改为“off5”，第 127 行大括号中的 4 个十六进制数{0x02,0x03,0x03,0x03}中的后 3 个“0x03”都改为“0x0b”；将第 131 行上的方法名“on1”改为“on5”，第 133 行大括号中的 4 个十六进制数{0x02,0x04,0x04,0x04}中的后 3 个“0x04”都改为“0x0c”；将第 137 行上的方法名“off2”改为“off6”，第 139 行大括号中的 4 个十六进制数{0x02,0x05,0x05,0x05}中的后 3 个“0x05”都改为“0x0d”；将第 143 行上的方法名“on2”改为“on6”，第 145 行大括号中的 4 个十六进制数{0x02,0x06,0x06,0x06}中的后 3 个“0x06”都改为“0x0e”，如图 4-23 所示。

```java
    public void off3(View v) {
        byte bytes[]=null;
        bytes=new byte[]{0x02, 0x07, 0x07, 0x07};
        sendMessage(bytes);
    }

    public void on3(View v) {
        byte bytes[]=null;
        bytes=new byte[]{0x02, 0x08, 0x08, 0x08};
        sendMessage(bytes);
    }

    public void off4(View v) {
        byte bytes[]=null;
        bytes=new byte[]{0x02, 0x09, 0x09, 0x09};
        sendMessage(bytes);
    }

    public void on4(View v) {
        byte bytes[]=null;
        bytes=new byte[]{0x02, 0x0a, 0x0a, 0x0a};
        sendMessage(bytes);
    }
}
```

图 4-22　第 2 排 4 个按钮控件的响应方法的定义

```java

    public void off5(View v) {
        byte bytes[]=null;
        bytes=new byte[]{0x02, 0x0b, 0x0b, 0x0b};
        sendMessage(bytes);
    }

    public void on5(View v) {
        byte bytes[]=null;
        bytes=new byte[]{0x02, 0x0c, 0x0c, 0x0c};
        sendMessage(bytes);
    }

    public void off6(View v) {
        byte bytes[]=null;
        bytes=new byte[]{0x02, 0x0d, 0x0d, 0x0d};
        sendMessage(bytes);
    }

    public void on6(View v) {
        byte bytes[]=null;
        bytes=new byte[]{0x02, 0x0e, 0x0e, 0x0e};
        sendMessage(bytes);
    }
}
```

图 4-23　第 3 排 4 个按钮控件的响应方法的定义

15.3　检测任务效果

XML 代码和 Java 代码添加完成后，运行修改后的手机 App 程序，手机 App 程序可以管控单片机上 6 路继电器的开和关，如图 4-24 所示。

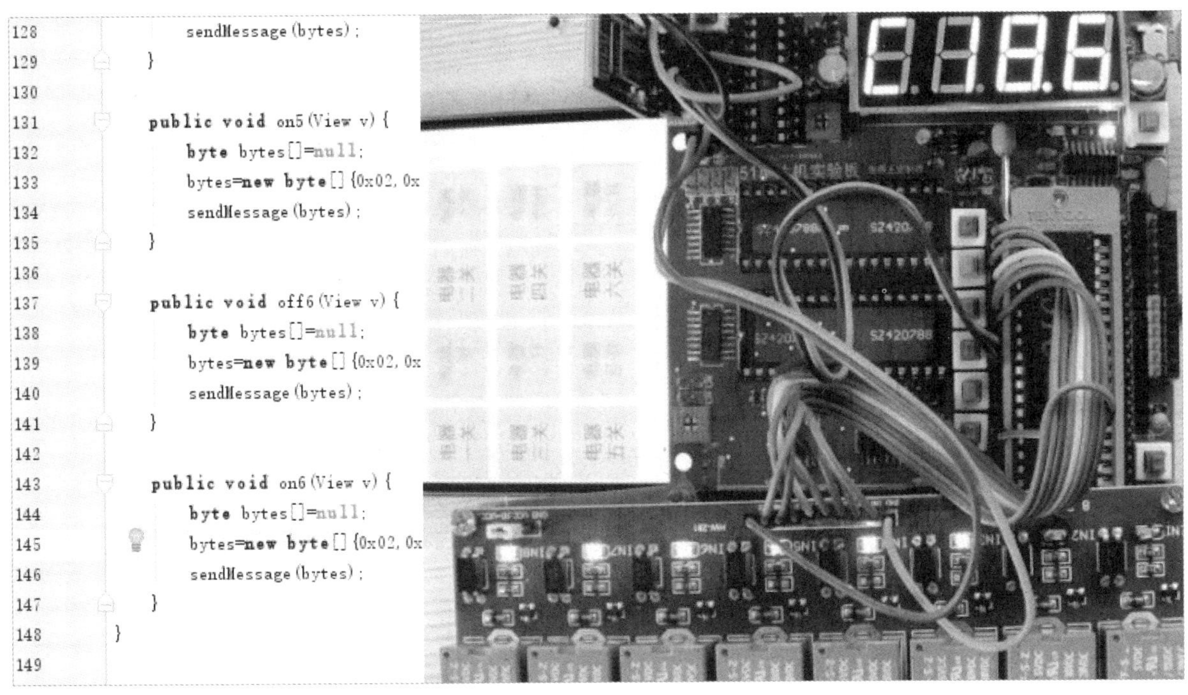

图 4-24　手机 App 管控单片机上的 6 路继电器

单元小结

1．为了保证继电器绝对受控，对每路继电器，都用单独的“开”“关”按钮进行操作。因此，用手机 App 操控 6 路继电器，就要在现有 UI 界面上添加 12 个按钮控件，为操控方便，对某个继电器“开”“关”的两个按钮控件并列左右，在手机 UI 界面上，每排可放置 4 个按钮控件，12 个按钮控件分成 3 排进行放置，每排需要 1 个线性布局组件来布局，每个线性布局组件的方向属性值为水平。添加这 12 个按钮控件和 3 个线性布局的 XML 代码时，应尽可能利用原有代码的复制、粘贴和修改来完成。

2．布局文件中添加了 12 个按钮控件，就需要在主活动类文件中相应添加 12 个按钮控件的响应方法，这 12 个响应方法都可用温度查询按钮控件的响应方法代码的复制、粘贴和修改来完成。

3．单片机程序中添加 6 路继电器的受控代码，首先定义用于控制 8 路继电器的位寻址变量，然后在主函数 main()中添加一行给这 8 个位寻址变量赋值 1 的 8 条语句，让 8 路继电器都断开（因为继电器电路板是低电平驱动），最后在以 Buf[1]为分支条件的 switch 语句中，插入 12 条带 break 语句的 case 分支，按约定的口令对位寻址变量赋值 0 或 1，从而接收手机 App 对继电器的“开”或“关”的口令。

具有温度查询和 6 路继电器操控功能的手机 App 程序中方法间的调用路线图如图 4-25 所示。

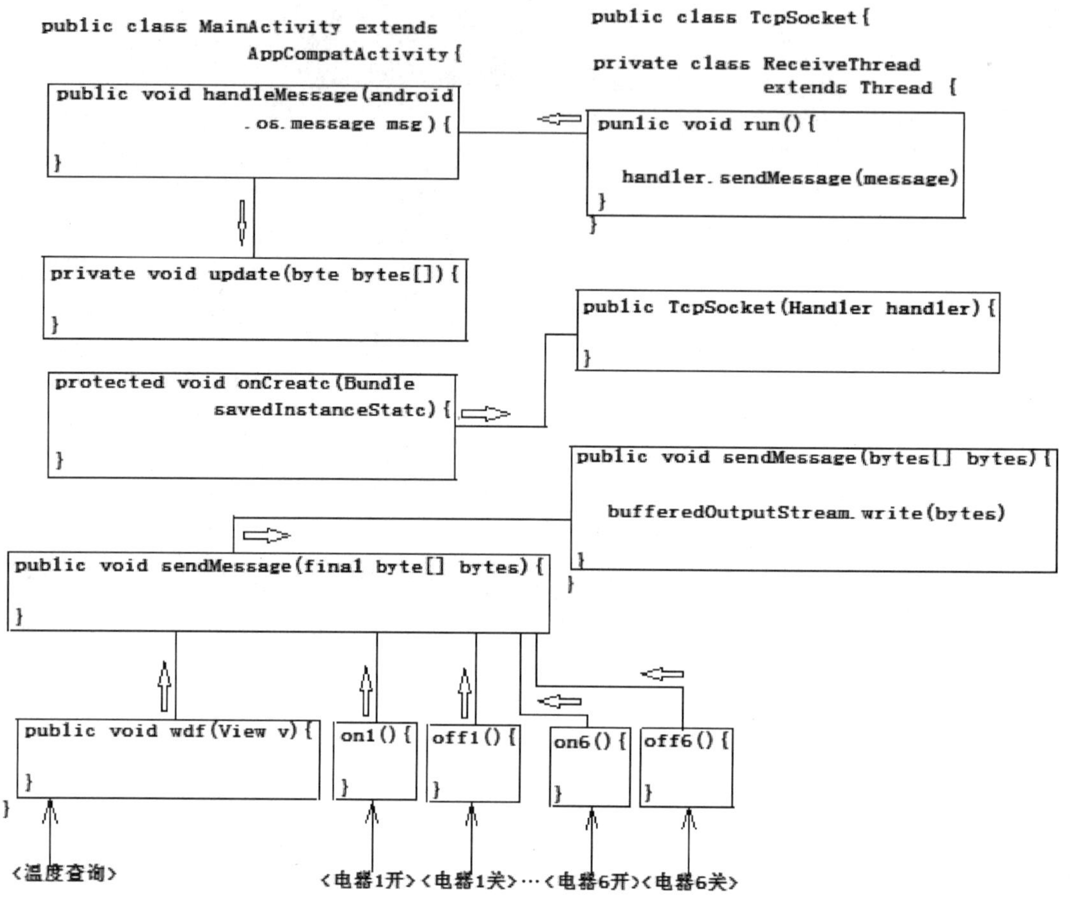

图 4-25　具有温度查询和 6 路继电器操控功能的手机 App 程序中方法间的调用路线图

习　题

一、简述

1．手机 App 对 6 路继电器的操控方案。要求对每路继电器，各用 1 个按钮控件分别进行“开”和“关”的操作。

2．手机 App 和单片机程序实现 6 路继电器的操控方案、实施要点、规定口令和口令的具体值。

单元 5　用手机 App 给单片机设定报警温度极值

任务 16　在单片机中添加温度处理代码

扫码观看视频

16.1　添加 tempa、tempb 变量定义

进入 Keil C51 编程界面，在第 23 行上，添加 tempa 和 tempb 变量的定义，如图 5-1 所示。这两个变量用来存储手机 App 发来的温度极值，其中 tempa 存储高温极值，tempb 存储低温极值。

```
22 uchar xsd=255,cla=0,clb=255;
23 uint temp,tempa,tempb;
24 uchar dataH,dataL;
```

图 5-1　添加 tempa、tempb 变量定义

16.2　添加高低温控制功能

将光标定位于第 66 行代码末，敲回车键，添加第 67～74 行代码，用这两条 if-else 语句，在数码管显示函数中实现对超欠温报警的相应处理，如图 5-2 所示。其中，第一条 if-else 语句用来处理超（高）温报警，第二条 if-else 语句用来处理欠（低）温报警。

```
66   gw=1;
67   if(temp>tempa)
68     gg=0;
69   else
70     gg=1;
71   if(temp<tempb)
72     hh=0;
73   else
74     hh=1;
75 }
```

图 5-2　在数码管显示函数中添加对超欠温报警的相应处理

将光标定位于第 200 行代码末，敲回车键，光标跳到第 201 行，添加对超欠温极值赋初值的赋值语句，如图 5-3 所示。需要说明的是，本系统为方便处理温度数据，用三位整数中的末位数来表示小数点后的第一位小数。例如，999 表示 99.9℃。

```
200  aa=1;bb=1;cc=1;dd=1;ee=1;ff=1;gg=1;hh=1;
201  tempa=999;tempb=111;
202  UART_init();
```

图 5-3　对超欠温极值赋初值

16.3　添加温度数据处理功能

将光标定位于第 234 行代码末，敲回车键，完成共 8 行代码的输入以在 switch 语句中添加温度数据处理，如图 5-4 所示。第 251～254 行代码把手机 App 发来的超温极值转化为单片机关于温度值的数据格式，从而为数码管显示函数末尾用于超温报警的 if-else 语句提供比较数据。第 255～258 行代码把手机 App 发来的欠温极值转化为单片机关于温度值的数据格式，从而为数码管显示函数末尾用于欠温报警的 if-else 语句提供比较数据。

```
250                 break;
251         case 0x0f:
252                 tempa=Buf[2]*10;
253                 tempa+=Buf[3];
254                 break;
255         case 0x10:
256                 tempb=Buf[2]*10;
257                 tempb+=Buf[3];
258                 break;
259     }
```

图 5-4　在 switch 语句中添加温度数据处理

16.4　检测任务效果

代码添加完成后，保存、编译链接、运行程序，检测程序的正确性，为后续任务做好准备。

任务 17　在手机 App 中添加高低温设控功能

扫码观看视频

17.1　在 UI 界面中添加高低温设控控件

进入 AS 编程界面后，打开主布局文件的 XML 代码显示，选中第 117～150 行代码并进行复制，如图 5-5 所示。

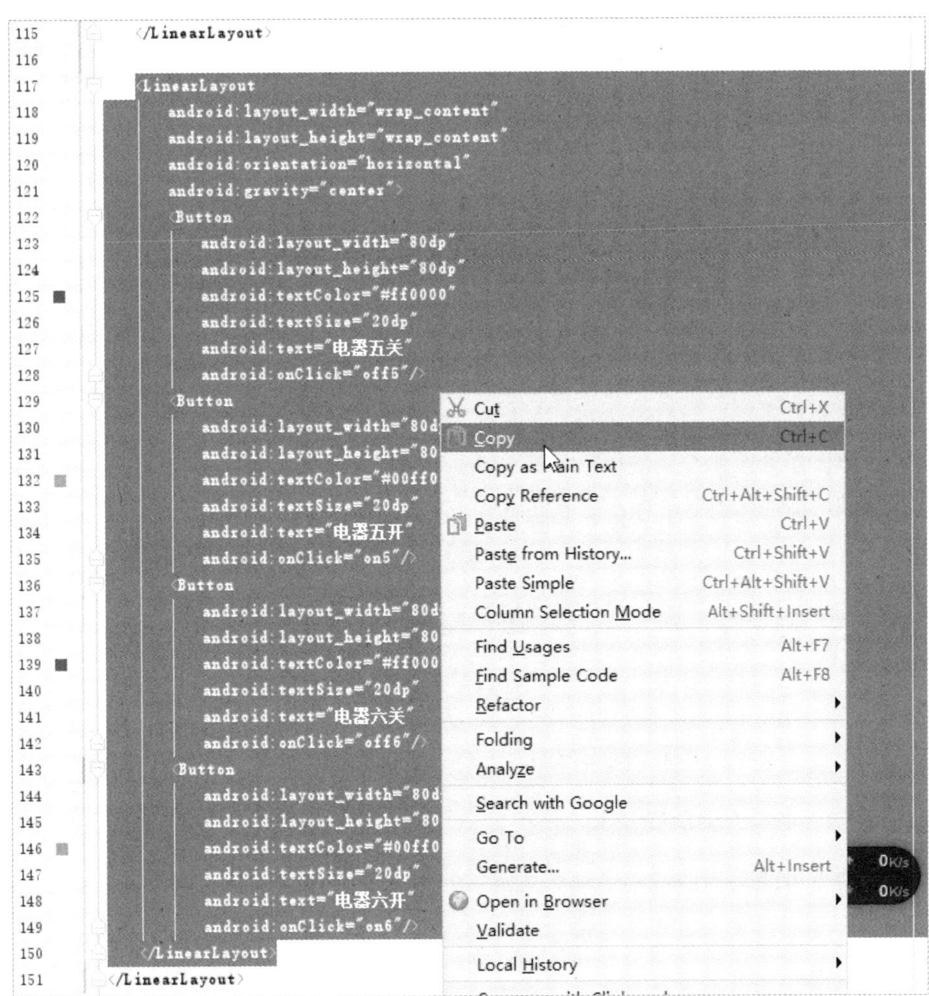

图 5-5　选中第 117～150 行代码并进行复制

将光标定位于第 150 行代码末，敲两次回车键，光标跳到第 152 行，进行粘贴。将粘贴所得代码中文本属性值为“电器五关”“电器五开”“电器六关”的这三个按钮控件删除，粘贴并修改后的代码如图 5-6 所示。

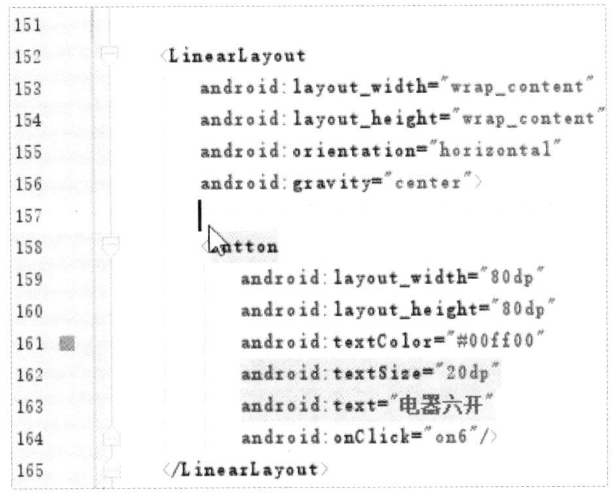

图 5-6　粘贴并修改后的代码

在光标处输入左尖括号和“T”，在弹出的控件选择框中单击“TextView”选项后，完成第 157～161 行代码的输入，如图 5-7 所示。

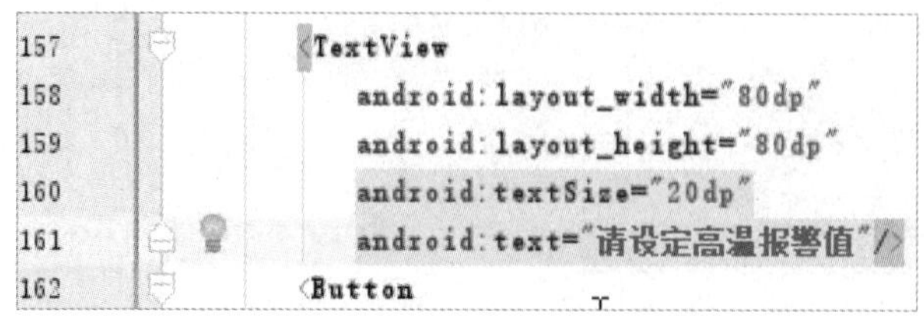

图 5-7　第 157～161 行代码

将光标定位于第 161 行代码末，敲回车键，光标跳到第 162 行，输入左尖括号和“E”，弹出代码选择框，如图 5-8 所示。

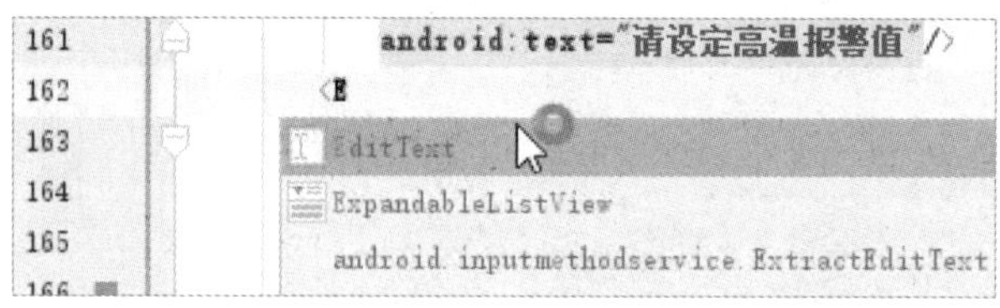

图 5-8　弹出关于“E”的代码选择框

单击文本编辑框控件，AS 系统立即补全文本编辑框控件标记并弹出控件的宽度和高度的属性值选择框，如图 5-9 所示。

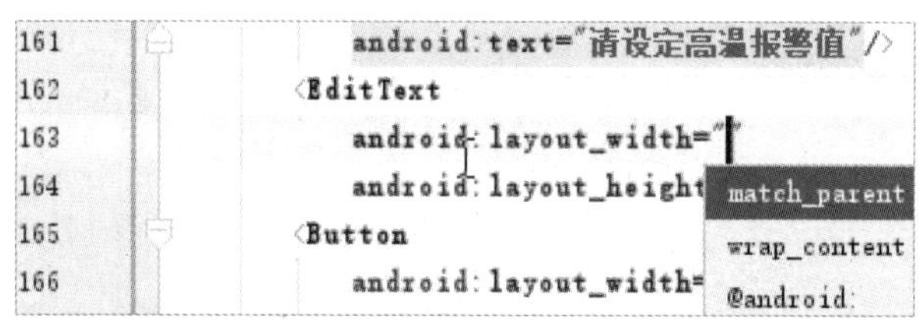

图 5-9　控件宽度和高度的属性值选择框

对文本编辑框控件的属性设置如图 5-10 中第 163～170 行代码所示。对这些属性的操作都是格式化操作，即先在光标缩进位置输入“a”，再于弹出的选择框中单击“android:”选项，然后输入属性名的首字母，最后选择或输入属性值。需要指出的是，属性名都应从选择框中进行单击选择，而不要输入完整属性名后输入“=”再进行属性值处理。

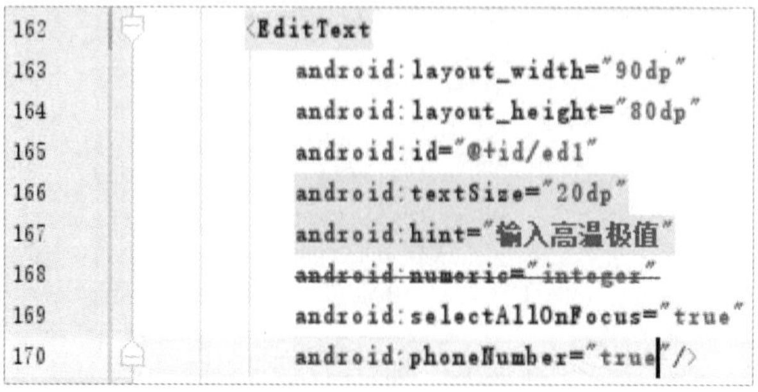

```
162  <EditText
163      android:layout_width="90dp"
164      android:layout_height="80dp"
165      android:id="@+id/ed1"
166      android:textSize="20dp"
167      android:hint="输入高温极值"
168      android:numeric="integer"
169      android:selectAllOnFocus="true"
170      android:phoneNumber="true"/>
```

图 5-10　添加文本编辑框控件的 XML 代码

下面对粘贴后保留的按钮控件进行两个属性值的修改，将其文本属性值改为“高温设定”，其响应属性值改为“on7”，如图 5-11 所示。

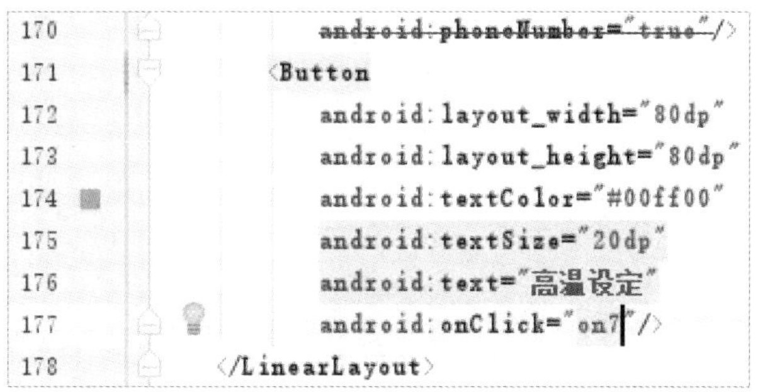

图 5-11　修改按钮控件的文本属性值和响应属性值

选中主布局文件中第 152～178 行代码并进行复制，如图 5-12 所示。

```
152 <LinearLayout
153     android:layout_width="wrap_content"
154     android:layout_height="wrap_content"
155     android:orientation="horizontal"
156     android:gravity="center">
157     <TextView
158         android:layout_width="80dp"
159         android:layout_height="80dp"
160         android:textSize="20dp"
161         android:text="请设定高温报警值"/>
162     <EditText
163         android:layout_width="90dp"
164         android:layout_height="80dp"
165         android:id="@+id/ed1"
166         android:textSize="20dp"
167         android:hint="输入高温极值"
168         android:numeric="integer"
169         android:selectAllOnFocus="true"
170         android:phoneNumber="true"/>
171     <Button
172         android:layout_width="80dp"
173         android:layout_height="80dp"
174         android:textColor="#00ff00"
175         android:textSize="20dp"
176         android:text="高温设定"
177         android:onClick="on7"/>
178 </LinearLayout>
179 </LinearLayout>
```

Cut　Ctrl+X
Copy　Ctrl+C
Copy as Plain Text
Copy Reference　Ctrl+Alt+Shift+C
Paste　Ctrl+V
Paste from History...　Ctrl+Shift+V
Paste Simple　Ctrl+Alt+Shift+V
Column Selection Mode　Alt+Shift+Insert
Find Usages　Alt+F7
Find Sample Code　Alt+F8
Refactor
Folding
Analyze
Search with Google
Go To

图 5-12　选中第 152～178 行代码并进行复制

将光标定位于第 178 行代码末，敲两次回车键，光标跳到第 180 行缩进位置，进行粘贴。将第 189 行、第 195 行、第 204 行文本属性值中的“高”字，都改为“低”字，将第 193 行 id 属性值中的“ed1”改为“ed2”，将第 205 行响应属性值中的“on7”改为“on8”，如图 5-13 所示。

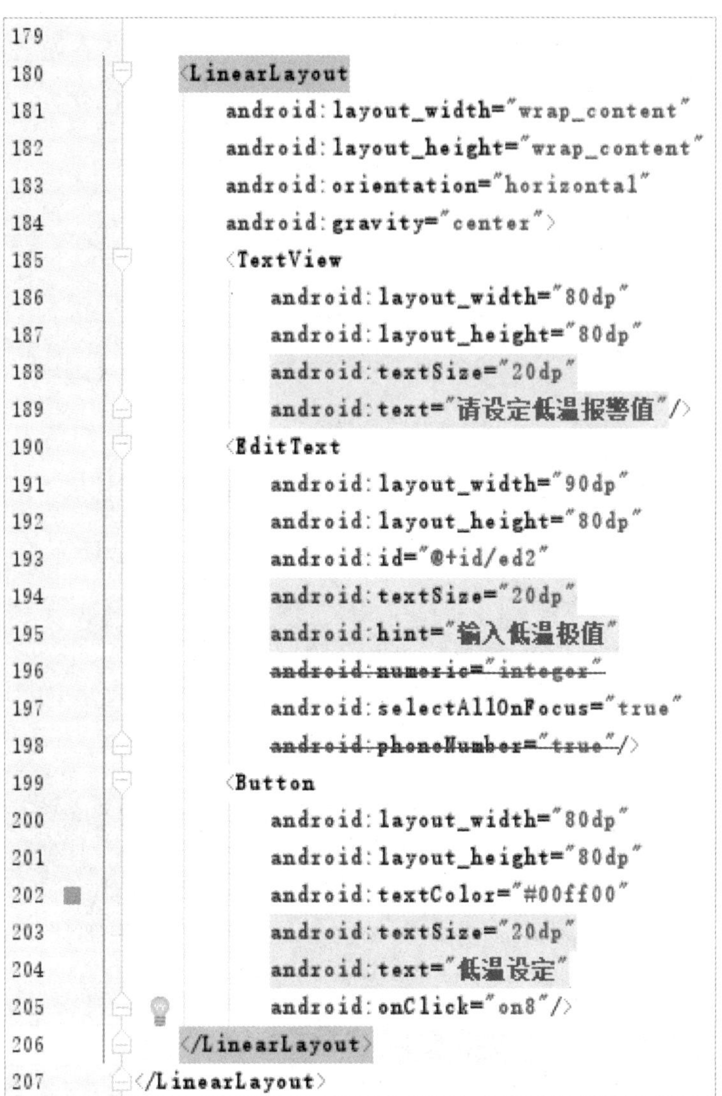

```
179
180     <LinearLayout
181         android:layout_width="wrap_content"
182         android:layout_height="wrap_content"
183         android:orientation="horizontal"
184         android:gravity="center">
185         <TextView
186             android:layout_width="80dp"
187             android:layout_height="80dp"
188             android:textSize="20dp"
189             android:text="请设定低温报警值"/>
190         <EditText
191             android:layout_width="90dp"
192             android:layout_height="80dp"
193             android:id="@+id/ed2"
194             android:textSize="20dp"
195             android:hint="输入低温极值"
196             android:numeric="integer"
197             android:selectAllOnFocus="true"
198             android:phoneNumber="true"/>
199         <Button
200             android:layout_width="80dp"
201             android:layout_height="80dp"
202             android:textColor="#00ff00"
203             android:textSize="20dp"
204             android:text="低温设定"
205             android:onClick="on8"/>
206     </LinearLayout>
207 </LinearLayout>
```

图 5-13　粘贴并修改后的低温报警 UI 界面

17.2　在主活动类中添加高低温设控代码

打开主活动类文件的代码显示，将光标定位于第 12 行代码末，敲回车键，光标跳到第 13 行缩进位置，完成第 13～14 行代码的输入，如图 5-14 所示，输入时要尽量利用弹出的代码选择框进行输入。

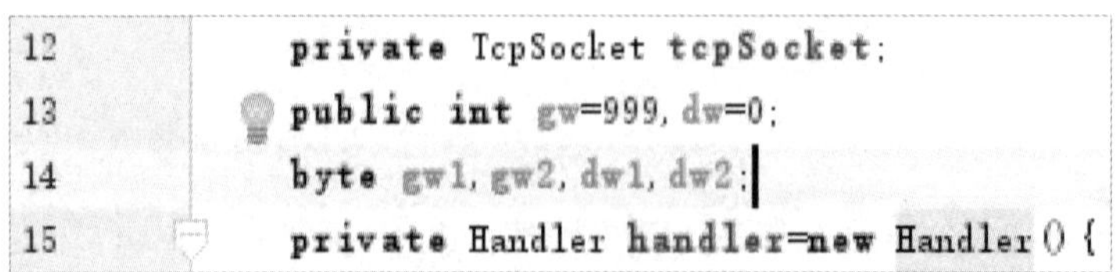

```
12      private TcpSocket tcpSocket;
13      public int gw=999,dw=0;
14      byte gw1,gw2,dw1,dw2;
15      private Handler handler=new Handler(){
```

图 5-14　定义高低温设控所需变量

选中第 145～149 行代码并进行复制，如图 5-15 所示。

```
133         public void on5(View v) {
134             byte bytes[]=null;
135             bytes=new byte[]{0x02, 0x0c, 0x0c, 0x0c};
136             sendMessage(bytes);
137         }
138
139         public void off6(View v) {
140             byte bytes[]=null;
141             bytes=new byte[]{0x02, 0x0d, 0x0d, 0x0d};
142             sendMessage(bytes);
143         }
144
145         public void on6(View v) {
146             byte bytes[]=null;
147             bytes=new byte[]{0x02, 0x0e, 0x0e, 0x0e};
148             sendMessage(bytes);
149         }
150     }
```

Cut
Copy
Copy as Plain Text
Copy Reference
Paste
Paste from History...
Paste Simple
Column Selection Mode
Find Usages
Find Sample Code
Refactor
Folding
Analyze
Search with Google

图 5-15　复制 on6()方法的全部代码

将光标定位于第 149 行代码末，敲两次回车键，光标跳到第 151 行缩进位置，进行粘贴。将第 151 行上的方法名“on6”改为“on7”，第 153 行大括号中数组元素值列表{0x02,0x0e,0x0e,0x0e}的第 2 个元素值“0x0e”改为“0x0f”，后 2 个元素值都由“0x0e”改为“0x0b”，如图 5-16 所示。

```
150
151         public void on7(View v) {
152             byte bytes[]=null;
153             bytes=new byte[]{0x02, 0x0f, 0x0b, 0x0b};
154             sendMessage(bytes);
155         }
```

图 5-16　修改方法名和数组的 3 个元素值

修改完成后，将光标定位于第 153 行代码末，敲回车键，光标跳到第 154 行缩进位置，输入“E”，弹出关于“E”的代码选择框，如图 5-17 所示。

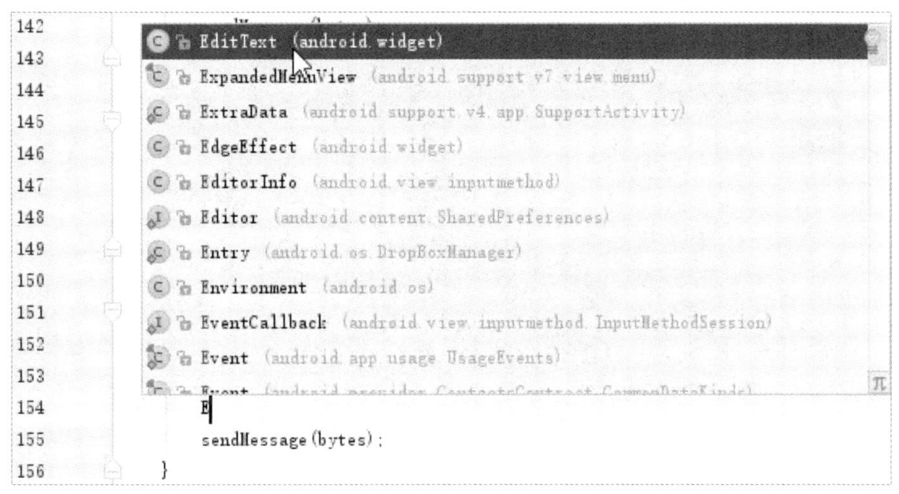

图 5-17　弹出关于“E”的代码选择框

在关于“E”的代码选择框中，单击“EditText”类名选项，系统就完成该类名的补全，同时在前面导入部分添加该类的导入语句，因此行号数加 1，变为 155。

接下来，完成第 155～160 行代码的输入，如图 5-18 所示。

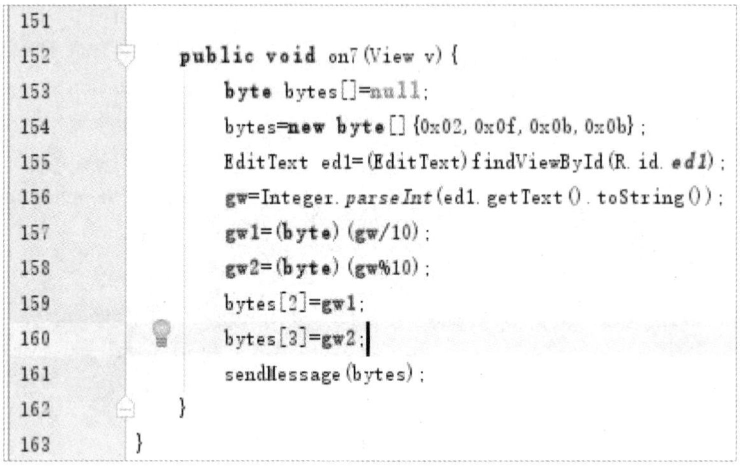

```
151
152     public void on7(View v){
153         byte bytes[]=null;
154         bytes=new byte[]{0x02, 0x0f, 0x0b, 0x0b};
155         EditText ed1=(EditText)findViewById(R.id.ed1);
156         gw=Integer.parseInt(ed1.getText().toString());
157         gw1=(byte)(gw/10);
158         gw2=(byte)(gw%10);
159         bytes[2]=gw1;
160         bytes[3]=gw2;
161         sendMessage(bytes);
162     }
163 }
```

图 5-18　完成第 155～160 行代码的输入

选中第 152～162 行代码并进行复制，如图 5-19 所示。

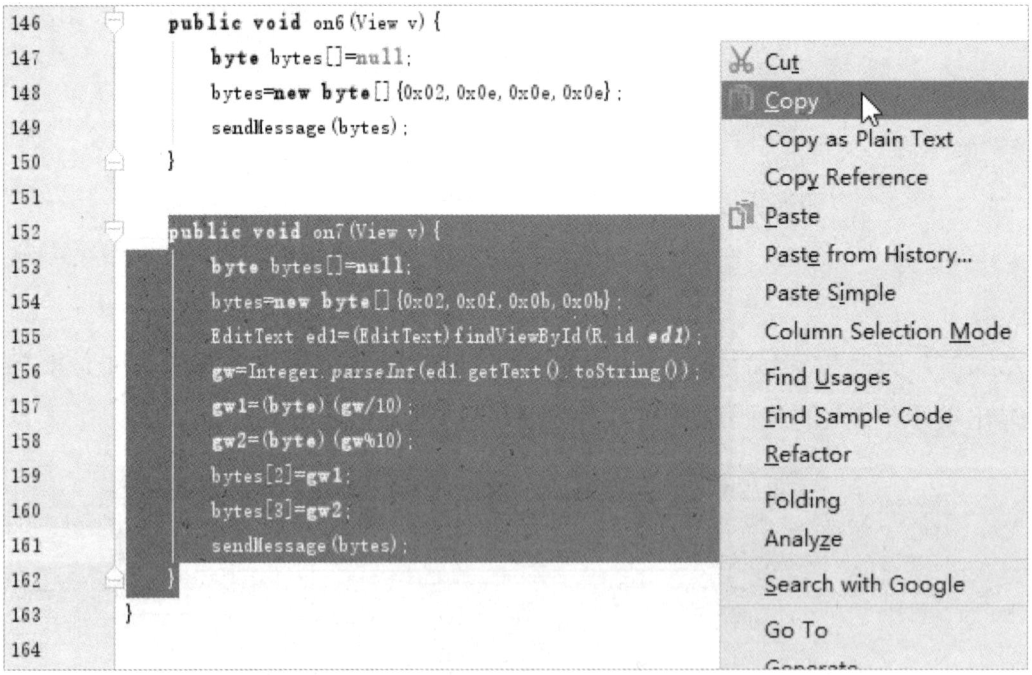

```
146     public void on6(View v){
147         byte bytes[]=null;
148         bytes=new byte[]{0x02, 0x0e, 0x0e, 0x0e};
149         sendMessage(bytes);
150     }
151
152     public void on7(View v){
153         byte bytes[]=null;
154         bytes=new byte[]{0x02, 0x0f, 0x0b, 0x0b};
155         EditText ed1=(EditText)findViewById(R.id.ed1);
156         gw=Integer.parseInt(ed1.getText().toString());
157         gw1=(byte)(gw/10);
158         gw2=(byte)(gw%10);
159         bytes[2]=gw1;
160         bytes[3]=gw2;
161         sendMessage(bytes);
162     }
163 }
164
```

Cut
Copy
Copy as Plain Text
Copy Reference
Paste
Paste from History...
Paste Simple
Column Selection Mode
Find Usages
Find Sample Code
Refactor
Folding
Analyze
Search with Google
Go To

图 5-19　选择第 152～162 行代码并进行复制

将光标定位于第 162 行代码末，敲两次回车键，光标跳到第 164 行缩进位置，进行粘贴。将第 164 行上的方法名“on7”改为“on8”，第 166 行大括号{0x02,0x0f,0x0b,0x0b}中的第 2、3、4 个元素值依次改为“0x10”“0x0a”“0x0a”，将第 167 行上的 2 个“ed1”都改为“ed2”，将第 168～172 行上的“gw”都改为“dw”，如图 5-20 所示。

```
    public void on8(View v){
        byte bytes[]=null;
        bytes=new byte[]{0x02,0x10,0x0a,0x0a};
        EditText ed2=(EditText)findViewById(R.id.ed2);
        dw=Integer.parseInt(ed2.getText().toString());
        dw1=(byte)(dw/10);
        dw2=(byte)(dw%10);
        bytes[2]=dw1;
        bytes[3]=dw2;
        sendMessage(bytes);
    }
}
```

图 5-20　粘贴并修改后的 on8()方法定义

17.3　检测任务效果

在 AS 系统菜单中单击“Run”菜单，将修改后的程序下载到手机上运行，UI 界面上的高低温报警设置对单片机上的对应继电器操控成功，如图 5-21 所示。

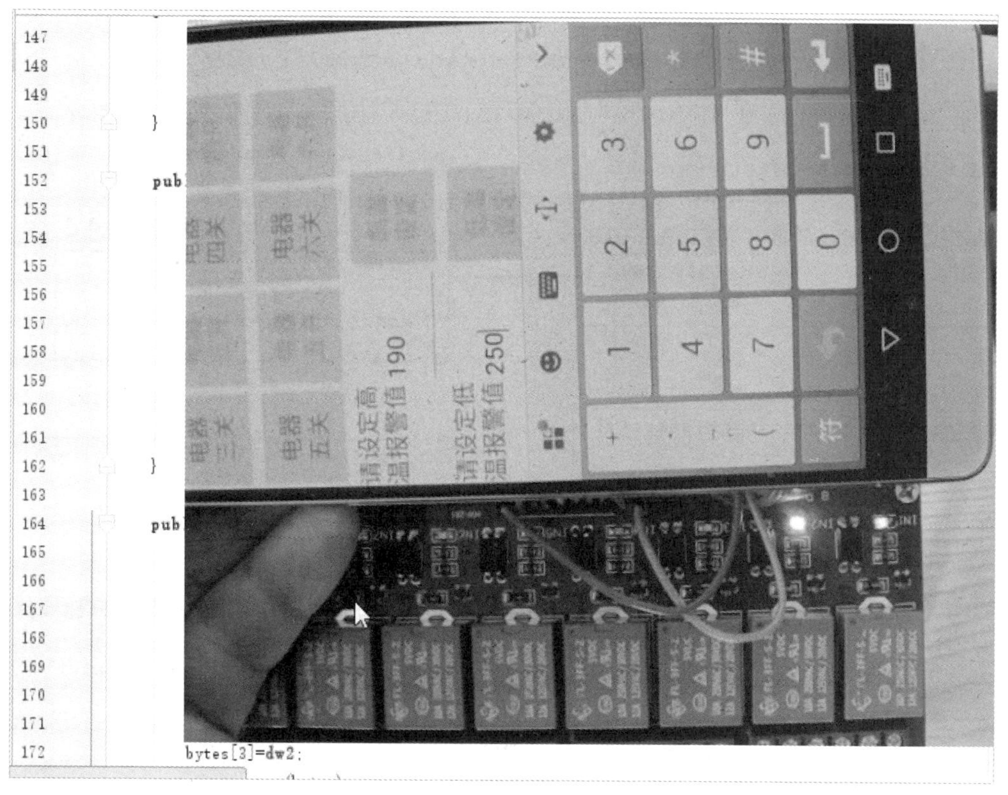

图 5-21　UI 界面上的高低温报警设置对单片机上的对应继电器操控成功

单元小结

1．在单片机程序中添加温度极值处理功能。

（1）添加高低两个温度极值的定义。

（2）在数码管显示函数中添加两条 if-else 语句，分别对超温报警、欠温报警进行判定和相应处理。

（3）在主函数中添加对两条温度极值的赋初值语句，初值的要点是，高温极值应远远高于常温，低温极值要远远低于常温。

（4）在主函数 main()的 switch 语句中，添加带 break 语句的“case 0x0f:”分支，根据对应数据合成高温极值变量 tempa 的具体值，再添加带 break 语句的“case 0x10:”分支，根据对应数据合成低温极值变量 tempb 的具体值。

2．在 App 程序中添加高低温设控功能。

（1）布局文件中，用 XML 代码添加 2 个线性布局组件，用来管辖设定温度报警的 2 排共 6 个 UI 控件，每排有 1 个文本框控件、1 个文本编辑框控件、1 个按钮控件。

（2）在主程序文件中，添加两个高低温设定按钮的响应方法。每个方法中要进行相应操作编码数据和文本编辑框中温度数据的组合处理。

（3）手机 App 向指定 IP 地址和端口号发送消息的消息格式约定。

3．添加了高低温控制后手机 App 程序中方法间的调用路线图如图 5-22 所示。

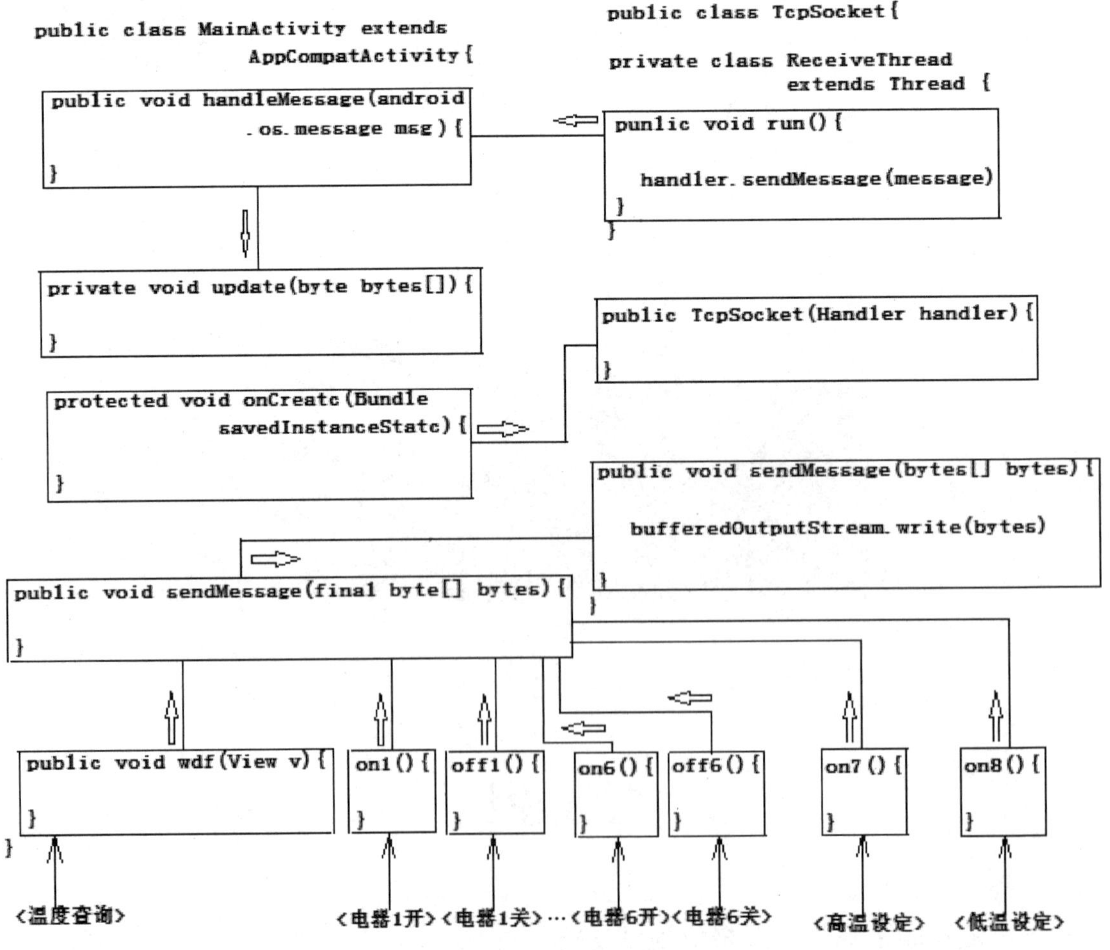

图 5-22　添加了高低温控制后手机 App 程序中方法间的调用路线图

习　题

一、简述

1. 手机 App 中对高温极值的编程处理。
2. 单片机程序中对高温极值的代码处理。
3. 手机 App 中对低温极值的编程处理。
4. 单片机程序中对低温极值的代码处理。

单元 6 实现基于 Doit 云平台的云端物联网功能

任务 18 建立 Doit 云平台

在计算机上用浏览器打开“http://www.hxedu.com.cn/Resource/OS/AR/zz/zzp/202101234/1.html”后，可获得一个临时的 IP 地址“115.29.109.104”和端口号“6538”，如图 6-1 所示。

Doit.am远程信息转发服务
深圳四博智联科技有限公司
公司官网
Doit.am远程信息转发服务
多个客户端连接服务器，一个客户端向服务器发送数据，服务器向其他客户端群发送接收到的数据。
使用步骤
步骤1
• 客户端新建连接
• ip地址：115.29.109.104
• 端口号：6538
步骤2
• 其他客户端连接这个服务器ip和端口
• ip地址：115.29.109.104
• 端口号：6538
步骤3
• 其中一个客户端即可向其他客户端发送数据。
打开软件

图 6-1 临时 IP 地址和端口号

任务 19　新建 WiFiAppL 项目

19.1　在 AS 系统中新建 WiFiAppL 项目

在 AS 编程界面，选择“File”→“Close Project”菜单命令以退出 AS 编程界面，如图 6-2 所示。

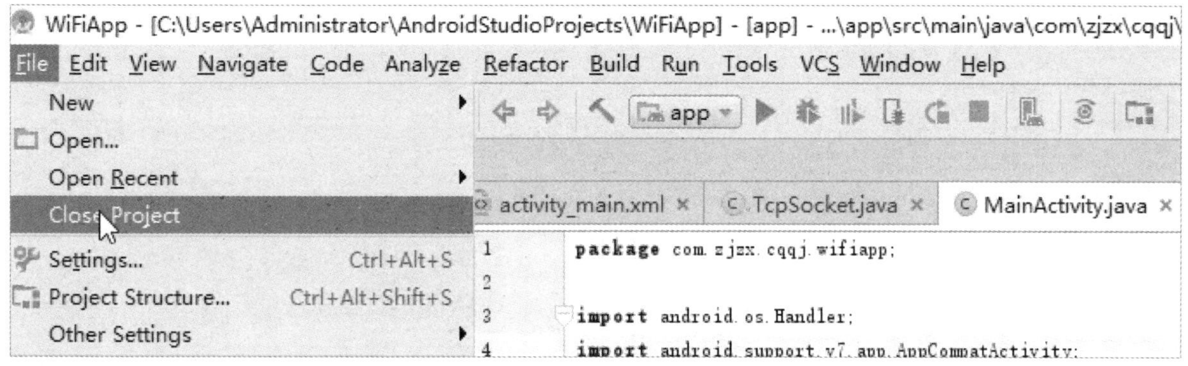

图 6-2　退出 AS 编程界面

系统进入“Welcome to Android Studio”界面，如图 6-3 所示。

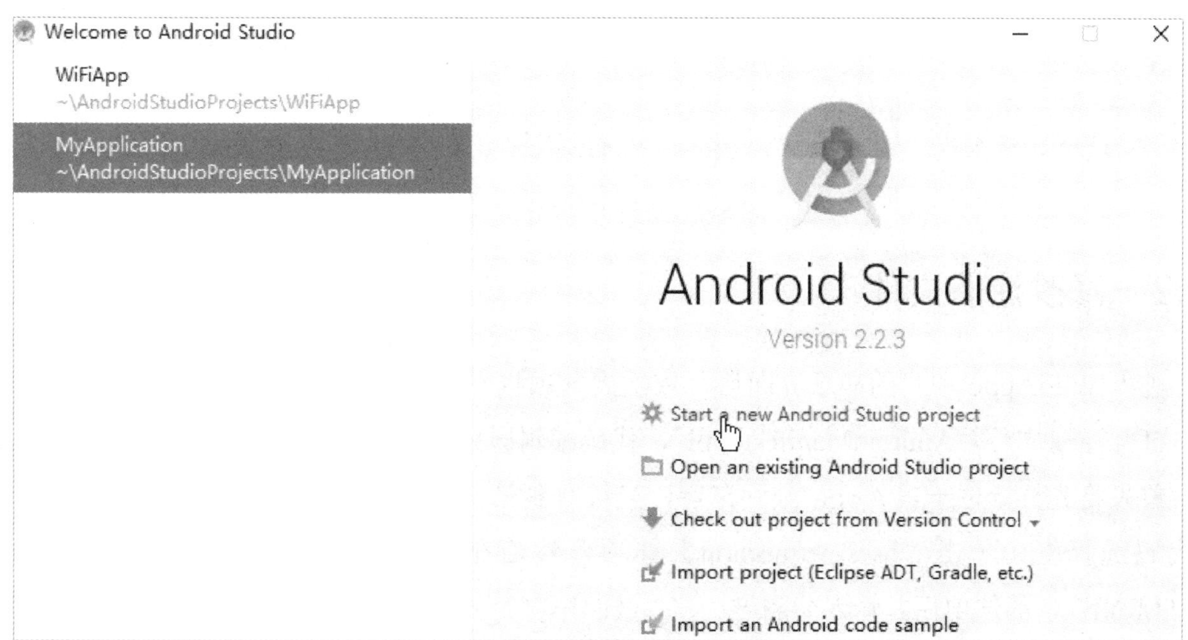

图 6-3　“Welcome to Android Studio”界面

在“Application name”文本框中输入新项目名“WiFiAppL”，然后单击“Next”按钮，如图 6-4 所示。

接下来，在后续出现的各界面中，也单击“Next”按钮或“Finish”按钮，直到进入 WiFiAppL 项目的显示界面。

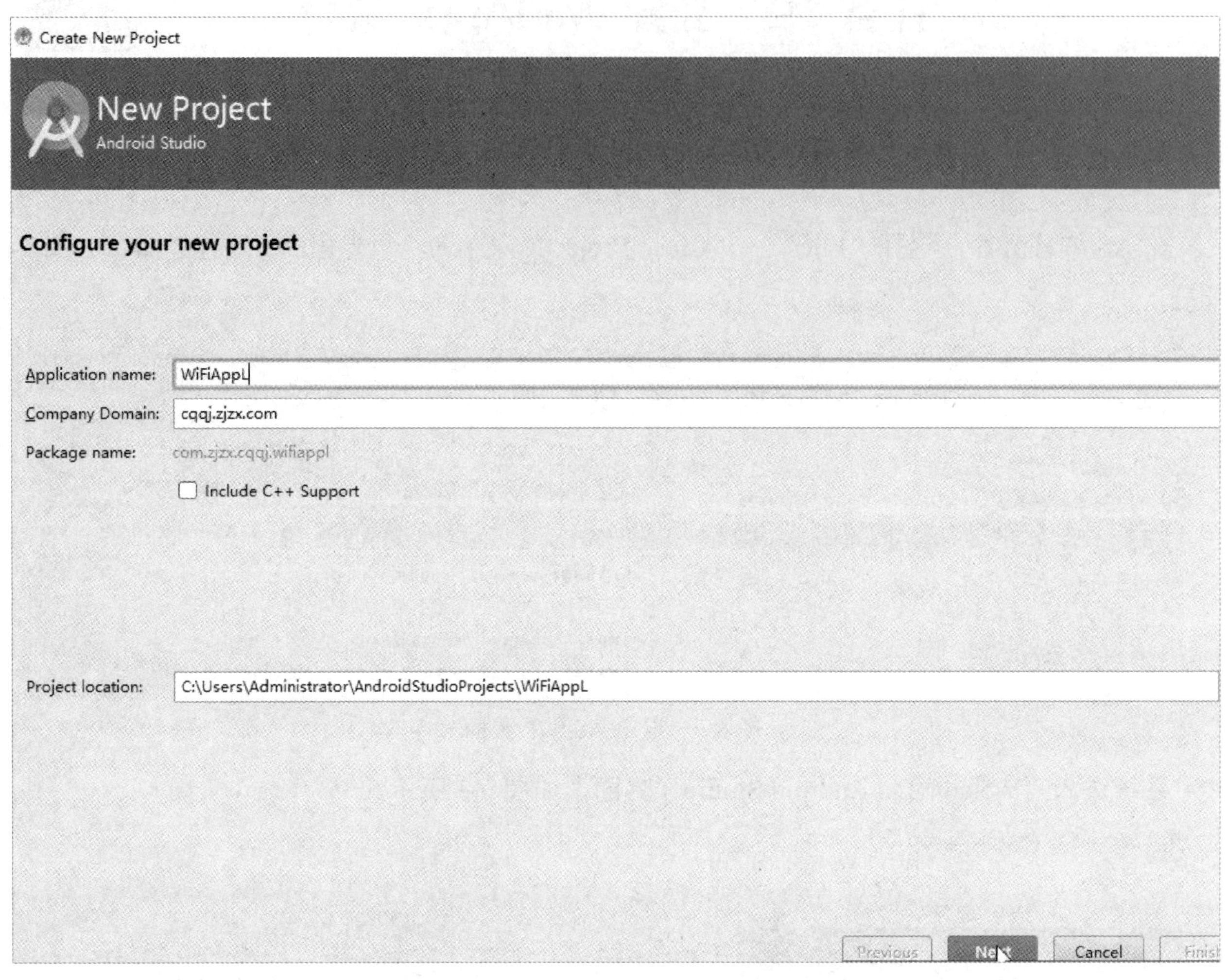

图 6-4　新建 WiFiAppL 项目

19.2　修改注册文件

进入 WiFiAppL 项目的显示界面后，依次展开项目中的“app”文件夹及“manifests”文件夹，打开注册文件“AndroidManifest.xml”，代码编辑区就显示出注册文件的 XML 代码。

首先将光标定位于第 4 行，敲回车键，光标跳到第 5 行缩进位置，输入左尖括号和“u”，在代码选择框中单击“uses-permission”选项，然后在属性值选择框中单击大写字母段为“INTERNET”的选项后，输入分隔号“/”，敲回车键，光标跳到第 6 行缩进位置，输入左尖括号和“u”，在代码选择框中单击“uses-permission”选项，再在属性值选择框中单击大写字母段为“WAKE_LOCK”的选项后，输入分隔号“/”，最后，将第 10 行的标题属性值改为“WiFiApp 远程”，如图 6-5 所示。到此，注册文件修改结束。

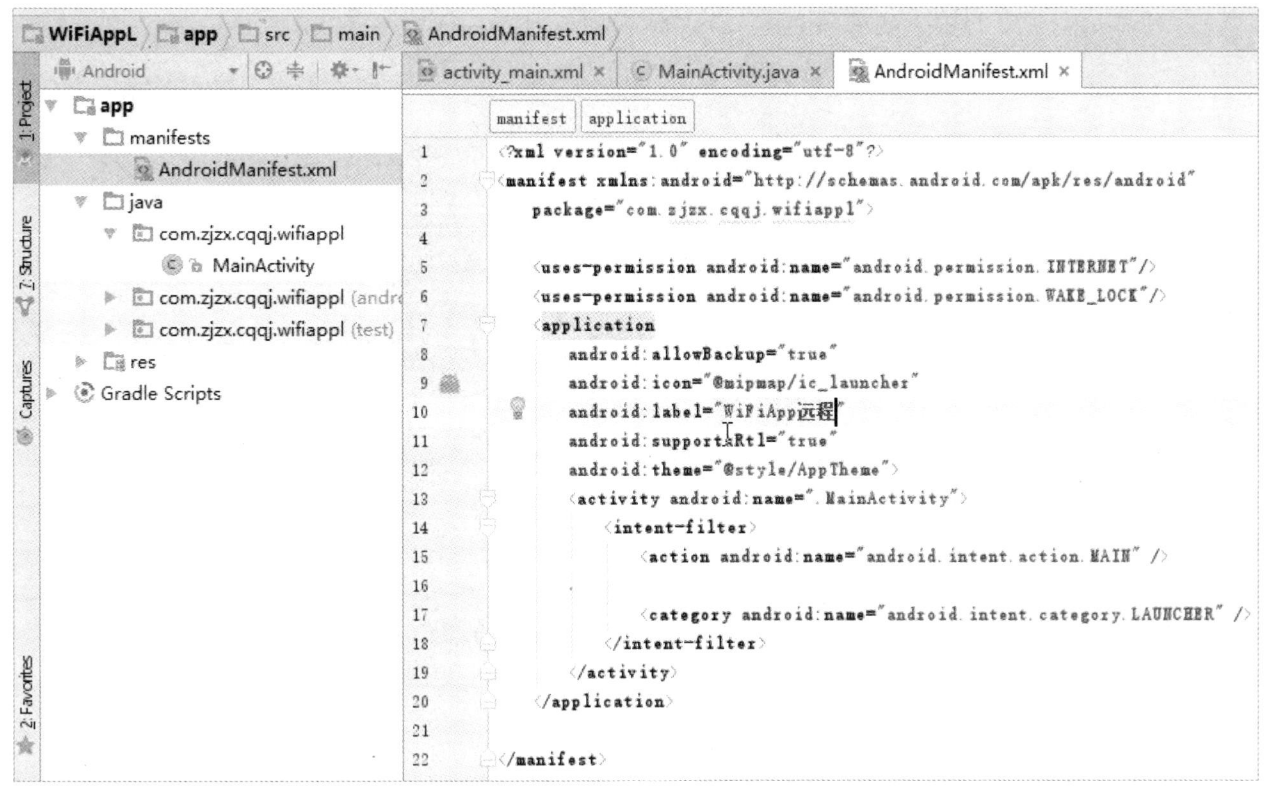

图 6-5　修改后的注册文件

19.3　修改布局文件

打开布局文件，代码编辑区显示为布局文件的 XML 代码。保持 AS 系统编程界面，在任务栏上单击文件资源管理器图标，在资源管理器中，依次打开“本地磁盘(C:)”→“用户”→“Administrator”→“AndroidStudioProjects”文件夹，如图 6-6 所示。

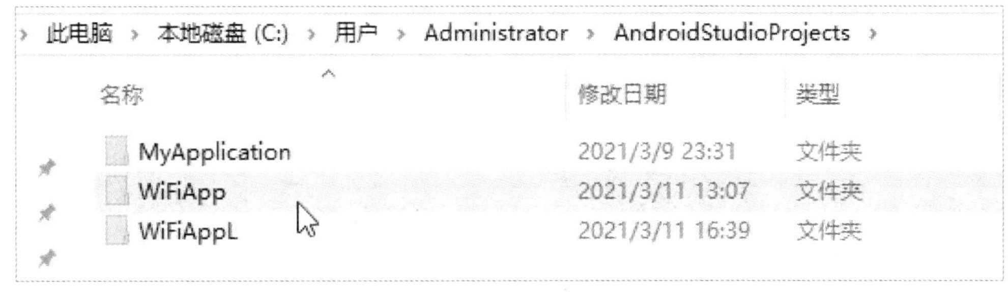

图 6-6　“AndroidStudioProjects”文件夹中的三个 AS 项目

在图 6-6 中，依次打开“WiFiApp”→“app”→“src”→“main”→“res”→“layout”文件夹，如图 6-7 所示，然后右击“activity_main”文件名，在弹出的快捷菜单中单击“打开方式”→“记事本”命令。

图 6-7　用记事本打开布局文件

用记事本打开布局文件后，选中该文件全部代码并进行复制，如图 6-8 所示。

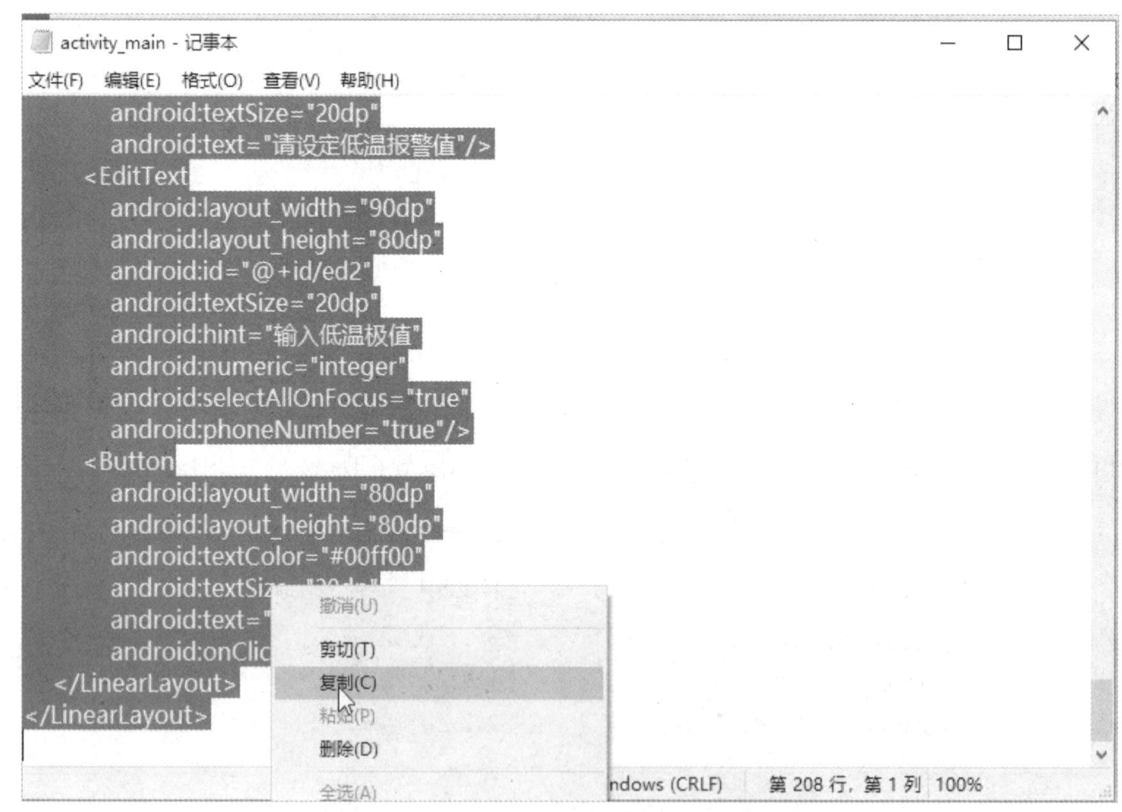

图 6-8　选中布局文件全部代码并进行复制

复制完成后，关闭记事本界面。在任务栏上单击 AS 图标，返回 AS 编程界面。选中原有布局文件全部代码，进行粘贴，如图 6-9 所示。

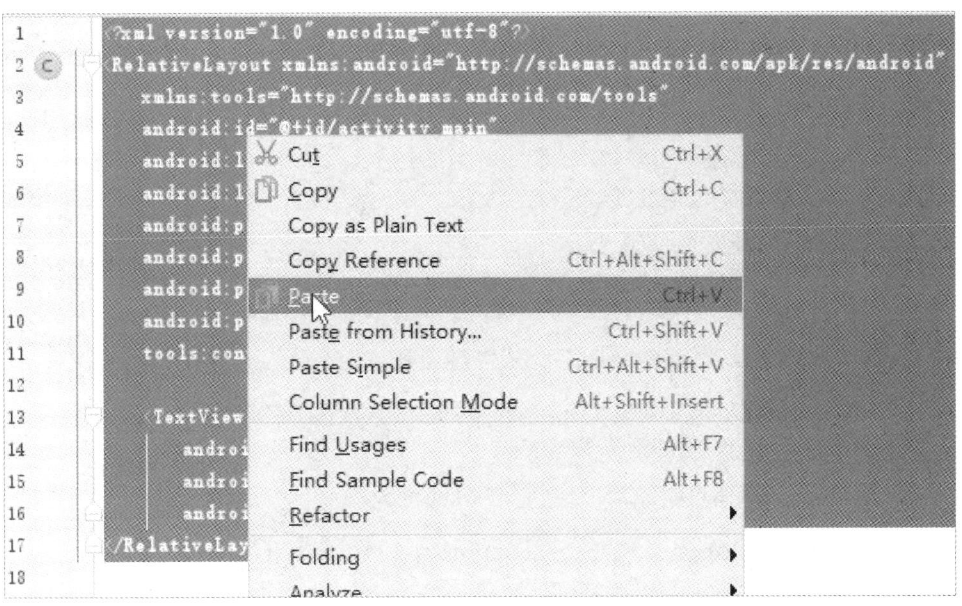

图 6-9　粘贴布局文件全部代码

至此，WiFiAppL 项目的 UI 界面就和 WiFiApp 项目的 UI 界面完全相同了。

19.4　添加网络通信类

在 WiFiAppL 项目的文件管理面板中展开“java”文件夹，右击包名“com.zjzx.cqqj”，在其弹出的快捷菜单中单击“New”→“Java Class”命令，如图 6-10 所示。

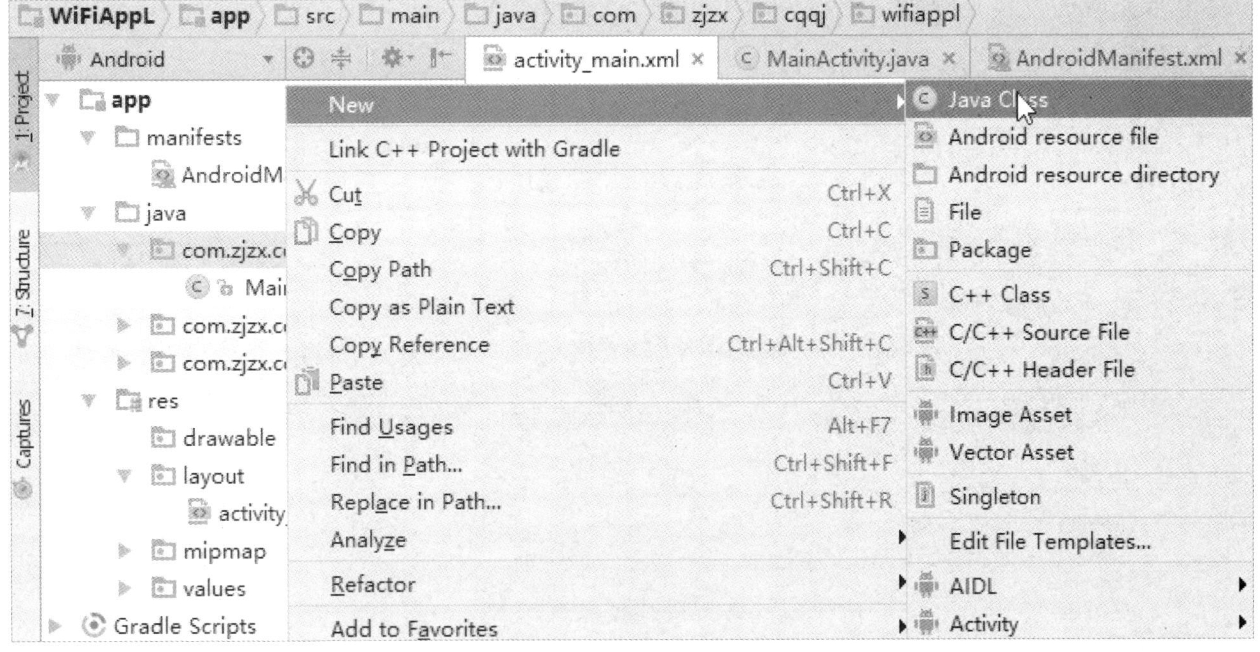

图 6-10　新建网络通信类

弹出“Cteate New Class”对话框，在“Name”文本框中输入类名“TcpSocket”后单击“OK”按钮，如图 6-11 所示。

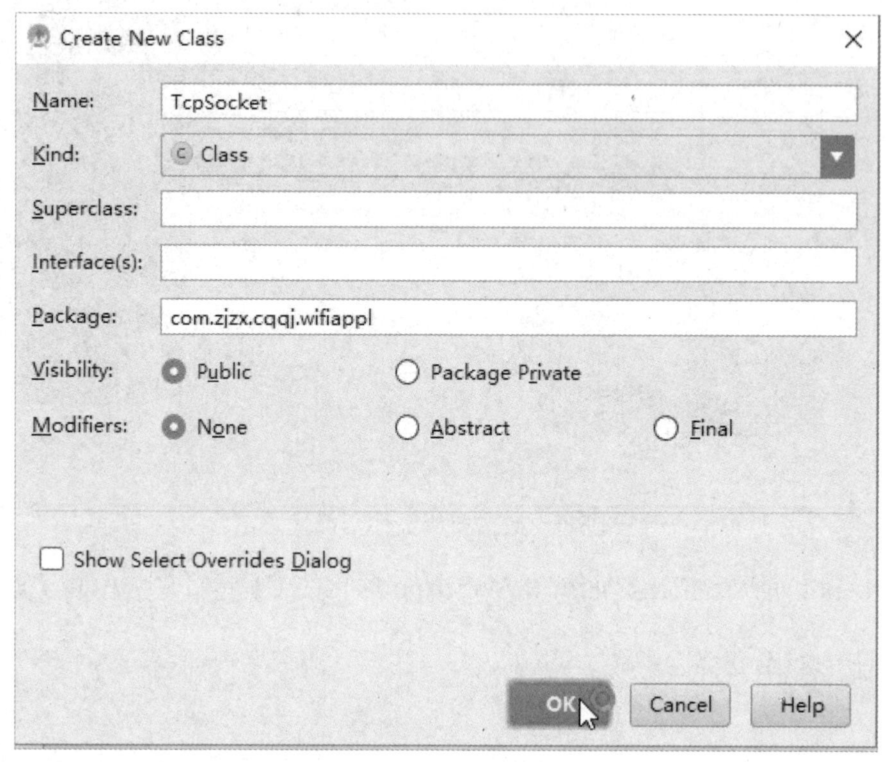

图 6-11　输入类名“TcpSocket”

单击完成后，代码编辑区中就显示出 TcpSocket.java 文件的全部代码，此时，TcpSocket 类为空类，如图 6-12 所示。

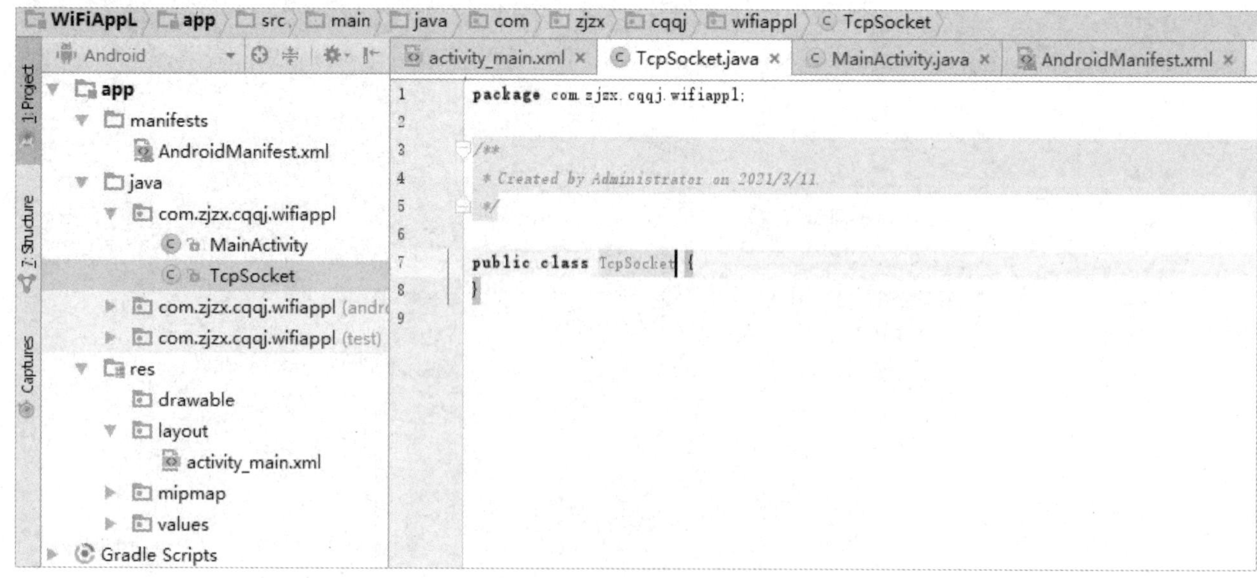

图 6-12　TcpSocket 类为空类

TcpSocket 类定义后，保持 AS 系统运作状态，在文件管理器中打开“wifiapp”文件夹，右击文件名“TcpSocket.java”，并在弹出的快捷菜单中单击“打开”命令，如图 6-13 所示。

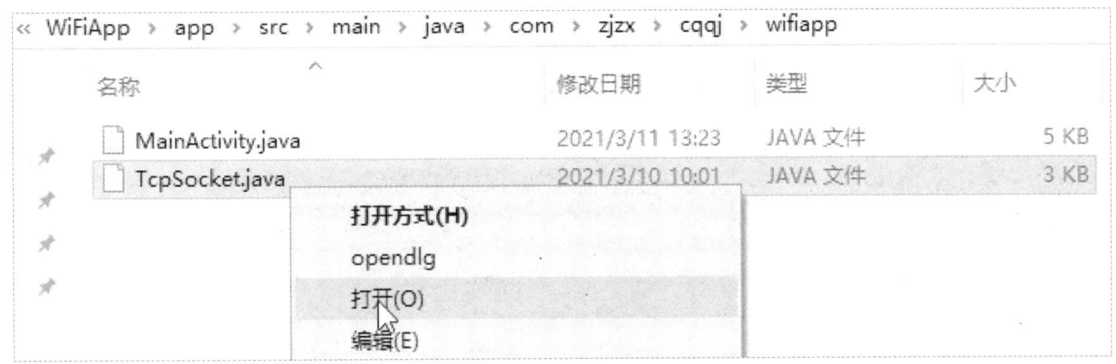

图 6-13　打开 TcpSocket.java 文件

右键菜单执行后，系统用记事本工具打开了 TcpSocket.java 文件。选中除第 1 行声明包名的代码外的全部代码并进行复制，如图 6-14 所示。

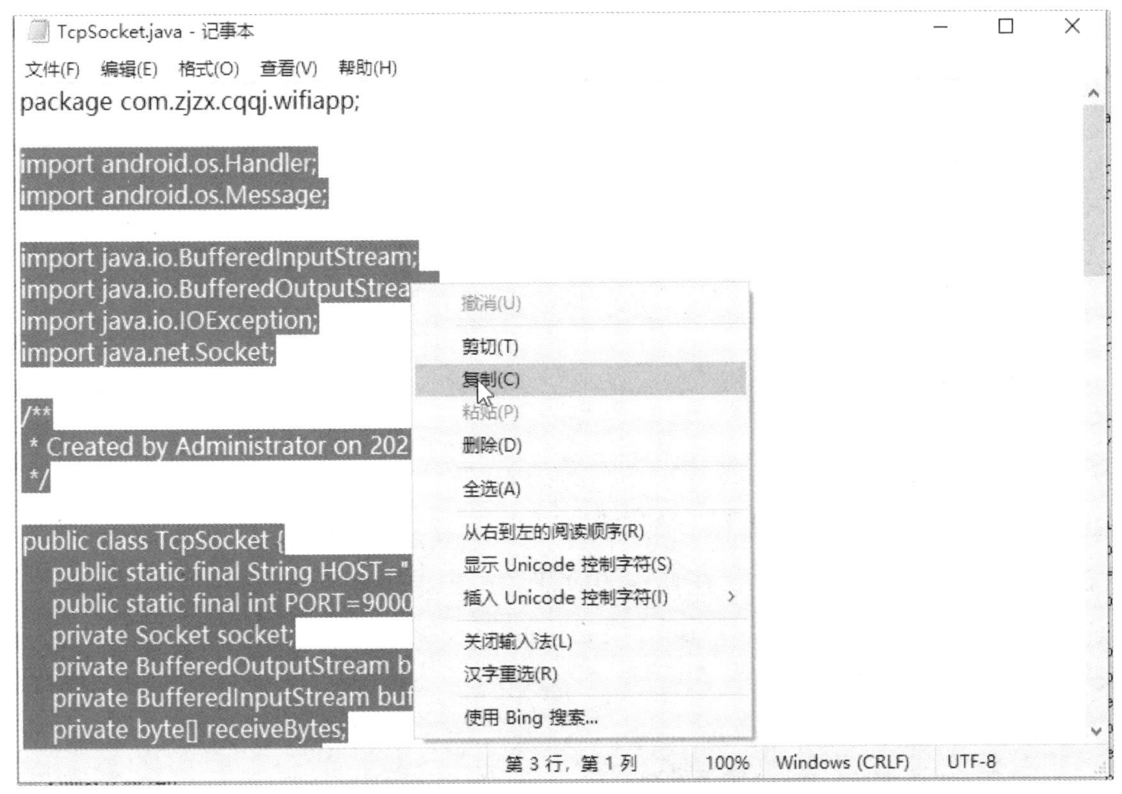

图 6-14　复制除第 1 行代码外的全部代码

复制完成后，关闭记事本界面，单击任务栏上的 AS 图标，返回 TcpSocket.java 文件显示界面，选中除第 1 行代码外的全部代码，进行粘贴，如图 6-15 所示。

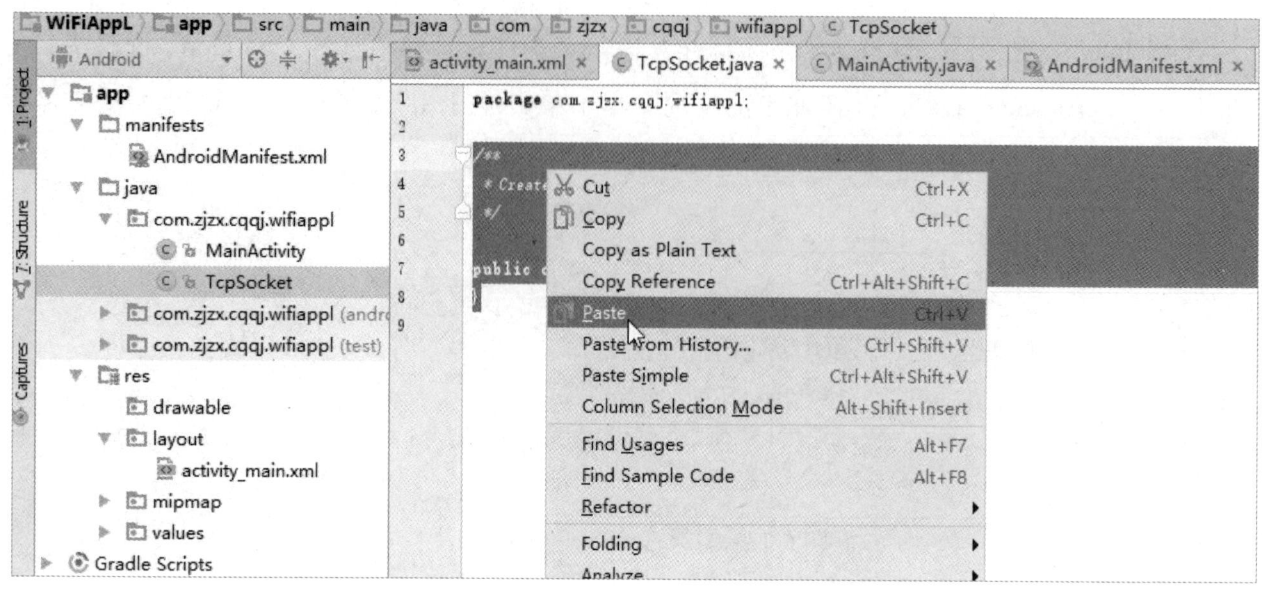

图 6-15　粘贴除第 1 行代码外的全部代码

粘贴完成后，把第 16 行上的 HOST 值修改为“115.29.109.104”，把第 17 行上的 PORT 值修改为“6538”，如图 6-16 所示。

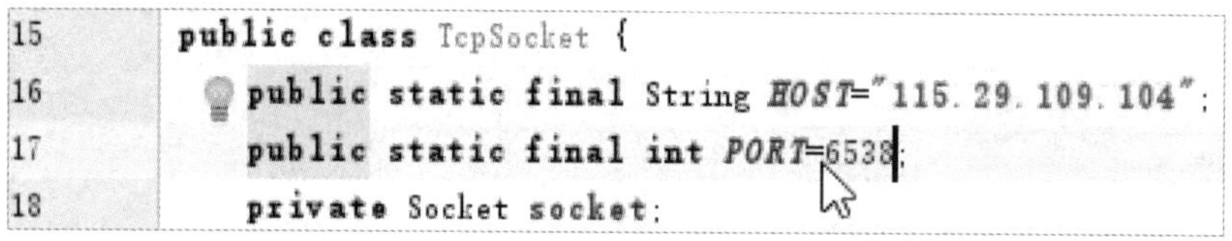

```
15  public class TcpSocket {
16      public static final String HOST="115.29.109.104";
17      public static final int PORT=6538;
18      private Socket socket;
```

图 6-16　修改 TcpSocket 类的 IP 地址和端口号

19.5　修改主活动类文件

打开主活动类文件，代码编辑区显示为主活动类文件的 java 代码，保持 AS 系统运作状态，单击任务栏上的文件资源管理器图标，在文件资源管理器界面的“wifiapp”文件夹中，右击主活动类文件名“MainActivity.java”，在弹出的快捷菜单中单击“打开”命令，如图 6-17 所示。

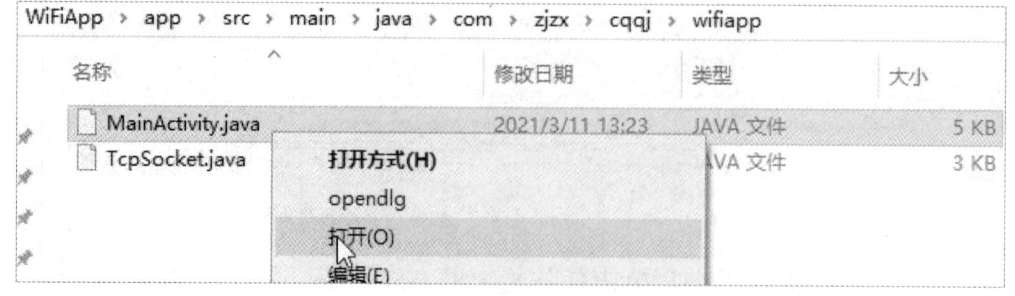

图 6-17　用记事本打开主活动类文件

用记事本打开“MainActivity.java”文件后，选中除第 1 行声明包名的代码外的全部代码并进行复制，如图 6-18 所示。

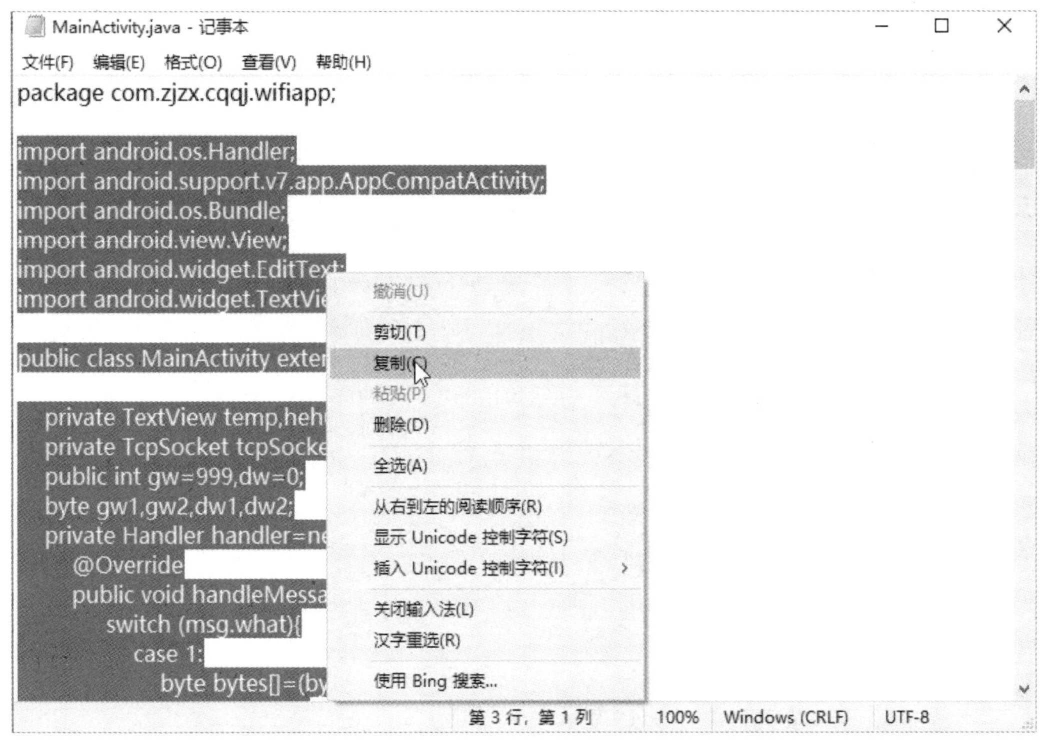

图 6-18　复制除第 1 行代码外的全部代码

复制完成后，单击任务栏上的 AS 图标，返回 MainActivity.java 文件显示界面，选中除第 1 行代码外的全部代码，进行粘贴，如图 6-19 所示。

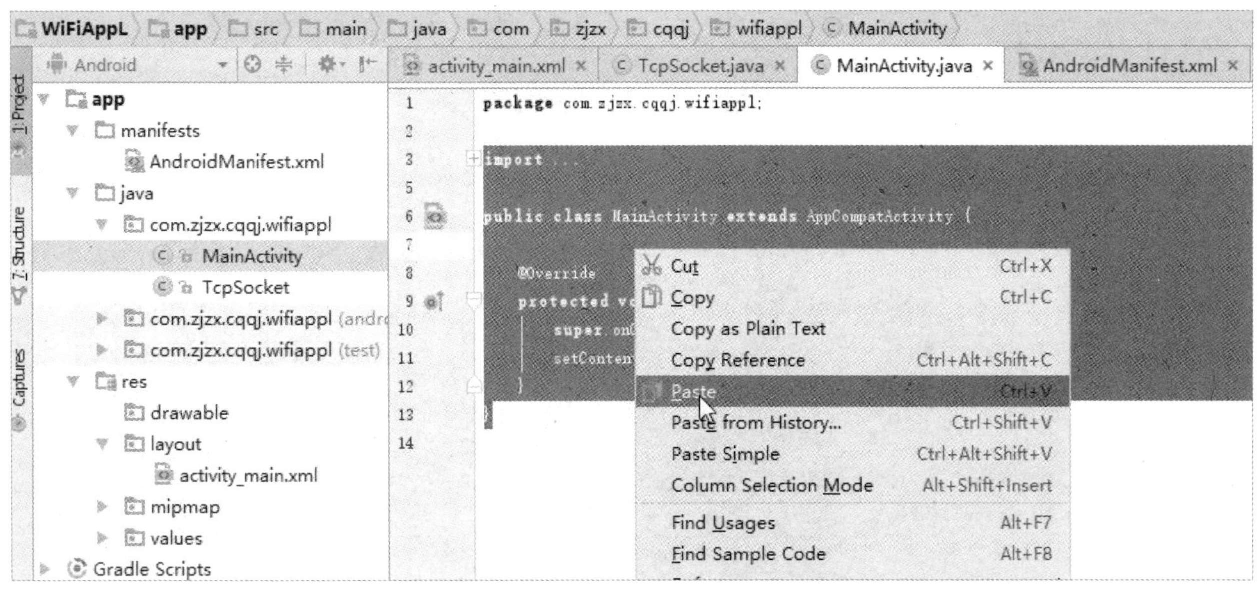

图 6-19　粘贴除第 1 行代码外的全部代码

19.6　检测任务效果

选择菜单栏上的“Run”→“Run 'app'”菜单命令运行 WiFiAppL 项目程序，如图 6-20 所示，该程序就被下载到手机上运行。

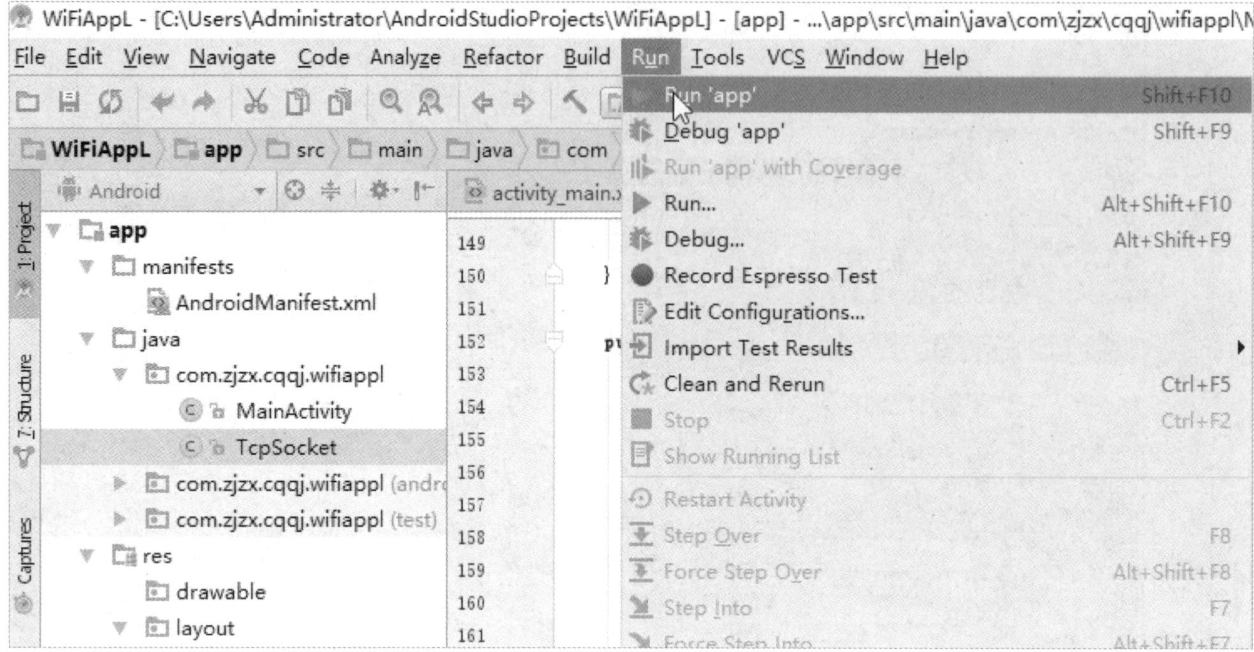

图 6-20　运行程序

下载完成后，WiFiApp 远程程序就会在手机上运行，如图 6-21 所示。

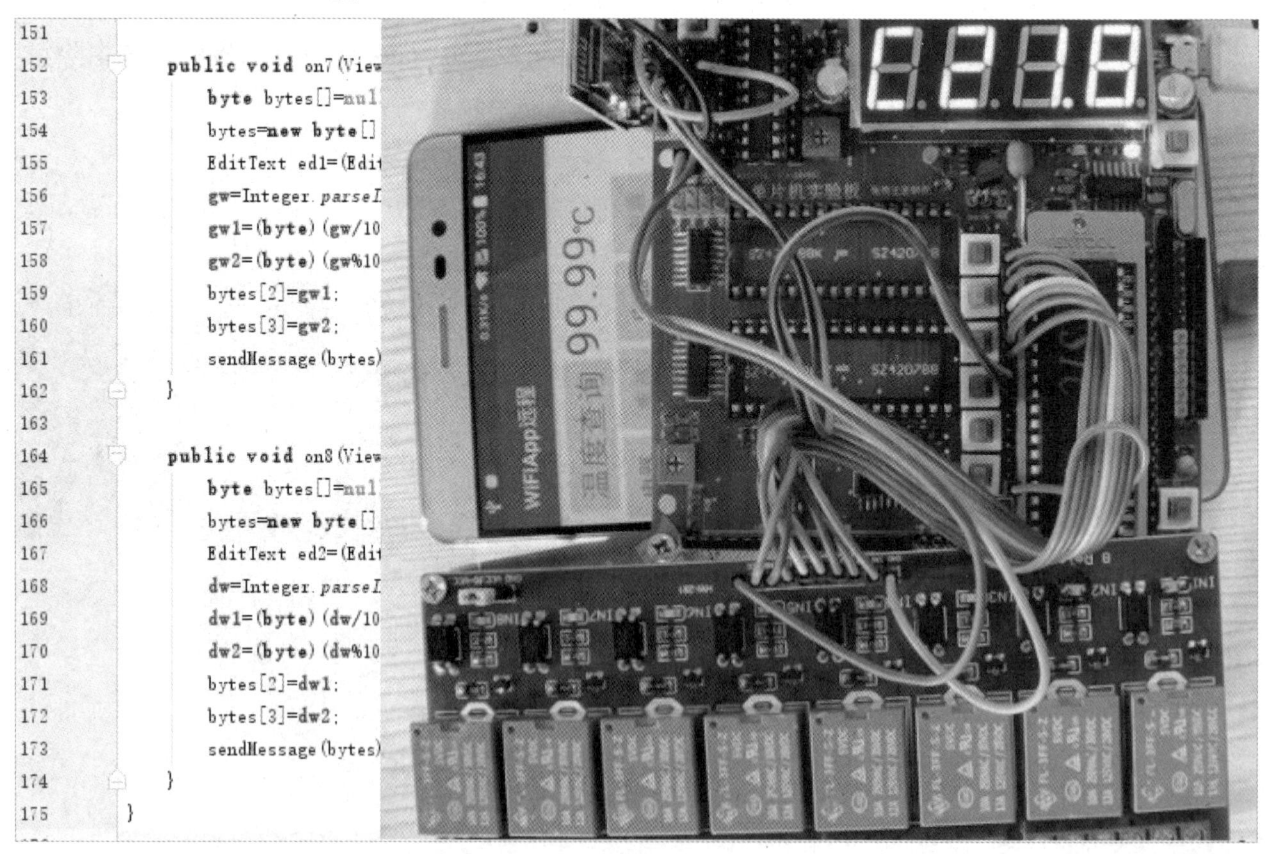

图 6-21　WiFiApp 远程程序在手机上运行

WiFiApp 远程程序在手机上运行时，由于对 Wi-Fi 模块还没有进行相应的远程模式配置，因此目前所有 UI 界面操作均无效果。

任务 20　基于 Doit 云平台的云端物联网

20.1　配置 Wi-Fi 模块的 Doit 云功能

Wi-Fi 模块通电后，在手机中打开 WLAN 设置，将 Wi-Fi 模块状态设置为已连接，然后在手机浏览器地址栏中输入“192.168.4.1”并点击“进入”按钮。在当前页面点击“MODULE”菜单，如图 6-22 所示。

图 6-22　单击“MODULE”菜单

“MODULE”的第一个子菜单“Serial”是用来设置波特率的，任务 11 中已将波特率设置为 57600，这里就无须再次设置。第二个子菜单“WiFi”需要设置，点击“WiFi”子菜单，在“Station Settings”栏中，点击“Enable”（使能）选项，并在“SSID name”输入框中，输入现场使用的 Wi-Fi 名称，如图 6-23 所示。然后，输入现场使用的 Wi-Fi 密码，如图 6-24 所示，点击“Save”按钮进行参数修改后的保存操作。

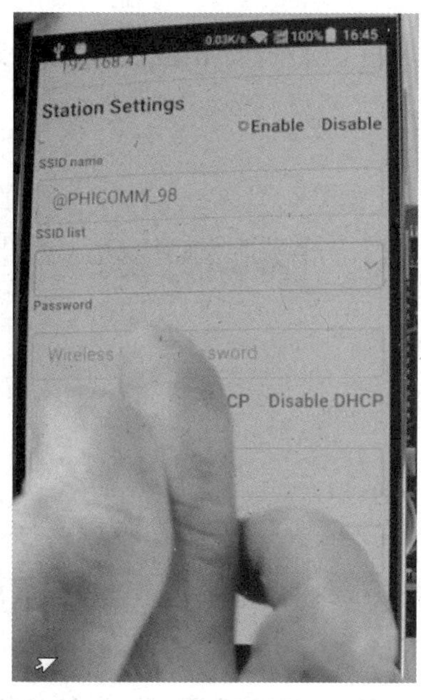

图 6-23　输入 Wi-Fi 名称

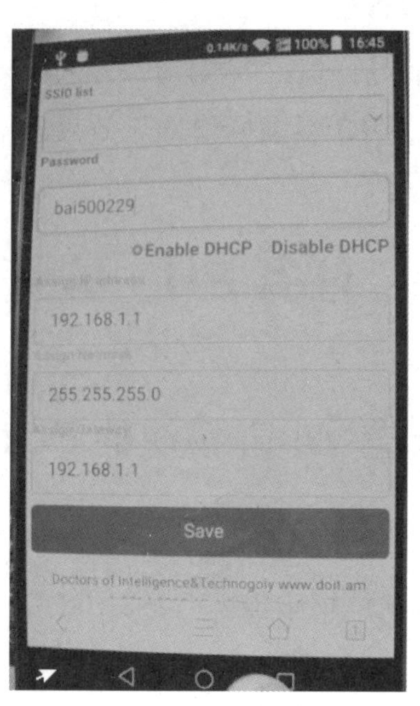

图 6-24　输入现场使用的 Wi-Fi 密码

保存操作完成后，进入保存完成后的返回页面（此处具体操作略，见任务 11 中的操作说明），点击返回页面上的“Return”按钮。保存返回后再次点击“MODULE”菜单，点击第三个子菜单“Networks”，进入 Networks 设置页面，如图 6-25 所示。

在图 6-25 中点击“Socket Type”下拉列表，页面显示出网络工作模式列表，如图 6-26 所示。在列表中点击“TCP Client”选项，即网络模式为客户端，如图 6-27 所示。

将图 6-27 中“TCP Client”下的 IP 地址“192.168.1.100”和端口号“6000”分别改为“115.29.109.104”和“6538”，然后点击“Save”按钮进行保存，如图 6-28 所示。保存后进入返回页面，再点击“Return”按钮，退出模块页面，最后退出浏览器。

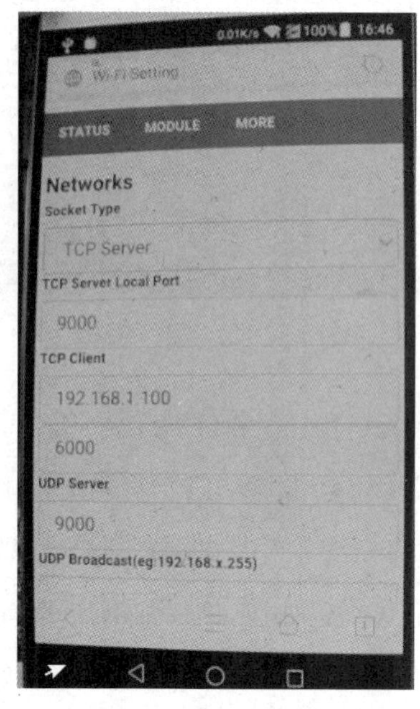

图 6-25　Networks 设置页面

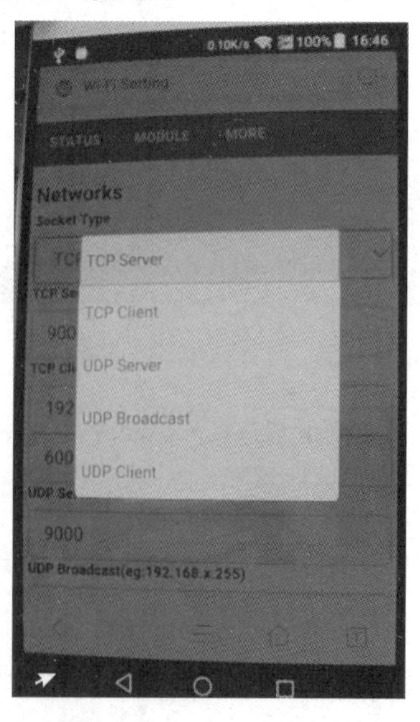

图 6-26　网络工作模式列表

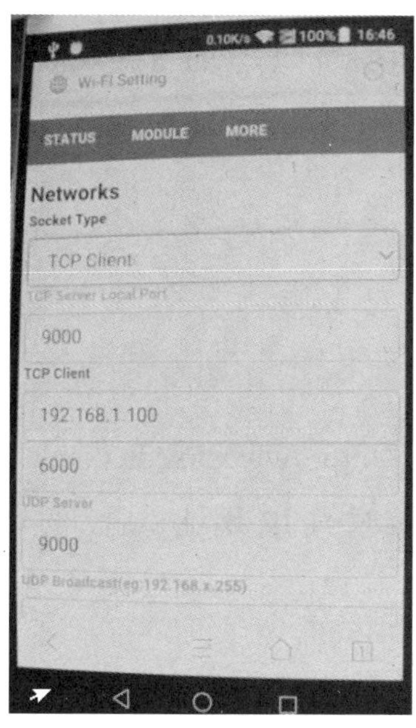

图 6-27　网络模式为客户端

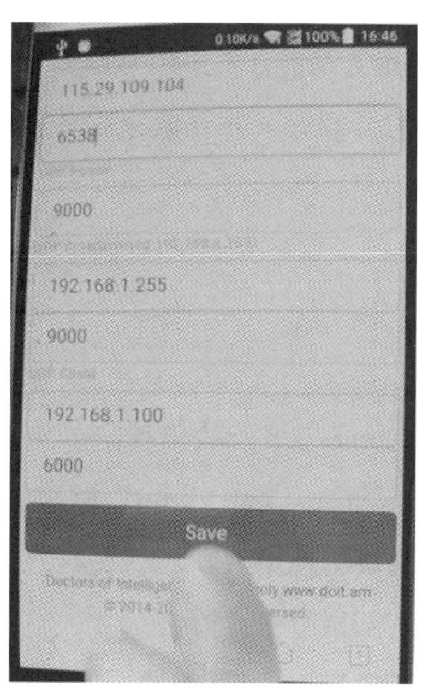

图 6-28 配置客户端的 IP 地址及端口号

完成 Wi-Fi 模块的网络工作模式设置后，将 Wi-Fi 模块断电后再通电，重新通电后参数配置生效，Wi-Fi 模块上的指示灯为常亮显示，这就说明该 Wi-Fi 模块已和现场使用的 Wi-Fi 连接。

20.2　检测任务效果

将手机与现场使用的 Wi-Fi 连接，再运行 WiFiApp 远程程序，进行温度查询，只要手机 App 的 UI 界面中显示出单片机中的温度，就说明云端远程操控温度查询成功，如图 6-29 所示。

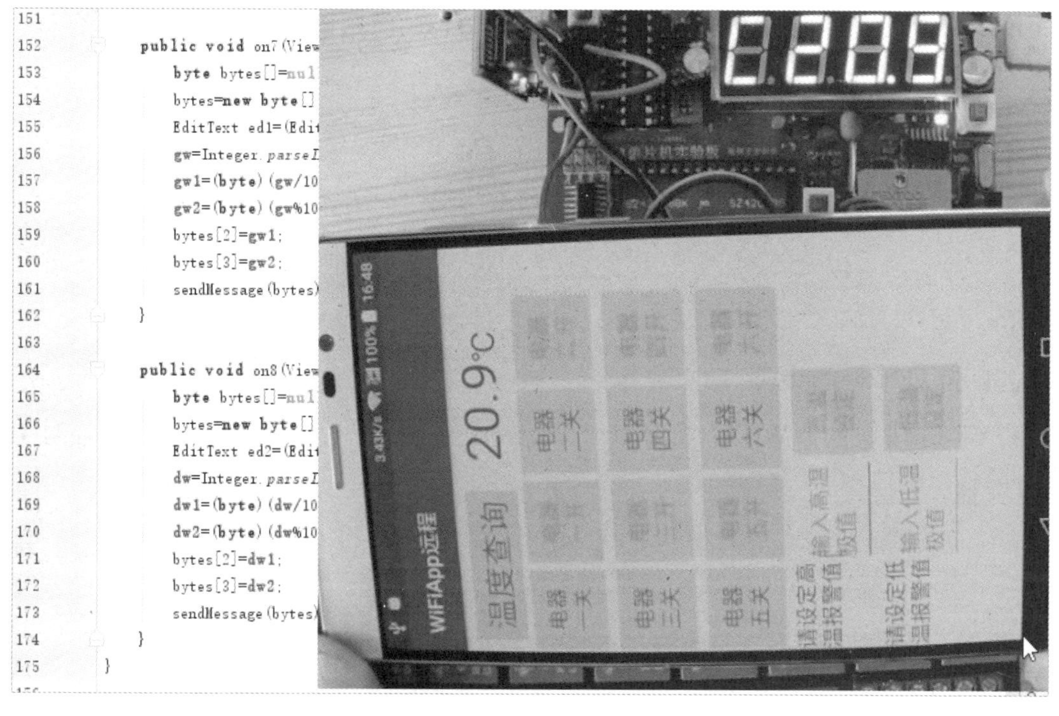

图 6-29　云端远程操控温度查询成功

基于 Doit 云功能，就可以从地球另一端，远隔万里，使用亲自编写的手机 App 来操控家里的 6 路家电的开或关，并获取家中的实时温度。

单元小结

1. 建立 Doit 云平台的步骤：在计算机中用浏览器打开“http://www.hxedu.com.cn/Resource/OS/AR/zz/zzp/202101234/1.html”网页，就能免费获得一个临时的 IP 地址和端口号，同时还可下载 Wi-Fi 模块的使用手册。

2. 新建 WiFiAppL 项目。

3. 在 WiFiAppL 项目的注册文件中添加网络和两个许可。

4. 用 WiFiApp 项目布局文件的 XML 代码来替换 WiFiAppL 项目布局文件的 XML 代码。

5. 新建网络通信类 TcpSocket，复制 WiFiApp 项目中网络通信类 TcpSocket 的 Java 代码（除了第 1 行代码），粘贴在新建网络通信类 TcpSocket 的 Java 代码上（注意保留第 1 行代码），另外要修改 IP 地址和端口号。

6. 复制 WiFiApp 项目中主活动类 MainActivity 的 Java 代码（除了第 1 行代码），粘贴在 WiFiAppL 项目中主活动类 MainActivity 的 Java 代码上（注意保留第 1 行代码）。

7. 用现场的 Wi-Fi 名称和密码设置 Wi-Fi 模块的“WiFi”菜单。

8. 用 Doit 云平台的临时 IP 地址和端口号设置 Wi-Fi 模块的“Networdks”菜单。

习　题

一、简述

1. 建立 Doit 云平台的步骤。

2. 设置 Wi-Fi 模块的“WiFi”菜单和“Networks”菜单（使用 Doit 云平台临时 IP 地址和端口号）的步骤。

附录A　单片机项目程序设计入门概要

一、编程语言的基础概念

1）字符集

代码都是由键盘上的字符（ASCII 字符）按照相应语法规则编写而成的，这些字符可分为以下三类。

（1）英文字母。

（2）阿拉伯数字。

（3）其他符号，如“[”“]”“{”“}”“+”“–”“*”“/”“%”“<”“=”“>”“!”“|”“&”等。

2）标识符

程序中有各种程序对象，如变量、函数、数组、数据类型等。为了正确使用这些程序对象，应先命名标识，这种具有名字效应的字符序列称为标识符。编程语言对标识符的规定如下。

（1）标识符只能由英文字母、阿拉伯数字、下画线“_”三种字符组成。

（2）大写字母与其对应的小写字母视为不同字符，即代表不同的对象。例如，A12 与 a12 代表不同的对象。

（3）阿拉伯数字不能作为标识符的首字符。

3）关键字

编程语言把一些具有特定含义的标识符划归系统使用，用作专用定义符。这种专用定义符就是关键字。关键字不允许作为程序设计人员自定义的标识符使用。编程语言的关键字一般是由小写字母构成的字符序列。

4）常量和变量

常量是指在程序运行过程中其值不可以改变的量；变量是指在程序运行过程中其值可以改变的量。

5）语句

语句是组成 C 语言程序的基本单位，它能完成特定的操作。每条语句都必须以分号“;”作为结束标志。一条语句可由单独的一个分号组成，该语句称为空语句。

二、单片机程序的组成结构

（1）预处理命令部分。

（2）全局变量定义部分。

（3）函数定义部分。

三、预处理命令简介

（1）文件包含预处理命令，其一般格式如下。

```
#include<文件名>
```

文件包含预处理命令的功能是用指定文件的全部内容替换该预处理代码。例如，“#include<reg52.h>”在编译时，该代码就用系统安装目录中的“INC”子目录中的“reg52.h”文件的全部内容来替换，原来的一行代码被替换后就成了若干行代码。

（2）宏定义预处理命令，其一般格式如下。

```
#define 宏标识符   表达式
```

其中，“宏标识符”是所定义的宏名，它的作用是在程序中用指定的宏名来代替表达式。例如，“#define uchar unsigned char”在编译时，程序中所有的“uchar”都被替换成“unsigned char”后才进行编译。

（3）其他预处理命令。

其他预处理命令还包括条件编译预处理命令等。

四、全局变量定义简介

全局变量是在方法定义前定义的变量。定义变量语句的一般格式有以下三种。

```
类型标识符 变量名;
类型标识符 变量名=表达式;
类型标识符 数组名[常量表达式];
```

类型标识符就是编程语言中的数据类型关键字，如 int、byte、bit、sbit、char、float、double 等。

与预处理命令不同，变量定义最后必须用分号结尾，分号是语句结束的标志。例如，“int x,y;”是定义整型变量 x 和 y 的语句，“int z=99;”是定义整型变量 z 并赋初值 99 的语句，“int num[10]”是定义有 10 个元素的整型数组 num 的语句。

五、函数定义简介

函数是程序功能模块化的代码组织形式。定义函数的一般格式如下。

```
类型标识符 函数名(形参列表){
    语句序列
}
```

其中，类型标识符除了变量定义中可用的数据类型，还有void类型（空类型）。函数名就是这个函数的名称，函数名后的小括号对是函数的标记，小括号中的内容称为形参列表。为叙述方便，把这一行开头到函数的标记小括号为止的代码称为函数的函数头；把函数头后从左大括号“{”起，包括语句序列，到右大括号“}”为止的部分，称为函数的函数体。定义函数的根本目的是让这个函数被程序调用。

六、函数头中的形参列表简介

形参列表的一般格式如下。

```
(类型标识符 1 形参名 1,类型标识符 2 形参名 2,类型标识符 3 形参名 3…)
```

其中，类型标识符与形参名之间用空格分隔，各个形参定义之间用逗号分隔，最后一个形参名后没有逗号。另外，形参不是必需的，可以没有形参，但不能没有小括号对。

七、函数体中的语句序列简介

函数体中的语句序列中可以有一个到多条语句。其中，变量定义语句应放在语句序列的最前面位置（函数体中定义的变量称为局部变量）。其他功能的语句按运作顺序需要排列。当一个函数被程序调用时，执行流程就进入函数体，按语句序列的排列顺序，一条语句接一条语句地执行，执行流程完成后来到函数体的结束标志右大括号“}”，这个右大括号就结束函数的执行流程，并把执行流程返回到调用者。

八、函数体中的语句类别

（1）局部变量定义语句。

（2）赋值语句。

（3）流程控制语句。

九、赋值语句简介

赋值语句可分为简单赋值语句和复合赋值语句两类。简单赋值语句的一般格式如下。

```
变量名=表达式;
```

其中的符号“=”就是赋值号，它的作用是把右边表达式的值赋给左边的变量名。例如，赋值语句“x=a+6;”是指把右边表达式a+6的值赋给左边的变量x。

复合赋值语句将在后文详细介绍。

十、流程控制语句简介

1）if 语句

if 语句的一般形式如下。

```
if(表达式){
    语句序列
}
```

if 语句流程图如图 A-1 所示。

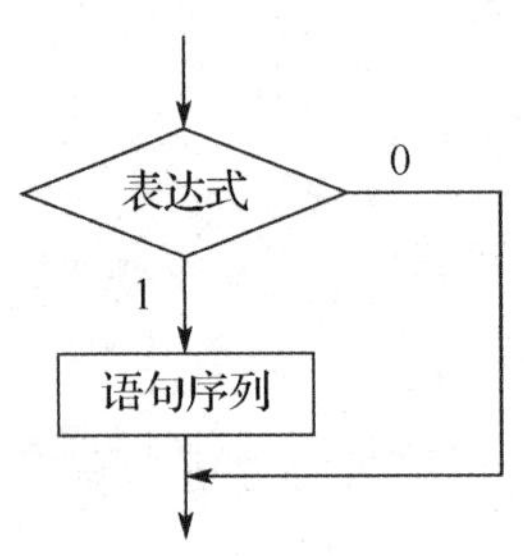

图 A-1　if 语句流程图

执行规则：首先对表达式进行判断，如果计算结果为“真”，即计算结果为“1”，那么执行语句序列；如果计算结果为“假”，即计算结果为“0”，那么跳过语句序列，去执行其后的语句。关于“真”和“假”的计算方法稍后介绍。

2）if-else 语句

if-else 语句的一般形式如下。

```
if(表达式){
  语句序列 1
else {
  语句序列 2
}
```

if-else 语句流程图如图 A-2 所示。

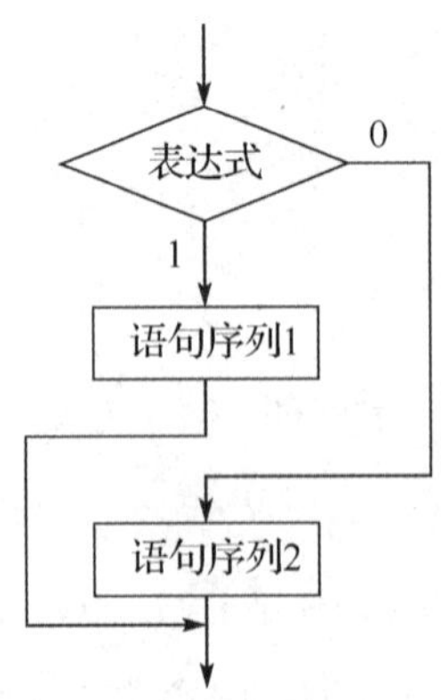

图 A-2　if-else 语句流程图

执行规则：首先计算表达式的值，如果计算结果为“1”，则执行语句序列 1，否则执行语句序列 2。

3）if-else-if 语句。

if-else-if 语句是 if 语句的第三种形式，它的一般形式如下。

```
if(表达式 1){
    语句序列 1
  }
else  if(表达式 2){
     语句序列 2
  }
else {
     语句序列 3
  }
```

if-else-if 语句流程图如图 A-3 所示。

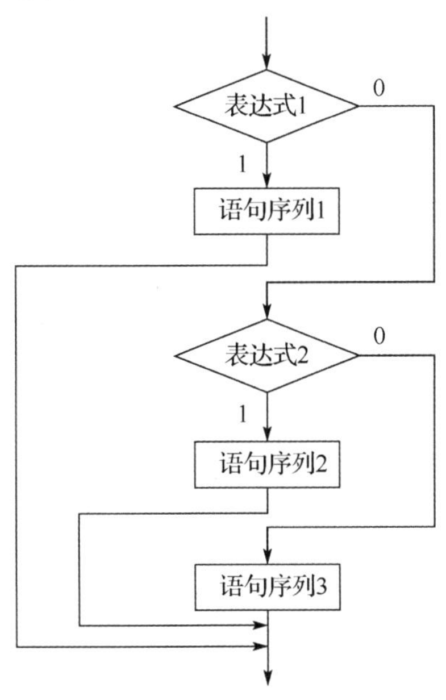

图 A-3　if-else-if 语句流程图

4）break 语句

break 语句很简单，它的一般形式如下。

```
break;
```

break 语句的功能是，跳出它所在的 switch 语句或循环语句，从 switch 语句或循环语句的下一条语句往下执行程序流程。

5）switch 语句

switch 语句也称开关语句，它的一般形式如下。

```
switch (表达式){
 case  常量表达式 1:    语句序列 1
```

```
                break;
    case  常量表达式 2:    语句序列 2
                break;
    …
    case  常量表达式 n:    语句序列 n
                break;
    default:               语句序列 n+1
}
```

switch 语句的执行流程：将 switch 表达式的值与各 case 后常量表达式的值依次进行比较，在遇到匹配（相等者）时，执行相应 case 后面的语句序列，然后执行 break 语句从而跳出 switch 语句往下执行。若无匹配时，执行 default 后面的语句序列 n+1，其后就以 switch 语句的结束标志"}"结束。

说明：①switch 语句中可以没有 break 语句，在相应 case 后面的语句序列执行完后，继续执行后面的所有语句，直到执行 switch 语句的结束标志"}"后结束；②switch 语句中也可以没有 default 分支，此时若 switch 表达式的值与各 case 后常量表达式的值没有相等的值，就直接结束该 switch 语句。

switch 语句流程图如图 A-4 所示。

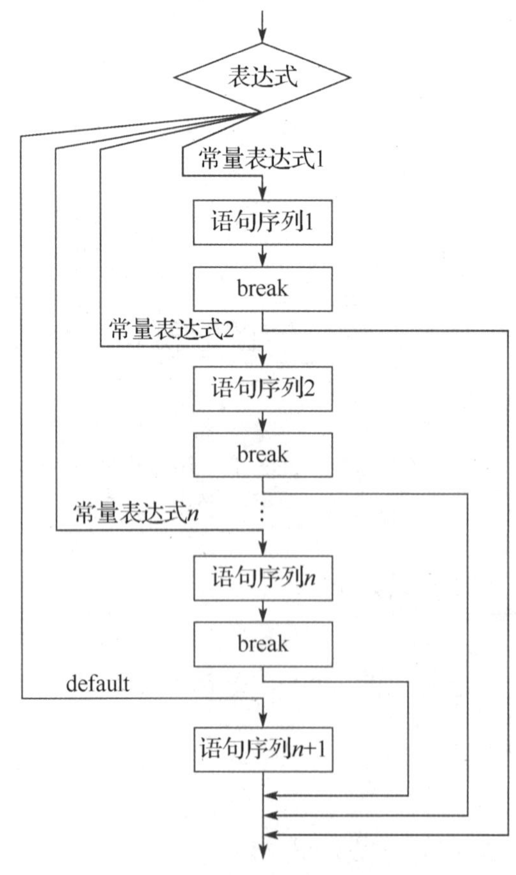

图 A-4　switch 语句流程图

6）for 语句

for 语句的一般形式如下。

```
for(表达式 1;表达式 2;表达式 3) {
    语句序列
}
```

“for(表达式 1;表达式 2;表达式 3)”可称为循环头，后面大括号所界定的范围称为循环体。for 语句流程图如图 A-5 所示。它的执行规则如下。

A：先计算表达式 1，再转 B。

B：计算表达式 2，若其值为“1”，则转 C，若其值为“0”则转 E。

C：执行 for 下面大括号中的语句序列，执行完转 D。

D：计算表达式 3，结束本次循环，转回 B 开始下一次循环。

E：结束循环。流程跳出整个 for 循环结构，转去执行 for 循环结构后面的第一条语句。

使用 for 语句来进行循环结构设计时一般先要在 for 语句前定义一个循环控制变量，并在 for 循环头中用表达式 1 对这个循环控制变量赋初值；再用表达式 2 建立一个包含循环控制变量的表达式；最后用表达式 3 来使循环控制变量更新，从而使表达式 2 趋于 0。

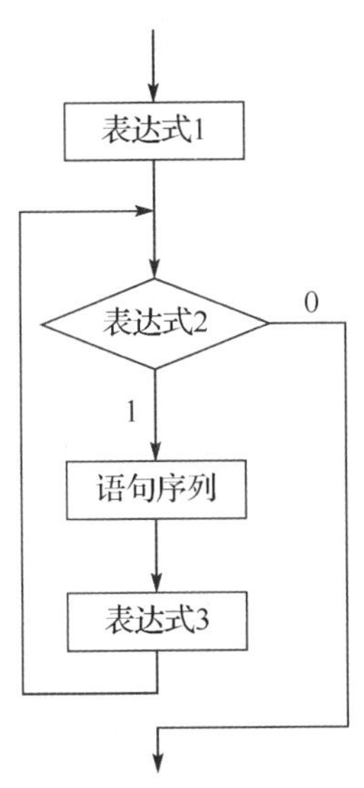

图 A-5　for 语句流程图

7）while 语句

while 语句的一般形式如下。

```
while(表达式) {
    语句序列
}
```

while 语句流程图如图 A-6 所示。

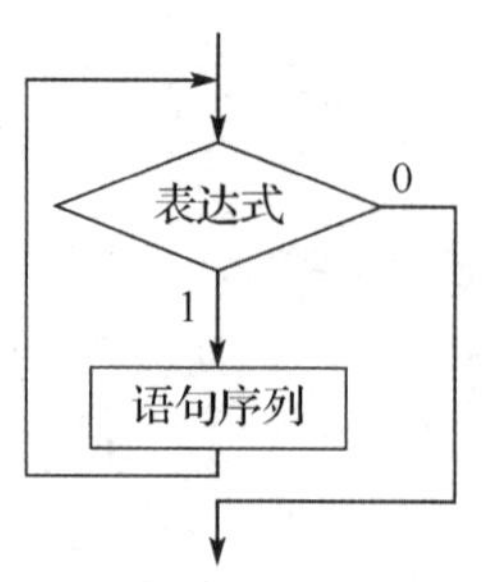

图 A-6　while 语句流程图

执行规则：先计算表达式，若表达式计算结果为“1”，就执行一次循环体中的语句序列，然后返回，再次计算表达式，如此重复，直到表达式的计算结果为 0，流程跳出 while 语句。

另外，当大括号中语句序列只有一条语句时，大括号也可省略。

8）do-while 语句

do-while 语句的一般形式如下。

```
    do {
      语句序列
  }while(表达式);
```

do-while 语句流程图如图 A-7 所示。

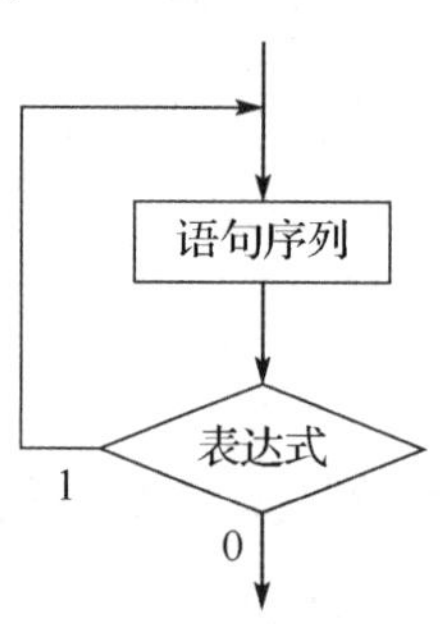

图 A-7　do-while 语句流程图

执行规则：先执行一次语句序列，然后计算表达式的值，若表达式值为“1”，就返回去执行语句序列，再计算表达式，如此重复，直到计算的表达式的值为“0”，do-while 语句执行结束。

需要注意的是，在 do-while 语句中，最后的“while(表达式)”后面的分号“;”不可省略。

9）continue 语句

continue 语句的作用是提前结束本次循环，让执行流程返回到循环头中。具体返回点对 for 语句来说是计算表达式 3，对 while 语句和 do-while 语句来说是计算 while(表达式)。

10）函数的调用和返回

函数的调用可分为语句调用和表达式调用两种形式，函数的语句调用一般形式有以下两种。

```
函数名(实参列表);
函数名();
```

函数的表达式调用一般形式有以下两种。

```
变量名=函数名(实参列表);
```

```
变量名=函数名();
```

函数的返回用 return 语句实现，return 语句的一般形式有以下两种。

```
return;
return 表达式;
```

其中，表达式的类型必须与函数定义时的类型相同。

十一、运算符和表达式

1）赋值运算符和赋值表达式

在程序设计语言中，符号“=”不表示相等，而表示赋值运算，赋值表达式的一般形式如下。

```
变量名=表达式
```

它表示把赋值号右边表达式的值赋给赋值号左边的变量。如果赋值表达式末尾加上分号“;”，就构成赋值语句。

任何表达式都有值，赋值表达式的值就是赋值号左边变量被赋的值。另外，赋值表达式中的表达式也可以是另一个赋值表达式。例如，多重赋值语句“x=y=z=6;”是正确的语句。

2）算术运算符和算术表达式

算术运算符可对数据进行算术运算。常用的算术运算符如下。

取负运算符：-。

加法运算符：+。

减法运算符：-。

乘法运算符：*。

除法运算符：/。

求模运算符：%。

用算术运算符将运算数据连接所组成的式子称为算术表达式。单独的一个运算数据也可视为算术表达式。

说明：取负、加法、减法、乘法的运算规则同数学运算规则一致。当除法运算的两个操作数都是整型数据时，其结果为整数（舍去小数部分），当操作数中有一个为实型数据时，其结果为实数。求模运算的两个操作数都必须是整型数据，其结果为整数，模的正、负符号为被除数的正、负符号。

3）复合赋值运算符

复合赋值运算符是在基本赋值运算符“=”前加上其他运算符，如“+”“-”“*”“/”“%”等组合而成的一种赋值运算符，如“+=”“-=”“*=”“/=”“%=”等，其含义说明如下。

a+=99 等价于 a=a+99。

b-=a+5 等价于 b=b-(a+5)。

c*=12+b 等价于 c=c*(12+b)。

d/=a+3 等价于 d=d/(a+3)。

m%=n−2 等价于 m=m%(n−2)。

4）关系运算符和关系表达式

关系运算就是对两个量的大小关系进行比较并判定比较的结果是否满足给定关系的运算。当满足给定关系时，结果为“真”，用“1”表示；当不满足给定关系时，结果为“假”，用“0”表示。C 语言提供了以下 6 种关系运算符。

<表示小于。

>表示大于。

<=表示不大于。

>=表示不小于。

==表示等于。

!=表示不等于。

在上面的 6 种关系运算符中，“<”“>”“<=”“>=”这 4 种关系运算符的优先级相同，“==”和“!=”这 2 种关系运算符的优先级相同，前 4 种关系运算符的优先级高于后 2 种关系运算符。当优先级相同时，关系运算顺序规定为从左向右，关系运算符的优先级低于算术运算符、高于赋值运算符。

用关系运算符连接两个表达式所组成的式子称为关系表达式。关系运算的结果是一种逻辑值，关系成立时的逻辑值为“真”，用数值 1 代表；关系不成立时的逻辑值为“假”，用数值 0 代表。

5）逻辑运算符与逻辑表达式

逻辑运算符主要用于对关系表达式之间的关系进行进一步的逻辑判断，以表达更复杂的条件。在 C 语言中，逻辑运算符不但能连接关系表达式，而且能连接其他类型的表达式。逻辑运算符有！（非运算）、&（与运算）、||（或运算）三种。逻辑运算要求运算对象为“真”（用 1 表示）或“假”（用 0 表示）；逻辑运算的结果为“真”（用 1 表示）或“假”（用 0 表示）。逻辑运算符的运算规则表如表 A-1 所示。

表 A-1 逻辑运算符的运算规则表

数据 a	数据 b	!a	!b	a&b	a||b
1	1	0	0	1	1
1	0	0	1	0	1
0	1	1	0	0	1
0	0	1	1	0	0

6）位运算符与位运算表达式

位运算符的作用是对变量进行二进制数各位上的运算，它可用来对单片机的硬件进行操作。C 语言一共有 6 种位运算符。下面结合位运算表达式说明位运算规则，设 a 为二进制数 11110000，

b 为二进制数 00001111。

（1）<<：左移。若 a<<4，其中的 4 表示移 4 位，则 a=00000000。

（2）>>：右移。若 a>>5，其中的 5 表示移 5 位，则 a=00000111。

（3）&：位对位的与运算。若 a=a&b，a 和 b 的 8 位对应相与结果赋给 a，则 a=00000000。

（4）|：位对位的或运算。若 a=a|b，a 和 b 的 8 位对应相或结果赋给 a，则 a=11111111。

（5）^：位对位的异或运算。若 a=a|b，a 和 b 的 8 位对应相异或结果赋给 a，则 a=11111111。

（6）～：按位取非。若 a=～a，a 的 8 位按位取非结果赋 a，则 a=00001111。

7）运算符的优先级和结合性

C 语言中的运算种类很多。当同一表达式中出现几种不同的运算符时，要考虑各个运算符的优先级，先进行优先级高的运算。当一个表达式两侧的运算符优先级相同时，按运算符的结合性所规定的结合方向进行运算。C 语言的结合性分为左结合和右结合两种。左结合是指从左向右执行运算，右结合是指从右向左执行运算。C 语言中的运算符多数为左结合运算符，较典型的右结合运算符是赋值运算符，如 a=b=c，由于赋值运算“=”的右结合性，应先执行 b=c 赋值运算再执行 a=（b=c）赋值运算。

本书中常用运算符的优先级和结合性如表 A-2 所示，优先级数字越大的运算符优先级越高。

表 A-2　本书中常用运算符的优先级和结合性

<table>
<tr><th>优 先 级</th><th>运 算 符</th><th>名　称</th><th>结 合 性</th></tr>
<tr><td>10</td><td>()
[ ]
.
-></td><td>括号运算及函数参数表
下标运算符
结构体成员运算符
指向结构体成员运算符</td><td>左结合</td></tr>
<tr><td>9</td><td>!
++　--
-
(类型标识符)
&
*</td><td>逻辑非运算符
自增、自减运算符
取负运算符
强制类型转换运算符
取变量地址运算符
指针运算符</td><td>右结合</td></tr>
<tr><td>8</td><td>*　/　%</td><td>算术乘、除、取模运算符</td><td>左结合</td></tr>
<tr><td>7</td><td>+　-</td><td>算术加、减运算符</td><td>左结合</td></tr>
<tr><td>6</td><td>< <=
> >=</td><td>小于、小于或等于运算符
大于、大于或等于运算符</td><td>左结合</td></tr>
<tr><td>5</td><td>==　!=</td><td>等于、不等于关系运算符</td><td>左结合</td></tr>
<tr><td>4</td><td>&&</td><td>逻辑与运算符</td><td>左结合</td></tr>
<tr><td>3</td><td>||</td><td>逻辑或运算符</td><td>左结合</td></tr>
<tr><td>2</td><td>?　:</td><td>条件运算符</td><td>右结合</td></tr>
<tr><td>1</td><td>=　+=　-=　*=　/=　%=
>>=　<<=　&=　^=　|=</td><td>赋值运算符</td><td>右结合</td></tr>
</table>

十二、单片机程序的中断技术简介

中断一般是指在正常的工作进程中发生了意外的突发事件，需要暂停正常工作，应急处理该突发事件后，再回到之前暂停的环节继续工作。

单片机设计者在单片机中引入了中断机制，这就为单片机在系统正常运行时应对突发事件奠定了基础。在 51 系列单片机中，中断源请求共有以下 5 个。

外部中断 0 请求，由 INT0(P3.2)输入。

外部中断 1 请求，由 INT1(P3.3)输入。

定时器/计数器 T0 溢出中断请求。

定时器/计数器 T1 溢出中断请求。

串口发送/接收中断请求。

下面给出单片机中断编程中需要掌握的 7 个特殊功能寄存器的名称和操作要点。

1）中断允许寄存器 IE

中断允许寄存器 IE 用来设定各个中断源的打开和关闭。对 IE 既可按字节寻址，也可按位寻址（可对 IE 的每一位单独进行操作）。单片机复位时 IE 被全部清 0。中断允许寄存器 IE 各功能位定义如表 A-3 所示。

表 A-3 中断允许寄存器 IE 各功能位定义

位 序 号	IE.7	IE.6	IE.5	IE.4	IE.3	IE.2	IE.1	IE.0
定 义	EA	未定义	未定义	ES	ET1	EX1	ET0	EX0

各功能位定义的含义如下。

EA：中断总控位。当 EA=0 时，关闭一切中断；当 EA=1 时，打开一切中断，此时 CPU 才可以响应各中断源的中断请求。

ES：串口中断允许位。当 ES=0 时，禁止该中断；当 ES=1 时，允许该中断。

ET1：定时器/计数器 T1 中断允许位。当 ET1=0 时，禁止该中断；当 ET1=1 时，允许该中断。

EX1：外部中断 1 中断允许位。当 EX1=0 时，禁止该中断；当 EX1=1 时，允许该中断。

ET0：定时器/计数器 T0 中断允许位。当 ET0=0 时，禁止该中断；当 ET0=1 时，允许该中断。

EX0：外部中断 0 中断允许位。当 EX0=0 时，禁止该中断；当 EX0=1 时，允许该中断。

2）中断优先级寄存器 IP

为了在单片机出现多个中断源同时发出中断请求时有一个通行的处置顺序，在进行单片机芯片设计时就制定了一个默认的标准顺序，这个标准顺序按由高到低排列如下。

中断源	标准顺序
外部中断 0	最高级
定时器/计数器 T0	次高级
外部中断 1	居中级
定时器/计数器 T1	次低级
串口中断	最低级

运行程序如果遵循默认的标准顺序，则当多个中断源同时发出中断请求时，CPU 就按标准顺序处理中断请求。然而，在一些特殊情况下，编程者需要系统优先接受某些标准顺序较低的中断请求，此时就必须先改变中断优先级寄存器 IP 设置。

中断优先级寄存器 IP 用来设定 CPU 对各中断源中断请求的响应级别。中断优先级寄存器 IP 各功能位定义如表 A-4 所示。

表 A-4 中断优先级寄存器 IP 各功能位定义

位 序 号	IP.7	IP.6	IP.5	IP.4	IP.3	IP.2	IP.1	IP.0
定 义	未定义	未定义	未定义	PS	PT1	PX1	PT0	PX0

各功能位定义的含义如下。

PS：串口中断优先级控制位。当 PS=1 时，串口中断为高优先级；当 PS=0 时，串口中断为低优先级。

PT1：定时器/计数器 T1 中断优先级控制位。当 PT1=1 时，定时器/计数器 T1 中断为高优先级；当 PT1=0 时，定时器/计数器 T1 中断为低优先级。

PX1：外部中断 1 优先级控制位。当 PX1=1 时，外部中断 1 为高优先级；当 PX1=0 时，外部中断 1 为低优先级。

PT0：定时器/计数器 T0 中断优先级控制位。当 PT0=1 时，定时器/计数器 T0 中断为高优先级；当 PT0=0 时，定时器/计数器 T0 中断为低优先级。

PX0：外部中断 0 优先级控制位。当 PX0=1 时，外部中断 0 为高优先级；当 PX0=0 时，外部中断 0 为低优先级。

单片机上电复位后，IE 和 IP 全部被清 0。运行程序对 IE 保持默认时，所有中断被禁止；运行程序对 IE 进行设置后，有关中断被开放。有关中断开放后，若运行程序对 IP 未加干预，则 5 个中断源的优先级同为低优先级，此时 CPU 就按标准顺序处理各中断请求；运行程序对 IP 进行设置后，CPU 按先高优先级后低优先级的原则处理，在高优先级中和低优先级中再按标准顺序进行处理。

3）定时器/计数器控制寄存器 TCON

定时器/计数器控制寄存器 TCON 的作用是控制定时器/计数器的启动和中断请求。定时器/计数器控制寄存器 TCON 功能位定义如表 A-5 所示。

表 A-5　定时器/计数器控制寄存器 TCON 功能位定义

位　序　号	D7	D6	D5	D4	D3	D2	D1	D0
定　　义	TF1	TR1	TF0	TR0	IE1	IT1	IE0	IT0

各功能位定义的含义如下。

TF1：定时器/计数器 T1 溢出标志。当定时器/计数器 T1 溢出时，由内部硬件申请中断；进入中断服务函数后由内部硬件自动清 0。

TR1：定时器/计数器 T1 运行控制位。靠软件置 1 或清 0，置 1 时定时器/计数器 T1 开始工作，清 0 时定时器/计数器 T1 停止工作。

TF0：定时器/计数器 T0 溢出标志。当定时器/计数器 T0 溢出时，由内部硬件申请中断；进入中断服务函数后由内部硬件自动清 0。

TR0：定时器/计数器 T0 运行控制位。靠软件置 1 或清 0，置 1 时定时器/计数器 T0 开始工作，清 0 时定时器/计数器 T0 停止工作。

IE1：外部中断 1（INT1 引脚）请求标志。检测到在 INT1 引脚上的低电平（或负跳变）时，由硬件置 1，请求中断，进入中断服务函数后由硬件自动清 0。

IT1：外部中断 1 触发方式选择位。当 IT1=0 时，为电平方式，引脚 INT1 上低电平触发；当 IT1=1 时，为跳变沿方式，引脚 INT1 上电平从高到低的负跳变触发。

IE0：外部中断 0（INT1 引脚）请求标志。当检测到在 INT0 引脚上的低电平（或负跳变）时，由硬件置 1，请求中断，进入中断服务函数后由硬件自动清 0。

IT0：外部中断 0 触发方式选择位。当 IT0=0 时，为电平方式，引脚 INT0 上低电平触发；当 IT0=1 时，为跳变沿方式，引脚 INT0 上电平从高到低的负跳变触发。

当单片机上电复位后，寄存器 TCON 全部被清 0，对寄存器 TCON 可以进行功能位的单独操作（位寻址）。

4）定时器/计数器工作方式寄存器 TMOD

定时器/计数器工作方式寄存器 TMOD 的作用是设置定时器/计数器 T0 和 T1 的工作方式。定时器/计数器工作方式寄存器 TMOD 功能位定义如表 A-6 所示。

表 A-6　定时器/计数器工作方式寄存器 TMOD 功能位定义

位　序　号	D7	D6	D5	D4	D3	D2	D1	D0
定　　义	GATE	C/T	M1	M0	GATE	C/T	M1	M0

各功能位定义的含义如下。

寄存器 TMOD 的高 4 位用来控制定时器/计数器 T1，低 4 位用来控制定时器/计数器 T0。高 4 位对定时器/计数器 T1 的控制和低 4 位对定时器/计数器 T0 的控制在方式和效果上是一样的。

GATE：受控模式设置位。当 GATE=0 时，定时器/计数器的启动与停止仅受寄存器 TCON 中 TR1、TR0 的控制；当 GATE=1 时，定时器/计数器的启动与停止受寄存器 TCON 中 TR0、TR1 和外部中断引脚 INT1、INT0 上的电平状态共同控制。

C/T：工作模式设置位。当 C/T=0 时，工作为定时器模式；当 C/T=1 时，工作为计数器模式。

M1、M0：工作方式设置位。每个定时器/计数器都有 4 种工作方式，这是由 M1、M0 来设置的，4 种工作方式的设置如表 A-7 所示。

表 A-7　4 种工作方式的设置

M1	M0	工 作 方 式
0	0	方式 0，13 位定时器/计数器
0	1	方式 1，16 位定时器/计数器
1	0	方式 2，8 位初值自动重装的 8 位定时器/计数器
1	1	方式 3，仅适用于定时器/计数器 T0，分成两个 8 位定时器/计数器，定时器/计数器 T1 停止工作

单片机中的定时器或计数器是同一部件，实质就是一个 16 位二进制数的加 1 计数器，根据设置的不同而形成定时器模式或计数器模式，定时器模式是对单片机内部的工作周期数计数（1 个工作周期等于 12 个时钟周期），计数器模式是对定时器/计数器 T0 或定时器/计数器 T1 引脚上的外部脉冲计数。当计数到其 16 位二进制数为“1111111111111111B”再加 1 时就产生溢出，发出中断请求，CPU 就暂停正在执行的程序，转而执行中断服务程序。不管定时器/计数器 T0 和定时器/计数器 T1 是处于定时器模式还是计数器模式，其操作和过程都不占用 CPU 的时间。

5）串口控制寄存器 SCON

串口控制寄存器 SCON 的字节地址是 98H，可位寻址。串口控制寄存器 SCON 用来定义串口的工作方式及对发送和接收进行控制。串口控制寄存器 SCON 各控制位的定义如表 A-8 所示。

表 A-8　串口控制寄存器 SCON 各控制位的定义

位　序　号	D7	D6	D5	D4	D3	D2	D1	D0
定　　义	SM0	SM1	SM2	REN	TB8	RB8	TI	RI

各功能位定义的含义如下。

SM0、SM1 为串口工作方式选项择位，串口工作方式的设置如表 A-9 所示。

表 A-9　串口工作方式的设置

SM0	SM1	工 作 方 式	功 能 描 述	波　特　率
0	0	方式 0	8 位移位寄存器	fosc/12
0	1	方式 1	10 位 UART	可变
1	0	方式 2	11 位 UART	fosc/64
1	1	方式 3	11 位 UART	可变

注：表中，fosc 为晶振频率。

SM2 为多机控制位。

REN 为接收允许控制位。当 REN=1 时，允许接收；当 REN=0 时，禁止接收。

TB8 用于多机通信中区别地址与数据。本书不引用。

RB8 为发送数据的第 9 位。本书不引用。

TI 为发送中断标志位。发送前必须用赋值语句赋 0 值，发送完一帧数据后，由片内硬件自动置 1。若要再发送，则必须用赋值语句再赋 0 值。

RI 为接收中断标志位。接收前必须用赋值语句赋 0 值，接收完一帧数据后，由片内硬件自动置 1。若要再接收，则必须用赋值语句再赋 0 值。

6）电源控制寄存器 PCON

电源控制寄存器 PCON 的字节地址为 87H，无位寻址，电源控制寄存器 PCON 各控制位定义如表 A-10 所示。

表 A-10　电源控制寄存器 PCON 各控制位定义

位 序 号	D7	D6	D5	D4	D3	D2	D1	D0
定 义	SMOD	未定义	未定义	未定义	GF1	GF0	P0	IDL

SMOD 为数据传输率加倍位。0 表示不加倍，1 表示加倍。本书中都不加倍。其余各位不常用，清 0 即可。在本书中，PCON 寄存器取其上电复位值，程序中都不做处理。

7）数据缓冲寄存器 SBUF

数据缓冲寄存器 SBUF 实际上是两个物理上独立的寄存器，其地址和名字共用，接收与发送是从具体的赋值方向来识别的。数据缓冲寄存器 SBUF 若以“a=SUBF”形式使用，则为接收数据缓冲器；若以“SUBF=a”形式使用，则为发送数据缓冲器。

8）单片机中断服务程序

单片机中断技术最关键的环节就是编写中断服务函数，程序正常运行中若产生了中断，程序执行流程就转到相应的中断服务函数，中断服务函数执行完毕，流程就返回到中断点继续执行被中断的程序。单片机中断服务函数的一般格式如下。

```
void 函数名() interrupt 中断号 {
    中断服务语句序列
}
```

中断服务函数的标志为小括号后用关键字 interrupt 来指定中断号，中断号就是 5 个中断源的排列号，依次是 0、1、2、3、4。

附录B　手机 App 项目开发入门概要

一、编程语言的基础概念

编程语言的基础概念与附录 A 中的同名内容类似，另外，Java 中的方法与 C 语言中的函数只是名称不同，没有实质上的区别，此处不再介绍。

二、手机 App 项目的程序结构

用 AS 系统默认方式创建的手机 App 项目（Project）的文件面板显示中，主要有一个主程序（主活动类）文件、一个布局文件和一个注册文件。这个由 AS 系统默认方式创建的手机 App 项目程序能在模拟器中直接运行，可以显示“Hello World!”文本。

项目中的主活动类文件 MainActivity.java 中有一个 onCreate()方法，这个方法是手机 App 项目程序运行时的入口，可以称之为主方法，主方法所在的类可以称为主活动类。方法这个概念，实质上就是 C 语言中的函数，只不过名称不同而已。Java 语言中规定，任何一个方法，都只能在类中定义。

项目中的布局文件 activity_main.xml 的作用是形成手机 App 项目的 UI 界面，UI 界面在主方法中被加载。

项目中的注册文件 AndroidManifest.xml 的作用是注册项目的图标、标题、主活动类、各种应用等。

对于手机 App 项目的开发，完全可以从 AS 系统默认创建步骤中的这三个文件着手，再进行修改补充来实现所需功能。

三、外部类的定义

在手机 App 项目开发时，仅有一个主活动类是不够的，还需要在包中定义另一个类。定义类时首先在项目文件面板中展开 App 文件夹，再展开 java 文件夹，右击包名后，在弹出的快捷菜单中，依次选择“New”→“java Class”命令，再于弹出的创建新类对话框中输入类名后确认，就定义了一个空的外部类。在这个空类中可以定义所需的成员（变量）和方法。特别要注意的是，当方法名与类名完全相同时，这个方法称为类的构造方法。类的构造方法用来创建类的对象（使用时须加 new 前缀），参见本书任务 9 中关于网络通信类 TcpSocket 类的定义。

四、对象的创建

定义类的目的，是在类的外部创建类的对象（参见本书任务 10 中在主活动类的主方法中创建网络通信对象 tcpSocket 的语句）。创建类的对象语句为“对象名=new 类名(实参列表); ”，“new”是创建类的对象的关键字。语句中的“类名(实参列表)”就是类的构造方法，特别要注意的是，当类的定义中没有构造方法的定义时，系统就会自动为该类定义一个没有参数的构造方法，用于创建类的对象。

五、内部类

在一个类的内部用关键字 class 定义的类称为内部类，这种情况多数发生在定义线程类时，参见本书任务 9 中关于线程的定义。另外，在方法中定义的类也是内部类。

六、匿名内部类

在一条语句中定义的类称为匿名内部类，定义匿名内部类不使用 class 关键字，而是在直接创建对象的“new 被继承类名(){…}”的格式中定义的一个类“{…}”，参见任务 10 中创建组织者对象 handler 的语句。

七、按钮响应的编程

点击 UI 界面中的按钮，目的是让程序产生相应动作。实现相应动作的程序设计时有多种方案可选。其中，最简单的方案是使用按钮控件的 onClick 属性，即在按钮控件的 onClick 属性中直接绑定事件处理方法。这样，当 UI 界面上的这个按钮被点击时，就会触发程序中被绑定的方法，从而产生相应的程序动作。

八、Handler 类

Handler 类又称为组织者类，它的作用就是组织消息的发送和接收。Handler 类的对象用 sendMessage()方法向主线程发送消息，用 handlerMessage()方法在主线程中接收和处理这个消息，因此，在主线程和分线程中都要分别创建组织者对象 handler。在分线程中使用的 handler 对象创建较为简单，在主线程中 handler 对象则要使用匿名内部类并实现 handlerMessage()方法来创建。在这种组织管理机制下，只要分线程中 handler 对象用 sendMessage()方法向主线程发送消息，主线程中的 handlerMessage()方法就被触发，从而实现主线程中的消息接收和处理。

九、Socket 类

Socket 称为套接字。Socket 类是网络通信的基础，其主要方法有以下几种。

（1）getInputStream，获取输入流，即收取对方发过来的信息。

（2）getOutputStream，获取输出流，即发送给对方的信息。

（3）isConnected，判断 Socket 是否连上。

（4）isClosed，判断 Socket 是否关闭。

十、缓冲字节输入流类和缓冲字节输出流类

BufferedInputStream 是缓冲字节输入流类，BufferedOutputStream 是缓冲字节输出流类。使用缓冲字节流可以提高效率。在创建缓冲字节输入流对象时，需传入一个套接字输入流作实参，在创建字节输出流对象时，需传入一个套接字输出流作实参。

十一、手机 App 与单片机网络通信要点

在 UI 界面中点击“温度查询”按钮，对应的事件监听方法被触发，即数组实参间接调用网络通信类中的消息发送方法，该消息发送方法首先用指定的 IP 地址和端口号创建套接字对象 socket，再用套接字对象的字节输出流作实参创建缓冲字节输出流，然后用缓冲字节输出流的 write()方法，将数组数据写入缓冲字节输出流，最后用缓冲字节输出流的 flush()方法，将缓冲字节输出流数据输出到网络中指定的 IP 地址和端口，被绑定了这个 IP 地址和端口号的 Wi-Fi 模块传送到单片机。

单片机用串口中断技术收到联络口令后，首先用串口发送温度数据到绑定的 IP 地址和端口号，通过套接字技术，进入套接字输入流，手机 App 分线程就会用套接字输入流创建缓冲输入流对象，用缓冲输入流对象的 read()方法把套接字输入流中的数据读入缓冲数组，然后创建消息对象，设置消息对象的 what 和 obj 两个成员，用管理者对象的 sendMessage()方法，向主线程发送消息，从而激发主线程中的消息监听方法，消息监听方法就根据 what 口令值把 obj 数据转换为 bytes[]数组，最后用 bytes 作实参调用 update()方法，进行 UI 界面中温度显示值的实时更新。

十二、try-catch 结构的作用

程序执行流程进入 try 块后，如果所有语句正常执行，try 块就正常结束并跳过其后的 catch 块，往后继续执行流程；如果 try 块中某条语句执行出现异常，就交给其后的 catch 块来处理。处理异常的有关分析比较困难，本书默认 try 块中所有语句都正常执行。

附录C　单片机实验板的制作

本书实训所用单片机实验板是由《用微课学电子 CAD（第 2 版）》一书中 PCB 板安装而成，为缩小 PCB 板的尺寸以降低成本，该板上没有考虑继电器，要另配两块 4 路继电器成品板，如图 C-1 所示，PCB 板上有适用于 4 路继电器成品板的安装孔。图 C-2 和图 C-3 都是 CAD 实训作品，图 C-3 将图 C-2 中的 USB 接口做成了更大的封装，并将个别封装做了布局调整。

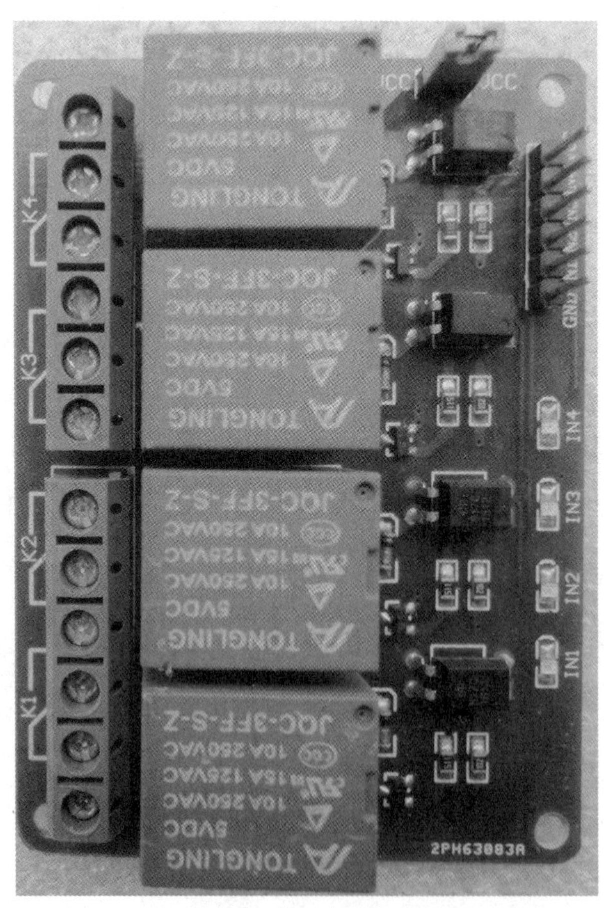

图 C-1　4 路继电器成品板

图 C-2 单片机 Micro USB 接口板

图 C-3 单片机 USB2.5 接口板

如有条件，读者可按照《用微课学电子 CAD（第 2 版）》，自己设计单片机电路板并焊接组装为实训终端，焊接组装而成的云端物联网实训终端如图 C-4 所示。读者也可以从《用微课学电子 CAD（第 2 版）》一书配书电子资料包中，下载其 PCB 图片，直接制板来安装，但这样成本稍高。另外，读者可根据条件自行购买图 C-5 所示的成品单片机实验板来进行实训，这种单片机实验板的数码管驱动电路与本书完全一致，只有 DS18B20 的接法不一样，单片机源程序中只需将位寻址变量 ds 定义为 P37（原来为 P10），位寻址变量 hh 定义为 P10（原来为 P37）即可，Wi-Fi 模块引脚则用杜邦线连接到单片机实验板上。

图 C-4　焊接组装而成的云端物联网实训终端

图 C-5　成品单片机实验板

附录D　本书单片机项目 C 源程序

```
#include<reg52.h>
#include<intrins.h>
#include<stdio.h>

#define uchar unsigned char
#define uint unsigned int

sbit qw=P2^0;
sbit bw=P2^1;
sbit sw=P2^2;
sbit gw=P2^3;
sbit ds=P1^0;
sbit aa=P1^1;
sbit bb=P1^2;
sbit cc=P1^3;
sbit dd=P1^4;
sbit ee=P1^5;
sbit ff=P1^6;
sbit gg=P1^7;
sbit hh=P3^7;

uchar xsd=255,cla=0,clb=255;
uint temp,tempa,tempb;
uchar dataH,dataL;
uchar Buf[10];
uchar ReceiveCounter;
uchar Index=0;
uchar Flag=0,Sign=0;

void delay(uchar z){
  int x,y;
   for(x=z;x>0;x--)
```

```
    for(y=0;y<250;y++)
        ;
}

void disp_LEDS(int m){
    int n;
    uchar code num[10]={0xc0,0xf9,0xa4,0xb0,0x99,0x92,0x82,0xf8,0x80,0x90};

    n=m/1000;
    P0=num[n];
    P0=P0|cla;
    P0=P0&clb;
    qw=0;
    delay(1);
    qw=1;

    n=m/100%10;
    P0=num[n];
    bw=0;
    delay(1);
    bw=1;

    n=m/10%10;
    P0=num[n];
    P0=P0&xsd;
    sw=0;
    delay(1);
    sw=1;

    n=m%10;
    P0=num[n];
    gw=0;
    delay(1);
    gw=1;
    if(temp>tempa)
        gg=0;
    else
        gg=1;
    if(temp<tempb)
        hh=0;
    else
        hh=1;
```

```
}

void b20reset(){
    uchar i;
    ds=0;
    for(i=0;i<220;i++);
    ds=1;
    for(i=0;i<220;i++);
}

bit b20Rbit(){
    bit dat;
    ds=0;
    _nop_();
    _nop_();
    ds=1;
    _nop_();
    _nop_();
    dat=ds;
    return dat;
}

uchar b20Rbyte(){
    uchar i,j,dat;
    dat=0;
    for(i=1;i<9;i++){
      j=b20Rbit();
        dat=(j<<7)|(dat>>1);
    }
    return dat;
}

void b20Wbyte(uchar dat){
    uint i;
    uchar j;
    bit testb;
    for(j=1;j<9;j++){
      testb=dat&0x01;
        dat=dat>>1;
        if(testb){
          ds=0;
          _nop_();
```

```
        _nop_();
        ds=1;
        _nop_();
        _nop_();
        for(i=1;i<9;i++);
      }
      else{
        ds=0;
        for(i=1;i<9;i++);
        ds=1;
        _nop_();
       _nop_();
      }
    }
}

void b20Set(){
   b20reset();
   delay(4);
   b20Wbyte(0xcc);
   b20Wbyte(0x44);
}

uint b20Get(){
   uchar TH,TL;
   b20reset();
   delay(4);
   b20Wbyte(0xcc);
   b20Wbyte(0xbe);
   TL=b20Rbyte();
   TH=b20Rbyte();
   temp=TH;
   temp<<=8;
   temp|=TL;
   if(TH>0x07){
     clb=0xbf;
       temp=~temp+1;
   }
   else
       clb=0xc6;
   temp=temp*6.25;
   temp=temp+5;
```

```
    temp=temp/10;
    return temp;
}

void UART_init(){
    EA=0;
    ES=0;
    TR1=0;
    TMOD|=0x20;
    TH1=0xff;
    TL1=0xff;
    PCON=0x80;
    TR1=1;
    SCON=0x50;
    IP=0x10;
    ES=1;
    EA=1;
}

void UART_Send(uchar data_buf){
    SBUF=data_buf;
    while(!TI);
    TI=0;
}

void UART_Receive() interrupt 4{
  if(RI==1){
     RI=0;
     if(Buf[ReceiveCounter]!='0'){
         Buf[ReceiveCounter]=SBUF;
         ReceiveCounter++;
         if(ReceiveCounter==4){
             Flag=1;
             ReceiveCounter=0;
         }
     }
}
}

void main(){
    int x,y;
   aa=1;bb=1;cc=1;dd=1;ee=1;ff=1;gg=1;hh=1;
```

```
    tempa=999;tempb=111;
    UART_init();
    delay(8);
    while(1){
      b20Set();
     for(y=0;y<80;y++){
         x=b20Get();
         xsd=127;
         cla=255;
         disp_LEDS(x);
         dataH=x/10;
         dataL=x%10;
      }
      if(Sign){
         UART_Send(0x02);
         UART_Send(dataH);
         UART_Send(dataL);
         UART_Send(clb);
      }
        if(Flag==1){
          EA=0;
          Flag=0;
          if(Buf[0]==0x02){
              switch(Buf[1]){
                case 0xff:Sign=1;
                        break;
                case 0x04:aa=0;
                         break;
                case 0x03:aa=1;
                         break;
                case 0x06:bb=0;
                         break;
                case 0x05:bb=1;
                         break;
                case 0x08:cc=0;
                         break;
                 case 0x07:cc=1;
                          break;
                 case 0x0a:dd=0;
                          break;
                 case 0x09:dd=1;
                          break;
```

```
            case 0x0c:ee=0;
                    break;
            case 0x0b:ee=1;
                    break;
            case 0x0e:ff=0;
                    break;
            case 0x0d:ff=1;
                    break;
            case 0x0f:
                   tempa=Buf[2]*10;
                   tempa+=Buf[3];
                   break;
            case 0x10:
                   tempb=Buf[2]*10;
                   tempb+=Buf[3];
                   break;
            }
        }
        ReceiveCounter=0;
        for(Index=0;Index<10;Index++)
          Buf[Index]=0;
        EA=1;
    }
  }
}
```

附录E　本书手机 App 项目工程文件

注册文件

```
xml version="1.0" encoding="utf-8"?>
<manifest xmlns:android="http://schemas.android.com/apk/res/android"
    package="com.zjzx.cqqj.wifiAppl">

    <uses-permission android:name="android.permission.INTERNET"/>
    <uses-permission android:name="android.permission.WAKE_LOCK"/>
    <Application
        android:allowBackup="true"
        android:icon="@mipmap/ic_launcher"
        android:label="WiFiApp 远程"
        android:supportsRtl="true"
        android:theme="@style/AppTheme">
        <activity android:name=".MainActivity">
            <intent-filter>
                <action android:name="android.intent.action.MAIN" />

                <category android:name="android.intent.category.LAUNCHER" />
            </intent-filter>
        </activity>
    </Application>

</manifest>
```

布局文件

```
        android:layout_marginLeft="8sp"
        android:orientation="horizontal">
        <Button
            android:layout_width="wrap_content"
            android:layout_height="wrap_content"
```

```
        android:textColor="#ff0000"
        android:textSize="30sp"
        android:text="温度查询"
        android:onClick="wdf"/>
    <TextView
        android:layout_width="wrap_content"
        android:layout_height="wrap_content"
        android:id="@+id/temp"
        android:text="99"
        android:textColor="#696969"
        android:textSize="45sp"/>
    <TextView
        android:layout_width="wrap_content"
        android:layout_height="wrap_content"
        android:text="."
        android:textColor="#696969"
        android:textSize="45sp"/>
    <TextView
        android:layout_width="wrap_content"
        android:layout_height="wrap_content"
        android:id="@+id/hehum"
        android:text="99"
        android:textColor="#696969"
        android:textSize="45sp"/>
    <TextView
        android:layout_width="wrap_content"
        android:layout_height="wrap_content"
        android:text="℃"
        android:textColor="#696969"
        android:textSize="30sp"/>
</LinearLayout>
<LinearLayout
    android:layout_width="wrap_content"
    android:layout_height="wrap_content"
    android:orientation="horizontal"
    android:gravity="center">
    <Button
        android:layout_width="80dp"
        android:layout_height="80dp"
        android:textColor="#ff0000"
        android:textSize="20dp"
        android:text="电器一关"
```

```
            android:onClick="off1"/>
        <Button
            android:layout_width="80dp"
            android:layout_height="80dp"
            android:textColor="#00ff00"
            android:textSize="20dp"
            android:text="电器一开"
            android:onClick="on1"/>
        <Button
            android:layout_width="80dp"
            android:layout_height="80dp"
            android:textColor="#ff0000"
            android:textSize="20dp"
            android:text="电器二关"
            android:onClick="off2"/>
        <Button
            android:layout_width="80dp"
            android:layout_height="80dp"
            android:textColor="#00ff00"
            android:textSize="20dp"
            android:text="电器二开"
            android:onClick="on2"/>
    </LinearLayout>

    <LinearLayout
        android:layout_width="wrap_content"
        android:layout_height="wrap_content"
        android:orientation="horizontal"
        android:gravity="center">
        <Button
            android:layout_width="80dp"
            android:layout_height="80dp"
            android:textColor="#ff0000"
            android:textSize="20dp"
            android:text="电器三关"
            android:onClick="off3"/>
        <Button
            android:layout_width="80dp"
            android:layout_height="80dp"
            android:textColor="#00ff00"
            android:textSize="20dp"
            android:text="电器三开"
```

```
            android:onClick="on3"/>
        <Button
            android:layout_width="80dp"
            android:layout_height="80dp"
            android:textColor="#ff0000"
            android:textSize="20dp"
            android:text="电器四关"
            android:onClick="off4"/>
        <Button
            android:layout_width="80dp"
            android:layout_height="80dp"
            android:textColor="#00ff00"
            android:textSize="20dp"
            android:text="电器四开"
            android:onClick="on4"/>
    </LinearLayout>

    <LinearLayout
        android:layout_width="wrap_content"
        android:layout_height="wrap_content"
        android:orientation="horizontal"
        android:gravity="center">
        <Button
            android:layout_width="80dp"
            android:layout_height="80dp"
            android:textColor="#ff0000"
            android:textSize="20dp"
            android:text="电器五关"
            android:onClick="off5"/>
        <Button
            android:layout_width="80dp"
            android:layout_height="80dp"
            android:textColor="#00ff00"
            android:textSize="20dp"
            android:text="电器五开"
            android:onClick="on5"/>
        <Button
            android:layout_width="80dp"
            android:layout_height="80dp"
            android:textColor="#ff0000"
            android:textSize="20dp"
            android:text="电器六关"
```

```
            android:onClick="off6"/>
        <Button
            android:layout_width="80dp"
            android:layout_height="80dp"
            android:textColor="#00ff00"
            android:textSize="20dp"
            android:text="电器六开"
            android:onClick="on6"/>
    </LinearLayout>

    <LinearLayout
        android:layout_width="wrap_content"
        android:layout_height="wrap_content"
        android:orientation="horizontal"
        android:gravity="center">
        <TextView
            android:layout_width="80dp"
            android:layout_height="80dp"
            android:textSize="20dp"
            android:text="请设定高温报警值"/>
        <EditText
            android:layout_width="90dp"
            android:layout_height="80dp"
            android:id="@+id/ed1"
            android:textSize="20dp"
            android:hint="输入高温极值"
            android:numeric="integer"
            android:selectAllOnFocus="true"
            android:phoneNumber="true"/>
        <Button
            android:layout_width="80dp"
            android:layout_height="80dp"
            android:textColor="#00ff00"
            android:textSize="20dp"
            android:text="高温设定"
            android:onClick="on7"/>
    </LinearLayout>

    <LinearLayout
        android:layout_width="wrap_content"
        android:layout_height="wrap_content"
        android:orientation="horizontal"
```

```
        android:gravity="center">
        <TextView
            android:layout_width="80dp"
            android:layout_height="80dp"
            android:textSize="20dp"
            android:text="请设定低温报警值"/>
        <EditText
            android:layout_width="90dp"
            android:layout_height="80dp"
            android:id="@+id/ed2"
            android:textSize="20dp"
            android:hint="输入低温极值"
            android:numeric="integer"
            android:selectAllOnFocus="true"
            android:phoneNumber="true"/>
        <Button
            android:layout_width="80dp"
            android:layout_height="80dp"
            android:textColor="#00ff00"
            android:textSize="20dp"
            android:text="低温设定"
            android:onClick="on8"/>
    </LinearLayout>
</LinearLayout>
```

网络类文件

```
package com.zjzx.cqqj.wifiApp 1;

import android.os.Handler;
import android.os.Message;

import java.io.BufferedInputStream;
import java.io.BufferedOutputStream;
import java.io.IOException;
import java.net.Socket;

/**
 * Created by Administrator on 2021/3/9.
 */

public class TcpSocket {
```

```
        public static final String HOST="115.29.109.104";
        public static final int PORT=6538;
        private Socket socket;
        private BufferedOutputStream bufferedOutputStream;
        private BufferedInputStream bufferedInputStream;
        private byte[] receiveBytes;
        private Handler handler;
        private class ReceiveThread extends Thread{
            @Override
            public void run(){
                super.run();
                try {
                    bufferedInputStream=new
BufferedInputStream(socket.getInputStream());
                    while (true) {

                        receiveBytes=new byte[10];
                        int len=bufferedInputStream.read(receiveBytes);
                        if (len==-1){
                            return;
                        }
                        Message message=new Message();
                        message.what=1;
                        message.obj=receiveBytes;
                        handler.sendMessage(message);
                    }
                }catch (IOException e){
                    e.printStackTrace();
                }
            }
        }
        private ReceiveThread receiveThread;
        public TcpSocket(Handler handler){
            this.handler=handler;
        }
        public void  sendMessage(byte[] bytes){
            if (socket==null||socket.isClosed()){
                try {
                    socket=new Socket(HOST,PORT);
                }finally {
                    return;
                }
```

```
        }
        if (socket.isConnected()){
            try {
                bufferedOutputStream=new BufferedOutputStream(socket.
getOutputStream());
                if (receiveThread==null){
                    receiveThread=new ReceiveThread();
                    receiveThread.start();
                }
                bufferedOutputStream.write(bytes);
                bufferedOutputStream.flush();
            }catch (IOException e){
                e.printStackTrace();
                bufferedOutputStream=null;
                bufferedInputStream=null;
            }
        }
    }
}
```

主程序文件

```
package com.zjzx.cqqj.wifiAppl;

import android.os.Handler;
import android.support.v7.App.App CompatActivity;
import android.os.Bundle;
import android.view.View;
import android.widget.EditText;
import android.widget.TextView;

public class MainActivity extends App CompatActivity {

    private TextView temp,hehum;
    private TcpSocket tcpSocket;
    public int gw=999,dw=0;
    byte gw1,gw2,dw1,dw2;
    private Handler handler=new Handler(){
        @Override
        public void handleMessage(android.os.Message msg){
            switch (msg.what){
                case 1:
```

```
                byte bytes[]=(byte[])msg.obj;
                update(bytes);
            default:
                break;
        }
    };
};

@Override
protected void onCreate(Bundle savedInstanceState) {
    super.onCreate(savedInstanceState);
    setContentView(R.layout.activity_main);
    temp=(TextView)findViewById(R.id.temp);
    hehum=(TextView)findViewById(R.id.hehum);
    tcpSocket=new TcpSocket(handler);
}

private void update(byte bytes[]){
    int choice=(bytes[0]&0xff);
    switch (choice){
        case 0x01:
            break;
        case 0x02:
            int tem=(bytes[1]&0xff);
            int hum=(bytes[2]&0xff);
            if(bytes[3]==0xfb)
                temp.setText("零下"+tem);
            else
                temp.setText("  "+tem);
            hehum.setText(""+hum);
            break;
        case 0x03:
            break;
        case 0x04:
            break;
        case 0x05:
            break;
        case 0x06:
            break;
        default:
            break;
    }
```

```
    }

    public void sendMessage(final byte[] bytes){
        new Thread(new Runnable() {
            @Override
            public void run() {
                tcpSocket.sendMessage(bytes);
            }
        }).start();
    }

    public void wdf(View v){
        byte bytes[]=null;
        bytes=new byte[]{0x02,(byte)0xff,(byte)0xee,(byte)0xdd};
        sendMessage(bytes);
    }

    public void off1(View v){
        byte bytes[]=null;
        bytes=new byte[]{0x02,0x03,0x03,0x03};
        sendMessage(bytes);
    }

    public void on1(View v){
        byte bytes[]=null;
        bytes=new byte[]{0x02,0x04,0x04,0x04};
        sendMessage(bytes);
    }

    public void off2(View v){
        byte bytes[]=null;
        bytes=new byte[]{0x02,0x05,0x05,0x05};
        sendMessage(bytes);
    }

    public void on2(View v){
        byte bytes[]=null;
        bytes=new byte[]{0x02,0x06,0x06,0x06};
        sendMessage(bytes);
    }

    public void off3(View v){
```

```
        byte bytes[]=null;
        bytes=new byte[]{0x02,0x07,0x07,0x07};
        sendMessage(bytes);
    }

    public void on3(View v){
        byte bytes[]=null;
        bytes=new byte[]{0x02,0x08,0x08,0x08};
        sendMessage(bytes);
    }

    public void off4(View v){
        byte bytes[]=null;
        bytes=new byte[]{0x02,0x09,0x09,0x09};
        sendMessage(bytes);
    }

    public void on4(View v){
        byte bytes[]=null;
        bytes=new byte[]{0x02,0x0a,0x0a,0x0a};
        sendMessage(bytes);
    }

    public void off5(View v){
        byte bytes[]=null;
        bytes=new byte[]{0x02,0x0b,0x0b,0x0b};
        sendMessage(bytes);
    }

    public void on5(View v){
        byte bytes[]=null;
        bytes=new byte[]{0x02,0x0c,0x0c,0x0c};
        sendMessage(bytes);
    }

    public void off6(View v){
        byte bytes[]=null;
        bytes=new byte[]{0x02,0x0d,0x0d,0x0d};
        sendMessage(bytes);
    }

    public void on6(View v){
```

```
        byte bytes[]=null;
        bytes=new byte[]{0x02,0x0e,0x0e,0x0e};
        sendMessage(bytes);
    }

    public void on7(View v){
        byte bytes[]=null;
        bytes=new byte[]{0x02,0x0f,0x0b,0x0b};
        EditText ed1=(EditText)findViewById(R.id.ed1);
        gw=Integer.parseInt(ed1.getText().toString());
        gw1=(byte)(gw/10);
        gw2=(byte)(gw%10);
        bytes[2]=gw1;
        bytes[3]=gw2;
        sendMessage(bytes);
    }

    public void on8(View v){
        byte bytes[]=null;
        bytes=new byte[]{0x02,0x10,0x0a,0x0a};
        EditText ed2=(EditText)findViewById(R.id.ed2);
        dw=Integer.parseInt(ed2.getText().toString());
        dw1=(byte)(dw/10);
        dw2=(byte)(dw%10);
        bytes[2]=dw1;
        bytes[3]=dw2;
        sendMessage(bytes);
    }
}
```

参考文献

[1] 李刚. 疯狂 Android 讲义[M]. 3 版. 北京: 电子工业出版社, 2015.

[2] 郭天祥. 新概念 51 单片机 C 语言教程[M]. 北京: 电子工业出版社, 2009.